GEOGRAPHICA BERNENSIA

G 23

MARTIN GRUNDER

Ein Beitrag zur Beurteilung von Naturgefahren im Hinblick auf die Erstellung von mittelmassstäbigen Gefahrenhinweiskarten (mit Beispielen aus dem Berner Oberland und der Landschaft Davos)

mit einem Beitrag von H. Kienholz und H.R. Binz

Geographisches Institut der Universität Bern 1984

Die Stiftung

Marchese
Francesco Medici
del Vascello

ermoeglichte den Druck
der vorliegenden Publikation
mit einem grosszuegigen
finanziellen Beitrag

ferner wurde die Arbeit unterstuetzt vom
Schweizerischen Nationalfonds fuer
wissenschaftliche Forschung im
Rahmen des MAB-Programm 6

und von der
Schweizerischen Mobiliar
Versicherungsgesellschaft

VORWORT

Die vorliegende Arbeit befasst sich mit Problemen der Beurteilung und Kartierung von Naturgefahren (Sturz, Rutsch, Wildbach, Lawinen und Blaikenbildung). Die Zielsetzung der Arbeit ist auf die Anforderungen der Raumplanung im regionalen Massstab ausgerichtet. Die Arbeitsmethode stuetzt sich stark auf die Geomorphologie.

Im Auftrag der Forstinspektion Oberland wurden in 7 Projektgebieten Gefahrenhinweiskarten im Massstab 1:25 000 erstellt; die Ergebnisse der Gefahrenkartierung in Davos im Rahmen des MAB-Forschungsporgrammes[1] sind in Rasterform digitalisiert und gespeichert.

Die Arbeit waere kaum durchfuehrbar gewesen, wenn mir nicht zahlreiche Personen mit Rat und Tat beigestanden waeren. Ihnen allen moechte ich an dieser Stelle danken.

Mein besonderer Dank gilt Herrn Prof. Dr. B. Messerli und Herrn Dr. H. Kienholz, welche die Arbeit ueber alle Probleme und Schwierigkeiten bis zum Abschluss kritisch begleitet und gefoerdert haben.

Im weiteren richte ich meinen Dank

— an die Herren H. Langenegger (FIO) und H. Wittwer, Unterlangenegg, sowie W. Schwarz (FIO-Lawinendienst) fuer die Unterstuetzung bei der Arbeit im Berner Oberland; desgleichen an die Herren H. Frutiger (EISLF) und B. Teufen (Kreisforstamt Davos) fuer ihre Unterstuetzung meiner Arbeit in Davos.

— an die Herren Schmid vom Bundesamt fuer Landestopographie und F. Wenger (Kreisoberingenieur Thun), die fuer meine Wuensche immer sehr viel Entgegenkommen zeigten.

— an die Herren Prof. T. Peters und H. Leu fuer lehrreiche geologische Diskussionen im Feld.

— an meine Studienkollegen M. Hirsch und M. Bichsel fuer die fachliche Auseinandersetzung und Foerderung im Buero und im Feld.

---

[1] Man and Biosphere, Program 6: Human Impact on Mountain Ecosystems. vgl. SCHWEIZ. MAB-KOMITEE: Die Schweizerischen MAB 6-Testgebiete. MAB-Information Nr. 3 (April 1976)

— an das gesamte MAB-Davos Team speziell aber an K. Seidel und H.R. Binz fuer die gute interdisziplinaere Zusammenarbeit.

— an meine Studienkollegen fuer anregende Diskussion und Kritik: Dr. R. Baumgartner, U. Jordi, M. Krause, G. Schneider, Dr. U. Witmer und M. Zimmermann.

— Ein besonderer Dank geht an Herrn Dr. W. Steinboeck und Frau M. Steinboeck sowie Herrn P. Mani fuer die Bearbeitung der Reinschrift und an den Kartographen Herrn A. Brodbeck.

Den groessten Dank aber schulde ich meiner Frau Inge fuer das Verstaendnis und die aktive Unterstuetzung, die sie mir entgegenbrachte.

INHALTSVERZEICHNIS

I. Einfuehrung	1
1.0 Einleitung	1
1.1 Forschungsgegenstand und Begriffe	1
1.2 Die Bedeutung der Gefahrenbeurteilung und der Gefahrenkartierung	5
1.3 Allgemeine Anforderungen	9
1.3.1 Der mittlere Massstab: Bedeutung und spezifische Anfoderungen an die Gefahrenbeurteilung	10
2.0 Problemstellung und Zielsetzung	12
2.1 Problemstellung	12
2.2 Zielsetzung dieser Arbeit	12
II. Loesungsansatz und Methode	15
3.0 Der Loesungsansatz	15
3.1 Der FIO-spezifische Loesungsansatz	19
3.2 Der Loesungsansatz fuer MAB DAVOS	20
4.0 Vorgehen und Methoden	23
4.1 Vorgehen	23
4.1.1 Das Vorgehen im Berner Oberland	23
4.1.2 Das Vorgehen in Davos	26
4.2 Die Evidenzstufen	31
4.3 Die Indikatoren	32
4.3.1 Sturzgefahren	33
4.3.2 Rutschgefahr	47
4.3.3 Wildbachgefahren	71
4.3.4 Lawinengefahr	85
4.3.5 Blaikenbildung	99
III. Praktische Beispiele und Ergebnisse der Gefahrenkartierungen	103
5.0 Praktische Kartierungsbeispiele aus dem Berner Oberland und der Landschaft Davos	103
5.1 Die Beispiele aus dem Berner Oberland	104
5.1.1 Der Raum des Berner Oberlandes	104
5.1.2 Gefahrenhinweiskarten Berner Oberland	108
5.2 Das Beispiel aus dem MAB-Testgebiet Davos	139
5.2.1 Der Raum Davos, ein Ueberblick	139
5.2.2 Die Gefahrenhinweiskarte MAB-Davos	147
5.3 Vergleichende Betrachtung der Gefahrensituation in den beurteilten Regionen	160
6.0 Diskussion der Ergebnisse	163
6.1 Kritische Wuerdigung	163
6.2 Besondere Probleme	168
6.2.1 Probleme der Luftbildinterpretation in Gebirgsraeumen	168
6.2.2 Zur Sturzgefahr: das Probelm der Reichweite	173

    6.2.3   Zur Beurteilung der Hangstabilitaet 178
    6.2.4   Zum Problemkreis Wildbach, Lawinen und
    Blaikenbildung 181

7.0 Ausblick 183
7.1 Die Dispositionsstufen 184
7.1.1 Die Rutsch-Disposition 185
7.1.2 Die Wildbach-Disposition 188
7.1.3 Die Lawinenanriss-Disposition 190
7.1.4 Sturz-Disposition der Abloesungsstelle . . 192
7.2 Zur Risikobeurteilung 193

A n h a n g 197

Anhang A. Zur Simulation der Naturgefahren (mit dem MAB-DAVOS-Datensatz, heutiger Zustand) 197
A.1 Lawinengefahr 198
A.1.1 Anrissgebiete 199
A.1.2 Betroffene Gebiete 199
A.2 Wildbachgefahr 201
A.2.1 Einzugsgebiete 201
A.2.2 Gerinne 202
A.3 Sturzgefahr 203
A.3.1 Abloesungsgebiete 203
A.3.2 Betroffene Gebiete 203
A.3.3 Rutschgefahr 204

Literaturverzeichnis 207

VERZEICHNIS DER ABBILDUNGEN

Abb. 1. Die Verknuepfung von Gefahr und Verlustpotential zum Risiko ... 4
Abb. 2. Prozentuale Verteilung der Schadensumme auf die beteiligten Schadenkategorien ... 5
Abb. 3. Entwicklung der Elementarschaeden ... 6
Abb. 4. Wechselwirkung zwischen Morphodynamik und morphologischem Formenschatz ... 15
Abb. 5. Graphisches Regelkreismodell der Morphodynamik ... 16
Abb. 6. Flussdiagramm des Vorgehens bei der Gefahrenbeurteilung im Berner Oberland ... 23
Abb. 7. Luftbild-Ausschnitt Guendlischwand ... 24
Abb. 8. Flussdiagramm des Vorgehens bei der Gefahrenbeurteilung im MAB-Testgebiet Davos ... 27
Abb. 9. Das Beurteilungsformular (Seite A) ... 28
Abb. 10. Das Beurteilungsformular (Seite B) ... 29
Abb. 11. Vorgehen zur Erarbeitung der Indikatoren und zum Erkennen der Gefahr mit Hilfe der Indikatoren ... 33
Abb. 12. Felssturz am 'Leiterli' (Lenk, BO) ... 35
Abb. 13. Prinzipelle Bruchmechanismen im Fels ... 38
Abb. 14. Wandunterhoehlung wegen verwitterungsanfaelligem Liegenden ... 39
Abb. 15. Auflockerungsgrad, Kluftsystem, Materialbewegung und Boeschungsgeometrie ... 42
Abb. 16. Aufschlagsnarben kennzeichnen die Sturzbahn ... 45
Abb. 17. Sturzschutthalden ... 46
Abb. 18. Ein Nackentaelchen zeigt die Bewegung des Felskopfes (nach links) an ... 46
Abb. 19. Zugriss im Grueniwald (DAVOS) ... 47
Abb. 20. Keilfoermiges Kluftgefuege fuehrte hier zum Absturz ... 48
Abb. 21. Schema einer Translationsrutschung im Lockergestein ... 50
Abb. 22. Schema einer Rotationsrutschung im Lockergestein ... 50
Abb. 23. Hangbruch und Grundbruch ... 50
Abb. 24. Durchlaessigkeit zweier verschieden aufgebauter Lockergesteinskoerper ... 51
Abb. 25. Sackung ... 52
Abb. 26. Setzung ... 52
Abb. 27. Setzung, Kriech- und Gleitbewegung ... 53
Abb. 28. Fliessbedingungen lockerer Feinsedimente in verschiedenen Konsistenzbereichen ... 54
Abb. 29. Ein Talzuschub, die Rutschzunge ist deutlich zu erkennen. ... 54
Abb. 30. Bodenkriechen und Hackenwurf bei steil geneigten Schichten ... 55
Abb. 31. Abhaengigkeit der Rutschgefaehrdung zweier Tonboeden G1, G2 ... 57
Abb. 32. Richtung der Hauptdrucke eines Hanges und Scherdrucke ... 58
Abb. 33. Schwellkurven von Tonen ... 59
Abb. 34. Einsickertiefe in verschiedene Boeden ... 60
Abb. 35. Bodenmechanische Gesetzmaessigkeiten beim Auf-

	treten von Hangrutschen	60
Abb. 36.	Schnitt durch eine idealisierte Rutschung	63
Abb. 37.	Offener Rutsch (Rotationsrutsch)	65
Abb. 38.	Hohlform mit Akkumulationskoerper	66
Abb. 39.	Rutschbuckel, die eine langsame Bewegung anzeigen	66
Abb. 40.	Grossbruchrand mit Rutschmasse	67
Abb. 41.	Schematische Darstellung von Nackentaelchen und Doppelgraten	68
Abb. 42.	Zugriss bei einem durch Hangunterschneidung ausgeloesten Rutsch	69
Abb. 43.	Zusammenhang zwischen Niederschlagsverlauf - Infiltration und Oberflaechenabfluss.	73
Abb. 44.	Niederschlagsprofil 1	74
Abb. 45.	Veranschaulichung des Einflusses der Form des Einzugsgebietes auf die Abflussgagnlinie	75
Abb. 46.	Provisorische Zonenkarte fuer -Werte	77
Abb. 47.	Schleppfaehigkeit eines Gerinnes beim Geschiebetransport	78
Abb. 48.	Durch Feilenanbrueche markierte Tiefenerosion am Roetebach	81
Abb. 49.	Durch Uferanbruch markierte Seitenerosion am Wallbach	81
Abb. 50.	Durch diese in den Bach vorstossende Rutschung erhoeht sich die Vermurungsgefahr	82
Abb. 51.	Frisch ueberschotterter, alter, bewaldeter Schwemmkegel	83
Abb. 52.	Vom Hochwasser am 27.6.75 aufgerissene Rinne	83
Abb. 53.	Bachursprung in potentieller Rutschmasse	84
Abb. 54.	Rinnenerosion im Hangschutt	85
Abb. 55.	Von Gleitschnee verschobener Block	86
Abb. 56.	Besonnung und Windbeeinflussung der verschiedenen Expositionen im Alpenraum	87
Abb. 57.	Abhaengigkeit der Disposition von Lawinenanrissen und dem Neigungswinkel des Gelaendes	88
Abb. 58.	Setzung der Schneedecke bei rauher oder mit Bueschen bestandener und bei glatter Oberflaeche	89
Abb. 59.	Umwandlung der Schneekristalle	90
Abb. 60.	Verlauf der Festigkeit und Spannung in der Schneedecke bei verschiedenen Witterungseinfluessen	91
Abb. 61.	Lawinen-Klassifikations-System	93
Abb. 62.	Unterteilung eines Lawinengelaendes (Runsenlawine)	94
Abb. 63.	Lawinenschurf am Leiterli	97
Abb. 64.	Lawinenschneise	98
Abb. 65.	Moegliche Weiterentwicklung einer Blaike ueber lineare Erosion bis zum kleinen Murgang	100
Abb. 66.	Die Bildung von Blaiken als Folge von Schneeauflast und Schneekriechen	101
Abb. 67.	Ueberblickskarte des Berner Oberlandes mit den Untersuchungsgebieten	104
Abb. 68.	Tektonische Uebersicht des Berner Oberlandes	105
Abb. 69.	Niederschalgsintensitaeten bei 30-minuetiger Dauer und 100-jaehrlicher Wiederkehrdauer	107

Abb. 70.	Gewitterhaeufigkeit in der Schweiz (ATLAS DER SCHWEIZ 1970:13)	108
Abb. 71.	Luftbild Gadmen	110
Abb. 72.	Der von einer Lawine zerstoerte Skilift bei Gadmen	113
Abb. 73.	Niederschlags-Intensitaets-Diagramm fuer Davos-Platz und Weissfluhjoch	142
Abb. 74.	Geologisches Profil Schiahorn-Parsenn	143
Abb. 75.	Geologische Karte	145
Abb. 76.	Ein deutlicher Riss mit gespannten Wurzeln zeigt die Bewegung an	157
Abb. 77.	Zeitlicher Aufwand und Anteile der verschiedenen Arbeitsphasen	167
Abb. 78.	Hoehenprofilskizze	169
Abb. 79.	Veraenderungen der Beleuchtungsintensitaet	172
Abb. 80.	Grautonwerte-Diagramm	173
Abb. 81.	Springen, Rollen, Gleiten - die 3 moeglichen Bewegungsarten bei Steinschlag und Felssturz	174
Abb. 82.	Moeglicher Verlauf eines Steinschlages	175
Abb. 83.	Geometrische und physikalische Beziehungen bei Steinschlag	176
Abb. 84.	Mit dem Pauschalgefaelle auf graphische Weise in einem Profil bestimmte Sturzreichweite.	177
Abb. 85.	Von PREGL vorgeschlagenes Beurteilungskriterium zur Bestimmung der Hangstabilitaet	179
Abb. 86.	Flussdiagramm zur Bestimmung des Dispositionsgrades fuer Rutsche	186
Abb. 87.	Flussdiagramm zur Bestimmung des Dispositionsgrades fuer Wildbaeche	188
Abb. 88.	Flussdiagramm zur Bestimmung des Dispositionsgrades fuer Lawinenanrisse	190
Abb. 89.	Flussdiagramm zur Bestimmung der Sturzdisposition an der	192

VERZEICHNIS DER TABELLEN

Tab. 1.	Indikatoren fuer Sturzgefahren	43
Tab. 2.	Indikatoren fuer Rutschgefahr	64
Tab. 3.	Tabelle fuer die Bestimmung des Abflusskoeffizienten fuer die Hochwasserabflussformel von MUELLER	76
Tab. 4.	Indikatoren fuer Wildbachgefahren	79
Tab. 5.	Zusammenhang zwischen Gelaende und Lawinen	88
Tab. 6.	Indikatoren fuer Lawinengefahr	95
Tab. 7.	Niederschlagsintensitaet verschiedener Stationen im Berner Oberland	106
Tab. 8.	Minimale und maximale Monatsmittel und Frostwechsel in Davos-Platz und Weissfluhjoch	140
Tab. 9.	Mittlere monatliche Schneehoehe in m	141
Tab. 10.	Trefferbilanz unserer Gefahrenbeurteilung im Berner Oberland	164
Tab. 11.	Zusammenhang zwischen Bildmassstab, Aufloesung und Objektgroesse	170
Tab. 12.	Bestimmung der Hangstabilitaet mit den 3 Parametern	181
Tab. 13.	Moegliche Herkunft der Informationen zur Beantwortung der Flussdiagramm-Fragen	194
Tab. 14.	Ermittlung der Disposition einer Flaeche zur Abloesung von Lawinen	200
Tab. 15.	Ermittlung der Disposition einer Einzugsgebietsflaeche fuer Hochwasserabfluss	202
Tab. 16.	Ermittlung der Disposition eines Gerinneabschnittes fuer Wildbachaktivitaet (Erosion)	203

VERZEICHNIS DER KARTEN

Karte 1. Gadmen 111
Karte 2. Schwendi-Brienzersee 119
Karte 3. Lauterbrunnen-Waergistal 131
Karte 4. Frutigen 135
Karte 5. Davos . . . . Beilage

ZUSAMMENFASSUNG

Die vorliegende Arbeit befasst sich mit Problemen der Beurteilung und Kartierung von Naturgefahren (Lawinen, Wildbach, Rutsch, Sturz und Blaikenbildung).

In der **Einfuehrung** wird die Bedeutung der Gefahrenbeurteilung primaer aus wissenschaftlicher Sicht, aber auch aus der Sicht der Versicherungen und derjenigen der rechtlichen Grundlagen von Bund und Kantonen diskutiert. Daraus werden die Anforderungen an eine Gefahrenkartierung abgeleitet.

Die **Zielsetzungen** dieser Arbeit sind auf die Anforderungen der Raumplanung ausgerichtet:

1. Es soll eine Methode zur Gefahrenbeurteilung fuer die planerische Anwendung auf regionaler Stufe entwickelt werden.

2. Diese soll an praktischen Beispielen im Berner Oberland (im Auftrag der Forstinspektion Oberland) und in der Landschaft Davos (als Beitrag zum Forschungsprogramm 'Man and Biosphere' des Schweiz. Nationalfonds) erprobt werden.

Durchfuehrung: Zum Erkennen und Beurteilen der Naturgefahren werden Zusammenhaenge und Wechselwirkungen zwischen den verschiedenen morphodynamischen Prozessen und ihrer Umwelt anhand eines vom Autor geschaffenen Regelkreismodelles verdeutlicht und die physikalischen Grundlagen der gefaehrlichen Prozesse (Lawinen, Wildbach, Rutsch, Sturz und Blaikenbildung) zusammengestellt. Daraus werden die Kriterien zur Beurteilung der morphodynamischen Prozesse auf ihre Gefaehrlichkeit hin abgeleitet.

Die Gefahrenkartierung im Berner Oberland (Flaeche 200 km²) erfolgte schwerpunktmaessig durch Luftbildinterpretation, in Davos (Flaeche 100 km²) dagegen vor allem durch Feldarbeit.

Ergebnisse: Im Berner Oberland werden fuer 7 Gebiete Gefahrenhinweiskarten im Massstab 1:25 000 mit dazugehoerendem Protokoll erstellt. Sie dienen der Forstinspektion Oberland als Grundlage fuer die Bearbeitung der integralen Sanierungsprojekte in diesen Gebieten. Die Karten wurden zum Teil auch in die regionalen Richtplaene aufgenommen.

Die Resultate der Gefahrenkartierung in Davos sind in einem 50 m x 50 m Raster digitalisiert und im Datensatz des MAB-Programmes gespeichert. Sie werden in der vorliegenden Arbeit sorgfaeltig kommentiert und zum Teil mit Hinweisen fuer die Raumplanung ergaenzt.

Anschliessend werden die Gefahrensituationen der einzelnen Untersuchungsgebiete einander gegenuebergestellt und die Unterschiede begruendet. Als bedeutendste und haeufigste Gefahrenart ist zweifellos die Lawinengefahr zu nennen, wenn auch Unterschiede hinsichtlich ihrer Einstufung in den verschiedenen Gebieten festzustellen sind: Davos und Gadmen sind am staerksten von Lawinen betroffen, waehrend im Raum Guendlischwand-Luetschental die Lawinengefahr erst an dritter Stelle rangiert. Im Raum Engstligen steht die Rutschgefahr zusammen mit der Wildbachtaetigkeit (Wechselwirkungen) an erster Stelle, waehrend in Gadmen die Rutschgefahr geologisch bedingt sehr gering ist. Die Sturzgefahr bedeutet meistens Steinschlaggefahr, die vorliegende Arbeit macht aber auch auf einige Stellen drohender Felssturzgefahr aufmerksam.

In einem speziellen Kapitel werden Loesungsvorschlaege zu besonderen Problemen unterbreitet: zur Frage der Reichweite von Steinschlaegen, zur Frage der Hangstabilitaet und zur Frage der Blaikenbildung.

Aus den bisherigen Erfahrungen wird ein neues Beurteilungsverfahren abgeleitet und in einem abschliessenden Kapitel vorgestellt: Darin werden die Beurteilungskriterien fuer jede Gefahrenart in Form von Flussdiagrammen zusammengestellt. Am Ende der Fragenkette kann die entsprechende Dispositionsstufe abgelesen werden. Das Verfahren muesste aber noch in kuenftigen Arbeiten getestet werden.

In einem Anhang wird von Hans Kienholz und H.R. Binz ein Simulationsversuch der Lawinen-, Wildbach- und Sturzgefahren im MAB-Testgebiet Davos diskutiert.

RESUME

Le travail ici proposé traite des problèmes d'appréciation de risques naturels (avalanches, torrents, glissements de terrain et éboulements) et de leur représentation cartographique.

Dans l'_Introduction_, l'importance d'une appréciation du risque est discutée d'abord dans une optique scientifique, mais aussi dans l'optique des assurances ainsi que sous l'angle des lois fédérales et cantonales. A partir de là ont été formulées les exigences d'une cartographie des dangers.

Les _Buts_ de ce travail visent spécialement les besoins de l'aménagement du territoire:

1. Développement d'une méthode d'appréciation du risque, adaptée à une application dans l'aménagement régional.
2. Vérification de la méthode développée dans les aires-tests de l'Oberland Bernois (au nom de l'Inspection des Forêts de l'Oberland) et dans la région de Davos (dans le cadre du programme de recherche "Man and Biosphere" du Fond National Suisse).

Execution: Pour pouvoir mieux reconnaître et apprécier les risques naturels, les connexions et les interactions entre les différents processus morpho-dynamiques et leur environnement sont visualisées dans un modèle d'interactions, créé à cet effet par l'auteur, et qui énumère les conditons physiques de ces dangers (avalanches, torrents, glissements et éboulements). Il en résulte les critères d'appréciation des dangers de ces processus morpho-dynamiques.

La cartographie des dangers dans l'Oberland Bernois (surface 200 km2) a été réalisée principalement par l'interprétation de photos aériennes; à Davos, par contre, surtout à l'aide de travaux sur le terrain.

Resultats: Pour 7 régions différents de l'Oberland Bernois ont été établies des cartes de dangers à l'échelle 1:25 000 avec un commentaire explicatif. Ces cartes servent de base à l'Inspection des Forêts pour traiter les projets d'assainissement intégral dans ces régions. De plus, elles ont été prises en compte pour l'établissement des schémas directeur régionaux.

Les résultats de la cartographie des dangers à Davos ont été digitalisés dans une grille de 50 m sur 50 m et emmagasinés dans la banque de données du programme MAB. Dans le cadre de ce travail, ils ont été commentés avec beaucoup de soin et ont été complétés partiellement par des indications concernant l'aménagement du territoire.

Par la suite, les situations de dangers des différents régions examinées ont été comparées et les différences justifiées. Le danger le plus important et le plus répendu est, sans aucun doute, le danger d'avalanches, même s'il y a des différences de classification dans les diverses régions: Davos et Gadmen sont les régions les plus touchées par les avalanches, tandis que dans la région de Guendlischwand-Luetschental le danger d'avalanches ne figure qu'à la troisième place. Dans la région d'Engstligen c'est le danger de glissement, parallelement à l'"activité des torrents (interactions) qui se trouve au premier rang, tandis qu'à Gadmen le danger de glissement et très faible, grace à la structure géologique. Dans les régions examinées, le 'danger d'éboulement' ne signifie le plus souvent que des dangers de chutes de pierre, mais les recherches faites dans le cadre de ce travail ont révélé également quelques dangers de grands éboulements.

Dans un chapitre à part sont présentées des propositions de solutions aux problèmes posés (rayon d'action des chutes de pierres, stabilité des pentes et glissements superficiels).

Les expériences faites jusqu'à présent ont conduit à une meilleure méthode d'appréciation qui est présentée dans un chapitre final; les critères d'appréciation y sont énumérés pour chaque forme de danger sous la forme de diagrammes de flux. Le procédé doit, néanmoins, encore ètre testé dans des travaux futurs.

<u>Annexe</u>: Hans Kienholz et H.R. Binz présente une expérience de simulation des dangers d'avalanches, de torrents et d'éboulement, réalisée à l'aide de la banque de données de MAB-Davos.

Traduction: Elisabeth Roque-Baeschlin

SUMMARY

This research paper deals with problems of assessing and mapping natural hazards (avalanches, torrents, rockfall and landslides).

In the introduction, the significance of hazard assessment is discussed. This is done primarily from a scientific point of view, but the interests of insurance companies and the legal basis provided by federal and cantonal laws are also taken into consideration.

The main objective of this paper is to meet the requirements of landuse planning:
A method of hazard assessment for use in regional planning was developed and tested in concrete situations in the Bernese Oberland (on behalf of the Forest Service) and in the Davos area (as a contribution to the research program "Man and Biosphere" of the Swiss National Fund).

Implementation: In order to recognize and assess the natural hazards, the correlations and interrelationships between the various morphodynamic processes and the environment are made clear by means of a feedback model developed by the author. Also, the physical aspects of the hazardous processes (avalanches, torrents, landslides) are compiled.

In the Bernese Oberland (area 200 km²) the hazards mapping was done primarily through the interpretation of aerial photographs, in Davos (area 100 km²) mainly through field work.

Results: A hazard map (1:25 000), together with a protocol, was made for each of the 7 districts in the Bernese Oberland. The Forest Service will use these maps as a basis for integrated development projects in this area.

The results of the hazard mapping in Davos have been digitalized on a screen and are stored in a data set of the MAB program.
These results are carefully commentated in this paper and partially supplemented with remarks concerning landuse planning.

Also, the hazard situation in each test area are compared and the differences are explained. The most significant and frequent hazard is definitely avalanche hazard, although its relative importance varies depending on the area: Davos and Gadmen are the areas most endangered by avalanches, while in the area of Guendlischwand-Luetschental avalanche hazard ranks third. In the Engstligen region landslides together with torrents (interrelationship) rank first, while in Gadmen landslide hazard due to geological conditions is very slight. Serious rockfall hazard is rare, although minor rockfall is quite common.

In a special chapter, proposals for the solution of particular problems such as the determination of rockfall range, slope stability and landslide development are made.

Based on the experience gained until now, a new assessment procedure was developed and is presented in a final chapter: The assessment criteria for each type of hazard are compiled in flow charts. At the end of the question chain, the particular hazard disposition can be read. This procedure must be tested in future research work.

An experiment by Hans Kienholz and H.R. Binz consisting of the simulation of avalanche, torrent and landslide hazard based on the MAB-Davos data is discussed in an appendix.

Translation: H. Kunz, A. Stettler

I. EINFUEHRUNG

1.0 EINLEITUNG

1.1 FORSCHUNGSGEGENSTAND UND BEGRIFFE

1. Forschungsgegenstand

Der Forschungsgegenstand, mit dem sich die vorliegende Arbeit befasst, sind sogenannte <u>Naturgefahren</u>. Dabei beschraenken wir uns beim Begriff 'Naturgefahren' auf solche, die einen engen Zusammenhang mit der Geomorphologie haben; namentlich auf die gefaehrlichen Prozesse

— Stuerze (Steinschlag, Felssturz)
— Rutsche (Terrainbewegungen)
— Lawinen (inkl. Gleitschnee)
— Blaikenbildung (Erosion der Grasnarbe auf Alpweiden und -wiesen)

All dies sind morphodynamische Prozesse, die unsere Hochgebirgsraeume nachhaltig praegen.

Zusammenfassend laesst sich sagen, wir verstehen unter 'Naturgefahren' nur diejenigen Gefahren, welche mit Massenbewegungen auf dem Boden oder im Boden zu tun haben.

Ausgeschlossen sind rein meteorologische Gefahren, wie Hagel, Blitz, Foehnsturm usw. oder vertikale Auflast (wie z.B. Schneelast auf Hausdaechern). Ebenso ausgeschlossen sind geologisch endogene Gefahren, wie Erdbeben oder Vulkanausbrueche.

Im Problemkreis **'d e r   B e u r t e i l u n g von Naturgefahren'** stellen sich im wesentlichen drei Teilprobleme:

1. Das <u>Erkennen</u> der Gefahr, bzw. des entsprechenden, morphodynamischen Prozesses.

2. Die <u>Beurteilung</u> und Abgrenzung der betroffenen Flaeche (Kindynotop).

3. Die <u>Darstellung</u> dieses Befundes.

Wegen der meist kartographischen Darstellung dieses Befundes spricht man auch von 'Gefahrenkartierung' und meint damit den gesamten Komplex: Erkennung - Beurteilung - Darstellung.

2. Begriffsdiskussionen

1. G e f a h r

    Gefahr umschreibt WAHRIG (1978:1455) als 'drohenden Schaden, drohendes Unheil'.

    Nun scheint uns dieser Gefahrenbegriff zu umfassend, weil er auch eine voellig subjektive, eventuell sogar intuitive Bedrohung einschliesst. KIENHOLZ (1977:193) praezisiert deshalb den Gefahrenbegriff als 'objektiv drohenden Schaden, objektiv drohendes Unheil'. Das Adverb 'objektiv' scheint uns nun aber auch relativ und damit wenig praezise.

    SPOERRI (1980:182) dagegen meint, eine Gefahr sei 'im allgemeinen der drohende Aspekt eines moeglichen Ereignisses von bestimmtem Ausmass'. Auch bei ihm ist die Bedrohung ein wesentliches Element der Gefahr, allerdings sind die Ausdruecke 'Aspekt' und 'bestimmtes Ausmass' auch etwas vage.

    In der englischen Terminologie wird fuer Naturgefahr der Begriff 'Natural Hazard' verwendet, wobei an einen engen Zusammenhang zwischen dem Naturereignis und der Schadenwirkung an Mensch und Gut gedacht wird (vgl. IVES und BOVIS 1978 und BICHSEL 1983). Diese Definition ist uns zu stark auf die menschliche Aktivitaeten ausgerichtet. Wir moechten unseren Gefahrenbegriff absichtlich nicht in dieser Weise einschraenken. Das sei mit einem Beispiel begruendet: In einem voellig unberuehrten Tal donneren jeden Winter zahlreiche Lawinen nieder. Nach englischem Sprachgebrauch sind diese Lawinenniedergaenge kein 'Natural Hazard', weil keine Menschenleben oder wirtschaftlichen Gueter bedroht sind. Wir moechten aber eine solche Lawinengefahr auch unter unserem Gefahrenbegriff verstanden wissen und nicht erst, wenn dieses Tal in menschliche Aktivitaeten einbezogen wird (vgl. dazu den Begriff 'Risiko').

    Wir werden deshalb im weiteren meist die Formulierung 'gefaehrliche Prozesse' verwenden, bzw. 'Gefahr' als Synonym dazu gebrauchen.

2. Gefahrenintensitaet

Diesen Begriff moechten wir analog zur physikalischen Schwingung und zur Seismik als Amplitude auffassen, das heisst, wir verstehen darunter die Staerke und Wirkung des Ereignisses. KIENHOLZ (1977:109) bestimmt als Mass die moegliche Schadenwirkung des Ereignisses.

SPOERRI (1980:182) dagegen umschreibt mit diesem Begriff das 'Mass der Gefaehrdung', allerdings ohne zu praezisieren, was dieses Mass ist. Er denkt dabei offenbar nicht nur an die Staerke und Wirkung des Ereignisses, sondern auch an die Haeufigkeit und an die Eintretenswahrscheinlichkeit. Diese Mehrdeutigkeit ist unguenstig, deshalb moechten wir den Begriff im Sinne der physikalischen Anwendung praezisieren (wie wir das oben ausgefuehrt haben).

3. Haeufigkeit des Auftretens

Die Haeufigkeit des Auftretens dieses gefaehrdenden Ereignisses ist mit der Frequenz aus der Physik zu vergleichen, wobei man im Zusammenhang mit Naturgefahren auch von 'Wiederkehrdauer' und von 'Jaehrlichkeit' spricht.

Diese drei Begriffe 'Haeufigkeit, Wiederkehrdauer und Jaehrlichkeit' werden im weiteren dieser Arbeit allerdings als gleichwertig verwendet.

4. Gefaehrdungsstufe

Gefahrenintensitaet und Haeufigkeit zusammen ergeben das Ausmass der Gefaehrdung, das heisst die Gefahrenstufe.

5. Risiko

Darunter verstehen wir eine 'subjektiv eingegangene Gefahr, ein Wagnis' (KIENHOLZ 1977:194).

Wir stellen dabei der Gefahr ein Verlustpotential (Menschenleben, Sachwerte) gegenueber. Erst wenn Gefahr und Verlustpotential zusammentreffen, sprechen wir von Risiko (vgl. Abb. 1 auf S. 4).

Mit dieser Definition weichen wir allerdings von SPOERRI (1980:182) ab, der meint: 'Der Begriff des Risikos verbindet den Begriff Gefahr mit dem Begriff der Eintretenswahrscheinlichkeit'. Man vergleiche dazu unseren Begriff der 'Haeufigkeit', den wir fuer diese Verknuepfung einsetzen.

```
   GEFAHR     +    VERLUSTPOTENTIAL      =    RISIKO
```

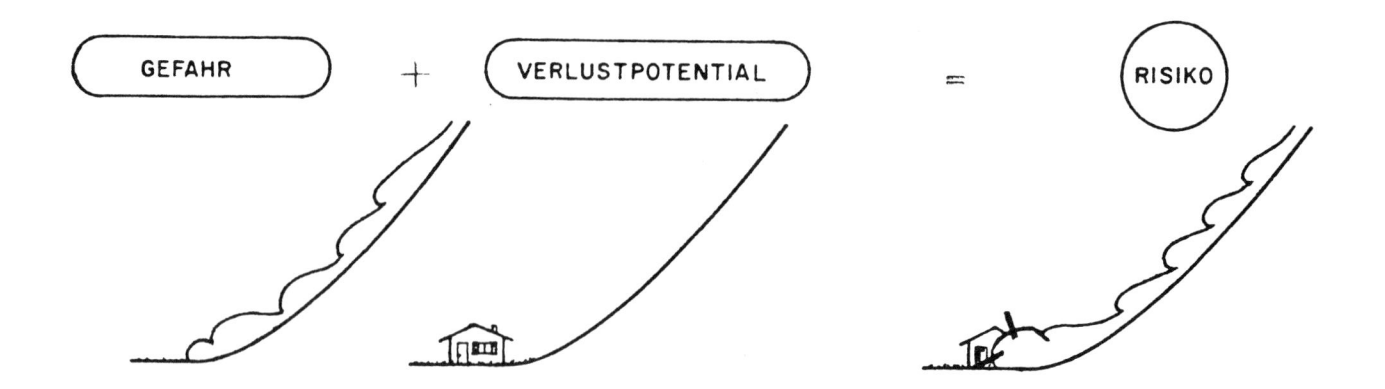

gefährlicher Prozess: Verlustpotential: Wohnhaus im Bereich des

Lawinenniedergang   Wohnhaus   gefährlichen Prozesses

Abb. 1. Die Verknuepfung von Gefahr und Verlustpotential zum Risiko

Der Unterschied zwischen diesen Abgrenzungen laesst sich an einem Beispiel zeigen: Ein bestimmtes menschenleeres Gebiet sei durch haeufigen Lawinenniedergang gekennzeichnet.

Nach unserer Definition besteht dort also eine hohe Gefaehrdung. Wenn sich jemand in dieses Tal begibt, geht er ein hohes Risiko ein.

SPOERRI spricht aber auch schon im Falle des vom Menschen unberuehrten Gebietes wegen der Haeufigkeit der Lawinenniedergaenge von hohem Risiko.

Mit unserer Risiko-Definition erreichen wir somit eine saubere Trennung zwischen dem Erkennen und Beurteilen einer Gefahr und dem meist subjektiven, oft sogar politischen Entscheid, wie weit man sich dieser Gefahr aussetzt, bzw. welches Risiko man einzugehen bereit ist. - Um beim obigen Beispiel zu bleiben: Der Experte stellt das Ausmass der Gefaehrdung dieses Gebietes fest, und der Politiker entscheidet, ob man das Risiko einer Erschliessung (und damit das Einbringen eines Verlustpotentials) eingehen will oder nicht.

6. D i s p o s i t i o n

Wir verstehen unter 'Disposition' die Veranlagung oder Bereitschaft des Untersuchungsgebietes fuer einen bestimmten gefaehrlichen Prozess. Die Disposition tritt entweder als Konstante oder als eine sich positiv oder negativ veraendernde Groesse auf (nach HIRSCH, 1984, leicht veraendert).

1.2 DIE BEDEUTUNG DER GEFAHRENBEURTEILUNG UND DER GEFAHRENKARTIERUNG

Die Notwendigkeit einer, die verschiedenen Arten von Naturgefahren umfassenden Beurteilung im Alpenraum ist heute allgemein anerkannt.

1. <u>Fakten</u>

Aus der Statistik des Schweizer Elementarschaden-Pools (unveroeff. Angaben Gebaeudeversicherung Bern) geht hervor, dass 1978 fast 100 Mio Fr. (98,1 Mio) an Versicherungsgeldern ausbezahlt wurden. Davon entfielen 95,8% auf Schaeden durch Hochwasser, Felssturz, Steinschlag, Erdrutsch, Lawinen und Schneedruck (Gleitschnee); 2,8% auf Sturmschaeden: 0,7% auf Hagelschaeden; 0,7% auf 'andere' Schaeden. Das heisst, die uns interessierenden Elementarereignisse Hochwasser, Felssturz, Steinschlag, Erdrutsch, Lawinen und Schneedruck belasten die Elementar-Schadenrechnung 1978 mit ueber 95%! (vgl. Abb. 2).

```
── 0,7% "andere" Schäden
── 0,7% Hagelschäden
── 2,8% Sturmschäden

── 95,8% Hochwasser, Felssturz
        Steinschlag, Erdrutsch
        Lawinen und Schneedruck
```

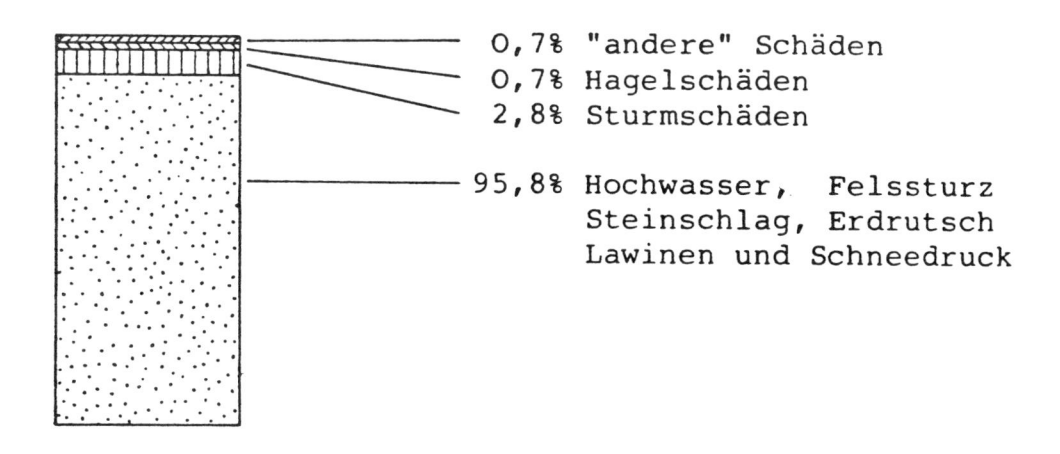

Abb. 2. Prozentuale Verteilung der Schadensumme auf die beteiligten Schadenkategorien

Ueber mehrere Jahre hinweg zeigen sich allerdings im Schadenausmass starke Schwankungen, nicht aber in der prozentualen Verteilung auf die beteiligten Schadenkategorien.

Abb. 3 auf S. 6 zeigt, dass die Schaeden an Gebaeuden infolge Hochwasser, Lawinen und Erdrutschen stark angestiegen sind, wobei die ausbezahlte Schadensumme bei gleicher Preisbasis sich innerhalb von zehn Jahren praktisch verdreifacht hat

(von 10 Mio Fr. im Jahr 1965 auf 39 Mio Fr. im Jahr 1975).
Diese Summe erreicht somit schon fast die Hoehe der jaehrlichen Aufwendungen des Bundes fuer Gewaesser- und Lawinenverbauungen.

"Die wachsende Beanspruchung der Berggebiete durch Besiedlung duerfte nicht unwesentlich zu dieser Entwicklung beigetragen haben." Mit diesen Worten schliesst SPOERRI (1980:180) seinen Kommentar zu dieser Graphik (Abb. 3).

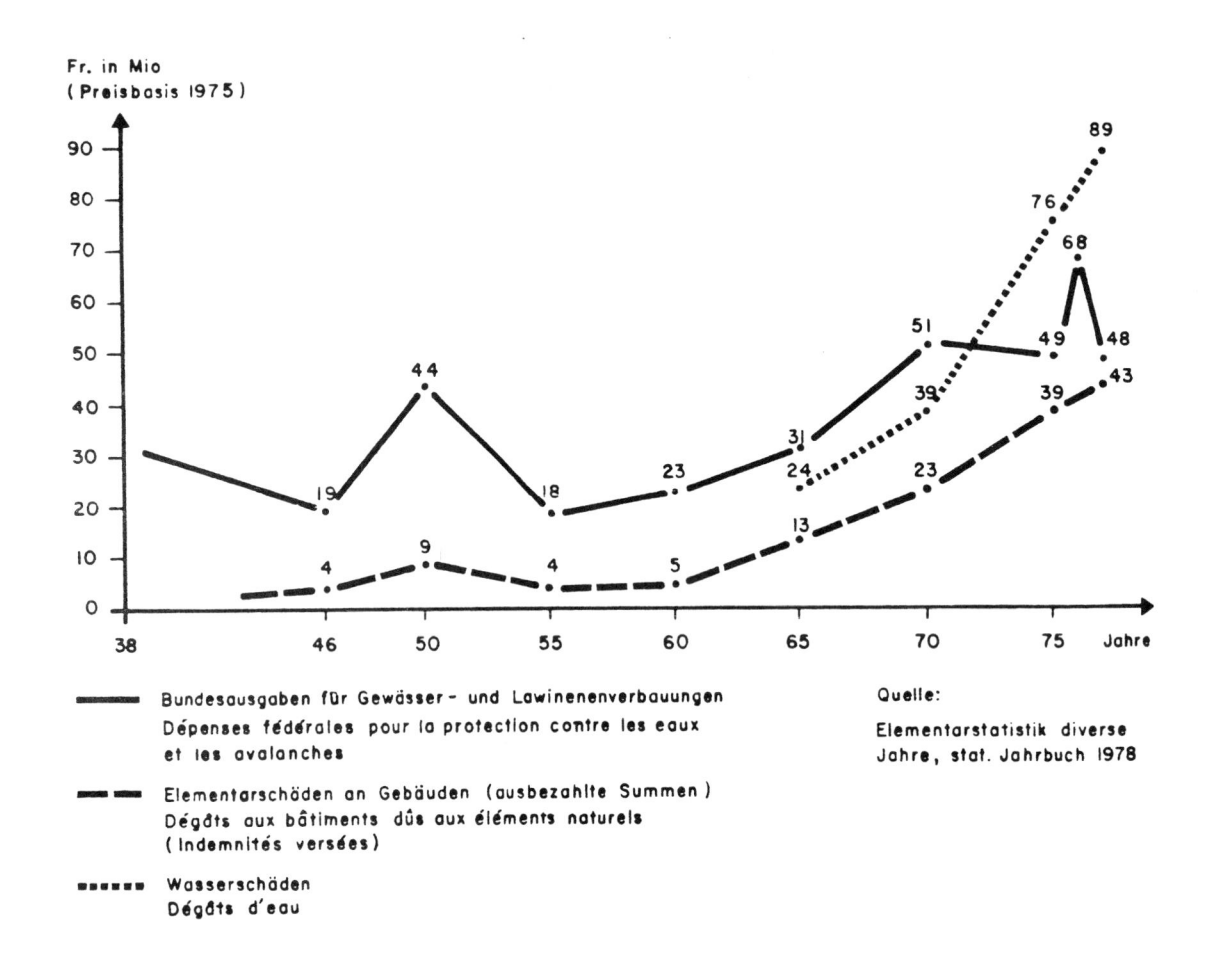

Abb. 3. Entwicklung der Elementarschaeden (aus SPOERRI 1980:180)

Die Bilanz zeigt auch deutlich, dass eine sinnvolle Nutzungsplanung unserer Gebirgsraeume auf der Grundlage einer umfassenden Gefahrenbeurteilung unumgaenglich ist.

2. Wissenschaftliche Forderungen

Auf die Wichtigkeit einer, alle Gefahrenarten umfassende Gefahrenkartierung weist auch ZOLLINGER (1976:29) in einer Publikation des Instituts fuer Orts-, Regional- und Landesplanung mit allem Nachdruck hin.

Dass die "Kenntnis der von Naturgefahren bedrohten Gebiete auf wissenschaftlicher Grundlage erworben werden muss", begruendet KELLERMANN (1980:24) damit, dass das Wissen um diese Gefahren auch bei dem immer kleiner werdenden Anteil der ansaessigen Bevoelkerung zusehends abnehme.

STRITZL (1980:17, 18) macht auf eine aehnliche Entwicklung aufmerksam, indem er feststellt, dass die Angst vor den Gefahren der Naturgewalten der **Forderung** nach **Sicherheit** gewichen sei, wobei ein sinkendes Gefuehl fuer Eigenverantwortlichkeit diese Forderung unterstreiche.

Diesen Anspruch auf Sicherheit betont auch SCHNEIDER in seinen "Grundgedanken und Methodik moderner Sicherheitsplanung". Darin haelt er fest: "Einer systematischen Gefahrenerkennung muss schon deshalb grosse Prioritaet zukommen, weil wir uns in vielen Faellen nicht mehr leisten koennen, Gefahren nur aus Fehlern und Unfaellen zu erkennen. Aber auch die Formulierung klarer Sicherheitsziele wird aus verschiedenen Gruenden immer dringlicher." (SCHNEIDER, 1980:53).

3. Politische Konsequenz

So fordert denn bereits 1972 der 'Bundesbeschluss ueber dringliche Massnahmen auf dem Gebiet der Raumplanung' die Ausscheidung von "Gebieten, deren Gefaehrdung durch Naturgewalten bekannt ist" (BMR, 1972).
Das Raumplanungsgesetz des Bundes von 1980 bekraeftigt diese Forderung in Artikel 6 (BUNDESGESETZ, 1979).

Auch das Baugesetz des Kantons Bern sieht die Beruecksichtigung von Naturgefahren vor: "In Gebieten, in welchen Leben und Eigentum erfahrungsgemaess oder voraussehbar durch Steinschlag, Rutschung, Lawinen, Ueberschwemmungen oder andere Naturereignisse gefaehrdet sind, duerfen keine Gebaeude erstellt werden." (BAUGESETZ, BE, 1970: Art. 3).
In Artikel 30 desselben Gesetzes wird auch die Ausscheidung von Gefahrenzonen durch die Gemeinden verlangt: "Die Gemeinde bezeichnet im Zonenpaln diejenigen Gebiete, welche wegen Gefaehrdung durch Naturereignisse nicht oder nur mit sichernden Massnahmen ueberbaut werden duerfen." (BAUGESETZ, BE, 1970: Art. 30).

Ebenso hat der Kanton Graubuenden 1971 "Richtlinien zur Ausarbeitung von Gefahrenzonenplaenen" (FORSTINSPEKTORAT GRAUBUENDEN, 1971) erlassen, wobei ebenfalls die Erfassung aller Gefahrenarten verlangt wird.

Eine etwas eigenartige Stellung nimmt der Kanton Wallis ein: im zweitgroessten Bergkanton der Schweiz besteht keine gesetzliche Verankerung von Massnahmen gegen Naturgefahren; insbesondere gibt es keine rechtliche Grundlage zur Ausscheidung von Gefahrenzonen. Einige Gemeinden haben dann trotzdem eigene Gefahrenzonenplaene erstellen lassen ... (JORDAN 1978:5).

Vorbildlich sind dagegen die kleineren Gebirgskantone in der Innerschweiz. Die meisten verfuegen seit mehr als 10 Jahren ueber entsprechende gesetzliche Grundlagen zur Ausscheidung von Gefahrenzonen.[2] Im Kanton Tessin existieren diesbezueglich Vorschriften seit 1974.[2]

In den Kantonen Freiburg und Waadt sind Gefahrengebiete mindestens teilweise sogar schon in den kantonalen Richtplaenen bezeichnet.[2]

Wie diese kurze Uebersicht zeigt, sind die rechtlichen Grundlagen durchaus vorhanden, um eine Beurteilung von Naturgefahren im Rahmen der Raumplanung zu fordern.

Im folgenden Kapitel (Kap. "Allgemeine Anforderungen" auf S. 9) sollen nun die Anforderungen, die wir an eine Gefahrenbeurteilung stellen, diskutiert werden.

---

[2]

- UR Baugesetz des Kt. Uri vom 10.5.1970, revidiert 5.4.1981. Art. 1 und 19

- OW Baugesetz des Kt. Obwalden vom 4.6.1972, Art. 20, 22, 24, und Verwaltungsverordnung zum BMR vom 8.1.1974

- NW Uebergangsregelung nach BMR 1972 (Gesetzesrevision in Vorbereitung) (Bereits seit 1964 ein Gesetz fuer Lawinenzonenplaene.)

- TI Regolamento d'applicazione della legge edilizia vom 22.1.1974, Art. 14, 15, 16. Legge edilizia cantonale vom 19.2.1973 Art. 1,31

- FR Carte preliminaire des glissements de terrain 1:50'000: Office central fribourgeois des constructions et de l'aménagement du territoire, 1976

- VD Cartes des sites - contraintes naturelles 1:25'000 plan directeur cantonal. Service de l'aménagement du territoire, Etat de Vaud, 1982

1.3 ALLGEMEINE ANFORDERUNGEN

Die Anforderungen, die an eine Gefahrenbeurteilung gestellt werden muessen, koennen mit den folgenden drei Stichworten umrissen werden:

1. Sachliche Richtigkeit

Die Forderung nach sachlicher Richtigkeit muss selbstverstaendlich gestellt werden, denn es geht in diesem Problemkreis der Gefahrenbeurteilung ja um die Sicherung von Menschenleben und zum Teil auch von hohen Sachwerten (z.B. Haeuser).

Ein endgueltiges Urteil ueber die sachliche Richtigkeit kann erst die Zukunft weisen, wenn die bei der Gefahrenbeurteilung prognostizierten Prozesse dem Naturgeschehen gegenuebergestellt werden koennen.

Es ist aber moeglich, die sachliche Richtigkeit indirket zu beurteilen, wenn der Entscheidungsprozess klar erkennbar und nachvollziehbar dargelegt wird.

Allerdings muessen wir bedenken, dass in bezug auf die sachliche Richtigkeit ein erfahrener und sorgfaeltiger Experte durch empirisches Vorgehen zu einer zutreffenderen Beurteilung gelangen kann, als ein weniger erfahrener Bearbeiter mit einer Methode, die zwar sehr gut nachvollziehbar ist und quantitativ, aber auf vielleicht vagen Parametern beruht (vgl. auch VOGT 1976).

2. Gute Nachvollziehbarkeit

Sie ist vom wissentschaftlichen Standpunkt aus unerlaesslich und wegen der obgenannten Gruende ausserordentlich wichtig. Dem Bearbeiter bietet sie eine Absicherung seines Gutachtens. Durch die Transparenz, die angibt, wie die Gefahrenbeurteilung zustande gekommen sit, wirkt sie glaubwuerdig, und die Arbeit ist somit ueberzeugend.

Der Grad der Nachvollziehbarkeit ist objektiv ueberpruefbar. Damit hat der Fachmann ein Kriterium zur Einschaetzung verschiedener Methoden der Gefahrenbeurteilung zur Hand.

3. Moeglichst geringer Aufwand

Die Forderung nach einem moeglichst geringen Aufwand zur Gefahrenbeurteilung stellt sich aus oekonomischen Gruenden. Denn es gilt, zwischen Aufwand und Ertrag ein Optimum zu finden. Gerade auf diesen Punkt wird in der Praxis grosser Wert gelegt, oft steht naemlich die Gefahrenbeurteilung erst

am Anfang und bildet nur eine der vielen Grundlagen fuer eine
groessere Arbeit, z.B. in der Regionalplanung. Deshalb stehen
haeufig nur relativ bescheidene Mittel fuer diese
Spezialarbeit zur Verfuegung.
Ein weiteres Problem aus der Praxis ist der Zeitfaktor. Als
eine der entscheidenden Grundlagen einer Planung sollte die
Gefahrenkartierung bereits von Anfang an vorhanden sein, so
dass oft nur kurze Zeit zu ihrer Erhebung eingesetzt wird.

1.3.1 Der mittlere Massstab: Bedeutung und spezifische Anfoderungen an die Gefahrenbeurteilung

In der Schweiz versteht man unter 'mittlerem' Massstab den
Bereich 1:25'000 bis 1:100'000. In dieser Groessenordnung
werden die Karten der kantonalen und regionalen Richtplaene
erstellt (meist 1:25'000 oder 1:50'000).
In der Landesplanung arbeitet man vorwiegend mit Karten in
Massstaeben von 1:300'000 bis 1:500'000, die wir als 'kleine'
Massstaebe bezeichnen. Demgegenueber verwendet man in der
Ortsplanung Massstaebe groesser gleich 1:10'000 (sog.
'grosse' Massstaebe).

Das Schwergewicht der vorliegenden Arbeit leigt bei der Gefahrenkartierung
in mittleren Massstaeben.

1. <u>Die Bedeutung des mittleren Massstabes</u>

Hier handelt es sich also um den Massstabsbereich der kantonalen
und regionalen Planung. Auf dieser Stufe bildet eine
Gefahrenhinweiskarte ein wichtiges Instrument, indem sie
groessere Zusammenhaenge bezueglich Naturgefahren in raeumlicher
und dynamischer Hinsicht aufzeigen kann.

Damit ist die Gefahrenhinweiskarte eine gute Grundlage fuer
weitere, landschaftsbezogene Arbeiten, insbesondere ermoeglicht
sie einen fruehen Einbezug einer integralen Massnahmenplanung
zum Schutze vor Naturgefahren. Dies zeigen die
vorliegenden Arbeiten fuer den Forstdienst im Berner Oberland
und die Arbeiten im interdisziplinaeren Forschungsprogramm
MAB Davos, Grindelwald und Pays d'Enhaut.

Karten in diesen mittleren Massstaeben dienen vor allem der
Uebersicht ueber groessere Gebiete. Keinesfalls koennen sie
parzellengerecht sein, denn eine Strichdicke von 1 mm wuerde
im Gelaende eine Breite von 25 m einnehmen (1:25'000). Hingegen
koennen mittelmassstaebige Karten durchaus eine
raumbezogene, qualitative Aussage ueber die Gefaehrdung durch
Naturgefahren machen. Diese soll kartographische klar und gut
lesbar dargestellt werden koennen.

2. Spezielle Anforderungen an die Gefahrenbeurteilung im mittleren Massstab

Die besonderen Anforderungen, die sich durch diesen mittleren Massstab an die Gefahrenbeurteilung stellen, sollen im folgenden kurz umrissen werden.

Selbstverstaendlich gelten auch hier die schon frueher aufgelisteten drei Hauptforderungen (vgl. "Allgemeine Anforderungen" auf S. 9)

— sachliche Richtigkeit

— gute Nachvollzeihbarkeit

— moeglichst geringer Aufwand

Dabei kommt in der Praxis der Forderung nach einem moeglichst geringen zeitlichen Aufwand die groesste Bedeutung zu. Denn die relativ rasche Verfuegbarkeit solcher Karten ueber groessere Gebiete bildet den grossen Vorteil dieser Kartierungen gegenueber der zeitraubenden, allerdings viel detaillierteren Gefahrenbeurteilungen, wie sie fuer grossmassstaebige Gefahrenkarten unumgaenglich sind. Der dabei erreichte hohe Detaillierungsgrad ist aber fuer die Regionalplanung gar nicht erforderlich. Es genuegt auf dieser Stufe eine raumbezogene, qualitative Aussage, wie sie mittelmassstaebige Gefahrenhinweiskarten liefern koennen.

Es galt, ein Verfahren zu suchen, das diese Forderungen erfuellen kann. In der vorliegenden Arbeit sollen Moeglichkeiten aufgezeigt werden, auf welche Weise wir versucht haben, diese Aufgabe zu loesen (vgl. "Vorgehen und Methoden" auf S. 23).

2.0 PROBLEMSTELLUNG UND ZIELSETZUNG

2.1 PROBLEMSTELLUNG

Wie aus den vorangehenden Ausfuehrungen, speziell "Die Bedeutung der Gefahrenbeurteilung und der Gefahrenkartierung" auf S. 5 hervorgeht, wird von verschiedenen Seiten her die Forderung nach Gefahrenkartierungen in mittleren Massstaeben gestellt.

Dabei wird vor allem darauf hingewiesen, dass die verschiedenen Naturgefahren nach gleichen Gesichtspunkten beruecksichtigt werden sollten, was bisher in diesen Massstaeben nur selten geschehen ist (vgl. "Der mittlere Massstab: Bedeutung und spezifische Anfoderungen an die Gefahrenbeurteilung" auf S. 10).

Zusammenfassend laesst sich somit folgende Problemstellung ableiten:
Suchen nach Methoden der Gefahrenkartierung fuer die planerische Anwendung im Alpenraum auf regionaler, nicht eng lokaler Ebene.

Dabei soll deutlich unterschieden werden zwischen:

1. **Erkennen** der Gefahr, bzw. des entsprechenden morphodynamischen Prozesses;

2. **Beurteilung** und Abgrenzung der betroffenen Flaeche;

3. **Darstellung** dieses Befundes (meist kartographisch).

Die drei Postulate nach

— sachlicher Richtigkeit (vgl. S. 9),

— guter Nachvollziehbarkeit (vgl. S. 9),

— moeglichst geringem Aufwand, vor allem zeitlich (vgl. S. 9)

sind optimal zu erfuellen.

2.2 ZIELSETZUNG DIESER ARBEIT

Die Zeilsetzungen dieser Arbeit sind auf die genannten Anforderungen der Praxis, in unserem Fall der Raumplanung ausgerichtet:

1. <u>Aufzeigen einer Methode</u> zur Gefahrenkartierung fuer die planerische Anwendung auf regionaler Stufe.

2. Bearbeiten zweier <u>praktischer Beispiele</u>:

    — die **Gefahrenkartierung im Berner Oberland** im Auftrag der Forstinspektion Oberland (FIO) in 7 verschiedenen Sanierungsgebieten;

    — Die **Gefahrenkartierung in Davos** im Rahmen des Forschungsprojektes 'Man and Biosphere' des Schweizerischen Nationalfonds.

    In beiden Faellen soll vor allem der methodische und der praktische Aspekt betont werden.

II. LOESUNGSANSATZ UND METHODE

3.0 DER LOESUNGSANSATZ

Es gilt einen Weg zu finden, der das **Erkennen und Beurteilen** der morphodynamischen Prozesse und ihrer Gefaehrlichkeit mit relativ einfachen Mitteln ermoeglicht. Um dieses Ziel zu erreichen, muessen vorwiegend Wissen und Methoden aus dem Fachbereich der Geomorphologie eingesetzt werden.

Morphodynamische Prozesse resultieren in einem mehr oder weniger spezifischen geomorphologischen Formenschatz (vgl. Abb. 4).

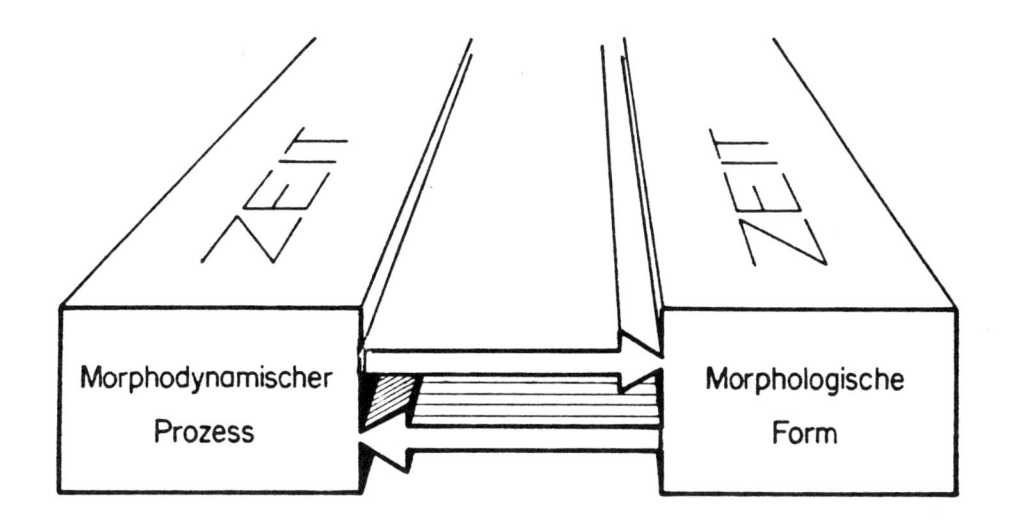

Abb. 4. Wechselwirkung zwischen Morphodynamik und morphologischem Formenschatz

Erkennen morphodynamischer Prozesse heisst somit primaer Beobachten des geomorphologischen Formenschatzes.

Beurteilen heisst Interpretieren der entsprechenden morphodynamischen Prozesse auf ihre Gefaehrlichkeit hin.

Zum besseren Verstaendnis der komplexen Zusammenhaenge morphodynamischer Prozesse im geooekologischen System habe ich ein graphisches Regelkreismodell der Morphodynamik entwickelt (vgl. Abb. 5 auf S. 16).

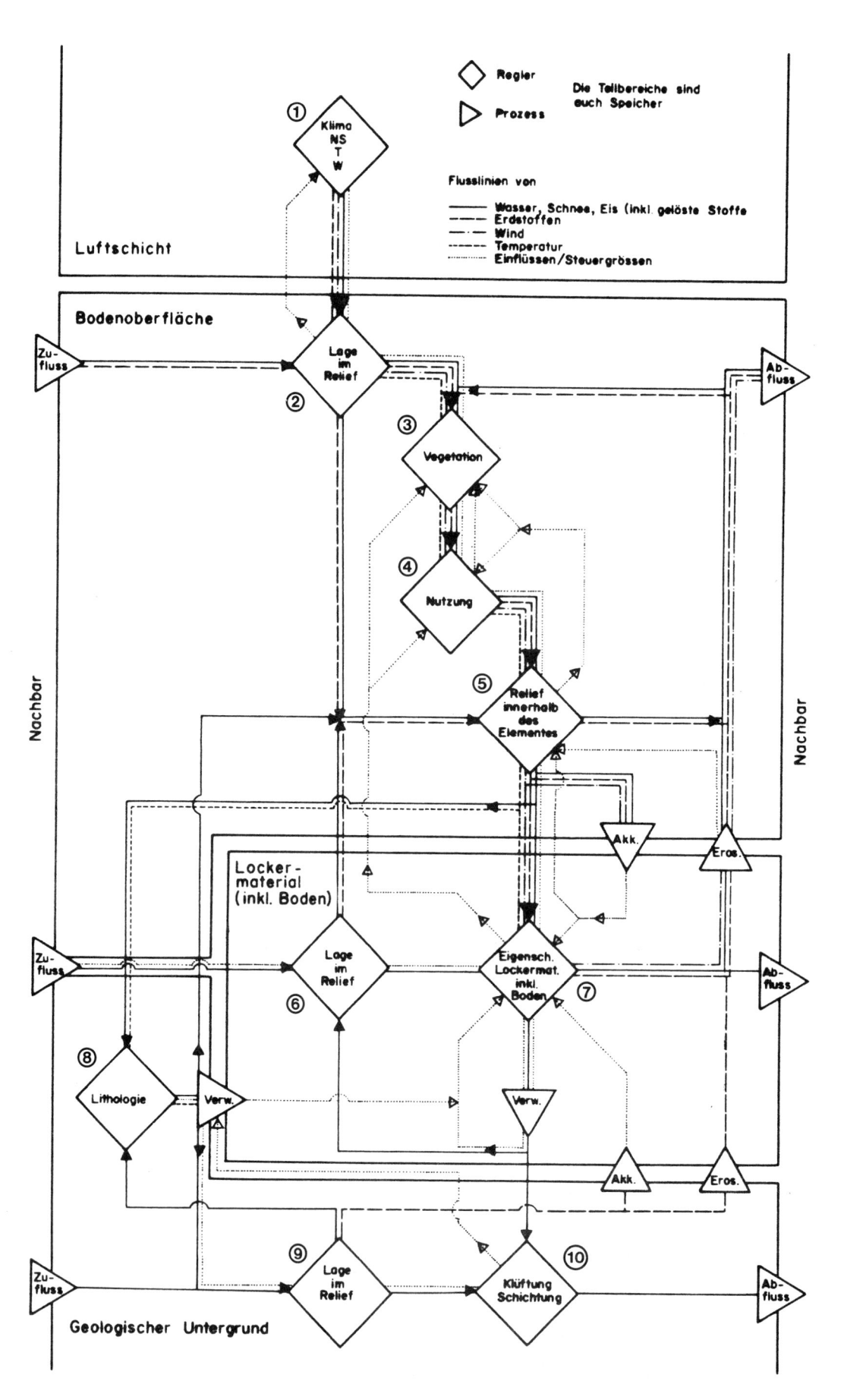

Abb. 5.   Graphisches Regelkreismodell der Morphodynamik

Erst die Kenntnis dieser Wechselwirkungen erlaubt eine umfassende Beurteilung der entsprechenden morphodynamischen Prozesse auf ihre Gefaehrlichkeit hin.

Zudem sollen auf diese Weise die wesentlichen Ansatzpunkte zur Beeinflussung der gefaehrlichen morphodynamischen Prozesse sichtbar gemacht werden, denn die Massnahmenplanung zum Schutze vor solchen Naturgefahren muss von diesen Ansatzpunkten ausgehen.

In diesem Modell werden vier Teilbereiche unterschieden:

— die Luftschicht

— die Bodenoberflaeche

— das Lockermaterial (inkl. Boden)

— der geologische Untergrund

In all diesen Teilbereichen befinden sich Regler, die die Prozesse der Morphodynamik steuern, von diesen Prozessen aber zum Teil selbst auch beeinflusst werden.

Dieses grpahische Modell soll nun im weiteren erlaeutert werden.

Teilbereich Luftschicht

In diesem Teilbereich bildet das Klima mit seinen Elementen Temperatur, Niederschlaege und Wind den Regler ①. Dieser steuert die Flusslinien von Wasser (Niederschlag), Temperatur und Wind. Das Klima formt den klimaspezifischen Formenschatz des Reliefs und uebt so einen Einfluss auf den folgenden Teilbereich, die Bodenoberflaeche, aus.

Es besteht aber auch auf die Graphik bezogen rueckwaerts ein Einfluss des Reliefs ② auf das Klima, denken wir nur an die Hoehenstufung, das heisst an die Abnahme der Temperatur mit zunehmender Hoehe und die damit verbundene Zunahme des Jahresniederschlages. Aber auch Exposition und Hangwinkel mit ihren Einfluessen auf Einstrahlung und Temperatur sind zwei Beispiele dieser Wechselbeziehung zwischen Relief und Klima.

Teilbereich Bodenoberflaeche

Wie wir bereits beim Klima gesehen haben, ist fuer die Morphodynamik im Teilbereich Bodenoberflaeche der Regler 'Lage im Relief' ② (Mesorelief nach BARSCH und STAEBLEIN, 1978) von groesster Bedeutung. Er beeinflusst nicht nur die Klimaelemente, sondern auch den Wasserhaushalt auf jedem Oberflaechenelement. Auch ist die Lage im Relief entscheidend fuer die Zu- und Abfuhr von Erdstoffen.

Die Zufuhr von Wasser und Erdstoffen kann direkt zur Akkumulation fuehren und damit den Teilbereich 'Lockermaterial' (Substrat, LESER, PANZER 1982:21) beeinflussen.

Die Flusslinien im Teilbereich 'Oberflaeche' koennen aber auch durch die Regler 'Vegetation' ③ und 'Nutzung' ④ gesteuert werden. Dasselbe gilt fuer das Relief innerhalb des Elementes ⑤ (Formen mit einer Ausdehnung in der Groessenordnung von dm bis m), wobei hier eine rueckkoppelnde Wirkung des Mikroreliefs auf die Nutzung sehr einleuchtend ist.

Teilbereich Lockermaterial (inkl. Boden)

Die Eigenschaften dieses Lockermaterials ⑦ spielen hier fuer die Regelung der morphodynamischen Prozesse eine entscheidende Rolle; dabei darf die Lage im Relief ⑥ nicht ausser acht gelassen werden.

Aus dem Teilbereich "Oberflaeche" wirken auch Vegetation ③ und Nutzung ④ auf den Regler 'Eigenschaften des Lockermaterials' ⑦ ein und werden ihrerseits durch diesen Regler beeinflusst.

Diese Eigenschaften des Lockermaterials werden auch durch die Verwitterung veraendert, wobei der Regler 'Klima' ① aus dem Teilbereich 'Luftschicht' wesentliche Steuergroessen liefert (Temperatur und Niederschlaege). Die 'Lage im Relief' ⑥ beeinflusst vor allem den Wasserhaushalt und den Transport der Erdstoffe (zusammen mit der Gravitation). Sehr direkt wirken auch Akkumulation und Erosion auf diesen Teilbereich 'Lockermaterial' ein.

Teilbereich 'Geologischer Untergrund'

Durch die Verwitterung wird auch der geologische Untergrund aufbereitet und zu Lockermaterial umgeformt. Dabei ist fuer den Verwitterungsprozess besonders der Regler 'Klueftung, Schichtung' ⑩ entscheidend. Die 'Lage im Relief' ⑨ regelt in erster Linie den Wasserfluss und ist mit Hilfe der Gravitation, fuer den Transport des gelockerten Materials verantwortlich.

Der Regler 'Lithologie' ⑧ wirkt sich (via Verwitterung) vor allem auf die Eigenschaften des Lockermaterials aus.

In allen drei Bereichen 'Oberflaeche', 'Lockermaterial' und 'Geologischer Untergrund' kann Wasser ein betrachtetes Element der Erdoberflaeche als Zufluss erreichen oder als Abfluss verlassen.

Mit diesem graphischen Regelkreismodell wird die Vernetzung der Morphodynamik im geooekologischen System erkennbar.

Um die Ansatzpunkte zur Beeinflussung der gefaehrlichen morphodynamischen Prozesses zu verdeutlichen, wird im folgenden jeweils mit Hinweis auf die entsprechenden Regler oder Flusslinien aufmerksam gemacht (dies geschieht mit einer einfachen Angabe der Regler-Nummer, z.B. vgl. ⑦ in Abb. 5 auf S. 16).

Aus chronologischen Grunden wird im folgenden zuerst der FIO-spezifische Ansatz vorgestellt und nachher der MAB-Davos spezifische Ansatz.

3.1 DER FIO-SPEZIFISCHE LOESUNGSANSATZ

Dieser Loesungsansatz ist als sehr pragmatisch einzustufen, da hier ein konkreter Auftrag der Gefahrenkartierung aus der Praxis vorlag. Es ist deshalb zum besseren Verstaendnis notwendig, sich hier nochmals die gestellte Aufgabe in Erinnerung zu rufen:

Bedeutung

Im Bergland ist der Siedlungs- und Nutzungsraum des Menschen seit jeher durch Naturgefahren, wie Wildbaeche, Lawinen usw., eingeschraenkt bzw. bedroht. In solchen Gebieten kommen dem Wald zweifellos wichtige Schutzfunktionen zu.

In 15 groesseren Perimetern des Berner Oberlandes hat der Forstdienst im Rahmen der regionalen Richtplanung die Ausarbeitung von integralen Sanierungsprojekten eingeleitet. Es handelt sich um Gebiete, in denen ausgesprochen wichtige Schutzfunktionen zu erhalten, bzw. wieder herzustellen sind, in denen aber zum Teil infolge fehlender Waldpflege und ungenuegender rechtzeitiger Verjuengung labile Schichtphasen und aufgeleoste Waldpartien vorhanden sind.[3] Die Gesamtflaeche der Perimeter umfasst rund 225 km², davon 7200 ha Wald. Diese Ausdehnung zwingt aus technischen und finanziellen Gruenden dazu, die Anstrengungen auf das fuer den Schutz von Bevoelkerung und Verkehrsanlagen Notwendige zu konzentrieren.

Zielsetzung

Die Sanierungsmassnahmen werden deshalb von Anfang an auf die am meisten gefaehrdeten Teilperimeter und die zu schuetzenden

---

[3] Es sei in diesem Zusammenhang noch an die schaedigende Wirkung des sauren Regens erinnert, die auch vor Gebirgswaeldern nicht Halt macht.

Objekte abgestimmt. Zu diesem Zweck ist es noetig, als Grundlage die drohenden Naturgefahren (Entstehungs- und Wirkungszonen) aufzuzeichnen. Anhand einer Gefahrenkarte ist die Schwerpunktbildung der Sanierungsprojekte moeglich.

Forderungen

Die Erhebung im Berner Oberland musste moeglichst rasch (und kostenguenstig als Vorarbeit zu den generellen Projekten) und doch nachvollziehbar erfolgen. So standen fuer die Gefahrenkartierung der 6 Sanierungsgebiete in der Teilregion Oberland Ost mit einer Flaeche von 100 km² nur rund 6 Monate zur Verfuegung. Die Gefahrenkarte sollte im Massstab 1:25'000, der auch fuer die regionalen Richtplaene verwendet wird, erstellt werden. Dabei wurde angestrebt, diesen neuen Karten mehr Aussagemoeglichkeiten zu geben, als dies beispielsweise bei den Gefahrenkarten 1:100'000 des Bundesamtes fuer Forstwesen aus dem Jahre 1975 geschehen ist (vergleiche KLAEY 1980). Es galt nun, ein Verfahren zu suchen, das diesen Anforderungen genuegen konnte. Dabei war guter Nachvollziehbarkeit und sachlicher Richtigkeit bei geringem Zeitaufwand Prioritaet einzuraeumen (KIENHOLZ 1981).

Loesungsansatz

1. Die massgeblichen morphodynamischen Prozesse werden ueber ihren Formenschatz identifiziert. Zu jeder Gefahrenart wird demnach ein entsprechender Formenkatalog zusammengestellt (vgl. "Die Indikatoren" auf S. 32 und GRUNDER, 1983).

2. Die Erhebung und Beurteilung erfolgt im wesentlichen im Luftbild. Benuetzt werden Stereopaare von Echtfarbluftbildern (vgl. "Vorgehen" auf S. 23 und GRUNDER, 1976).

3. Feldkontrollen und eine Befragung Ortskundiger sichern die Kartierung ab (vgl. "Vorgehen" auf S. 23).

Das Ergebnis sind Gefahrenhinweiskarten 1:25'000 mit dazugehoerendem Protokoll (vgl. "Die Beispiele aus dem Berner Oberland" auf S. 104).

3.2 DER LOESUNGSANSATZ FUER MAB DAVOS

Bedeutung

Der Raum Davos ist eines der vier Testgebiete in der Schweiz, die im Rahmen des internationalen Forschungsprogramms 'Mensch und Umwelt' (MAB) untersucht werden. Diese Arbeiten werden vom Schweizerischen Nationalfonds finanziert.

Dabei geht es vor allem darum, das Wirkungsgefuege Nutzung - Naturhaushalt zu analysieren, wobei auch die Beurteilung der Naturgefahren einbezogen wurde.

Zielsetzung

Durchfuehrung einer Gefahrenbeurteilung im MAB-Perimeter (rund 100km²). Darstellung der Ergebnisse im Rastersystem der EDV im Institut fuer Kommunikationstechnik der ETHZ (Rastergroesse 50 m x 50 m).

Forderungen

Unter diesem Gesichtspunkt der Beziehung Nutzung - Naturhaushalt musste eine Erweiterung der Beurteilung angestrebt werden. Mit Hilfe des graphischen Regelkreismodelles wurde eine Checkliste (vgl. Beilage) geschaffen, welche jene Angaben ueber Naturhaushalt und Nutzung sammelt, die ueber die eigentliche Gefahrenbeurteilung hinausgehen. Mit diesen zusaetzlichen Daten ueber die Umweltbedingungen der Beurteilungsflaeche sollte ein besseres Verstaendnis fuer die Wechselwirkung Naturhaushalt - Nutzung - Naturgefahren erreicht werden. Es sei hier vorweggenommen, dass eine solche Auswertung noch aussteht. Hier waere noch weiterfuehrende Forschungsarbeit noetig.

Loesungsansatz

1. Die massgelichen morphodynamischen Prozesse werden ueber ihren <u>Formenschatz</u> identifiziert. Zu jeder Gefahrenart wird demnach ein entsprechender Formenkatalog zusammengestellt (vgl. "Die Indikatoren" auf S. 32). Daraus entsteht ein Beurteilungsblatt, das als Protokollblatt dient (vgl. Abb. 9 auf S. 28).

2. Die Erhebung und Beurteilung der Naturgefahren erfolgt mit dem obgenannten Beurteilungsformular flaechendeckend, aufgeteilt in sog. <u>Beobachtungsflaechen</u> (1 Formular pro Flaeche), vgl. "Die Evidenzstufen" auf S. 31. Die Groesse der Beurteilungsflaechen kann den jeweiligen Gegebenheiten angepasst werden und variieren zwischen 1 - 20 ha. Die Beurteilung kann ab Luftbild oder direkt im Feld erfolgen.

   Das Verfahren mit diesen Beobachtungsflaechen gewaehrt eine bessere Systematisierung und eine bessere Fuehrung der Gefahrenkartierung im Gelaende.

3. Eine Befragung Ortskundiger und die Auswertung historischer Quellen und bei Luftbildinterpretation eine Feldkontrolle sichern die Gefahrenbeurteilung ab.

Damit stellt sich die Frage: Welche Formen zeigen welche Prozesse an? - Oder umgekehrt: Welche Formen muessen fuer die Erkenntnis eines Prozesses beachtet werden, wenn von einem bestimmten Prozess ausgegangen wird?

Es galt nun, fuer jeden morphodynamischen Prozess, der uns fuer die Gefahrenbeurteilung interessiert, einen entsprechenden Formenkatalog aufzustellen. Dies ist in Kap. "Die Indikatoren" auf S. 32 geschehen.

Im weiteren muss untersucht werden, mit welchen Mitteln sich solche Formen erkennen lassen. Diese Frage wird in Kap. "Vorgehen und Methoden" auf S. 23 sowie Kap. "Die Dispositionsstufen" auf S. 184 besprochen und beantwortet.

Ergebnis

Das Ergebnis sind Rasterkarten (Rastergroesse 50 m x 50 m) und ein ausfuehrlicher Bericht (vgl. Kap. "Das Beispiel aus dem MAB-Testgebiet Davos" auf S. 139).

4.0 VORGEHEN UND METHODEN

4.1 VORGEHEN

4.1.1 Das Vorgehen im Berner Oberland

Arbeits-schritt	Taetigkeit	Ort
1.	Ueberblicksbegehung	Feld
2.	Gefahrenbeurteilung im Luftbild	Buero
3.	Feldkontrolle Befragung Ortskundiger	Feld
4.	Redaktion der Karte und des Protokolls	Buero

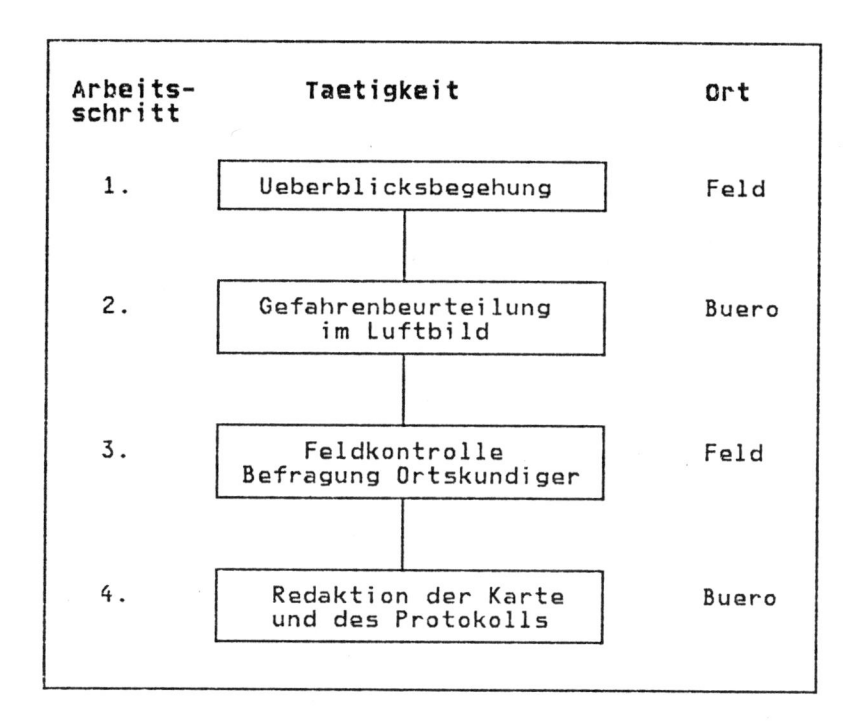

Abb. 6. Flussdiagramm des Vorgehens bei der Gefahrenbeurteilung im Berner Oberland (im Auftrag des FIO)

Wir gehen folgendermassen vor:

1. Erste **Ueberblicksbegehung** im Feld und Beurteilung der geologischen Verhaeltnisse.

2. **Gefahrenkartierung** aus dem Luftbild. Benuetzt werden Stereopaare von Echtfarbluftbildern mit einem mittleren Bildmassstab von 1:15'000. Eingehende Untersuchungen haben gezeigt, dass diese Bildart fuer die Interpretation am guenstigsten ist. Durch die Zeitersparnis und die sichere Interpretation werden die relativ hohen Flugkosten mehr als aufgewogen (GRUNDER, 1976). Gleichzeitig kann dieses ausgezeichnete Bildmaterial auch fuer die weitere planerische Bearbeitung des entsprechenden Raumes verwendet werden. Die Merkmale die zur Ausscheidung der Gefahrenarten fuehren, werden im Abschnitt "Die Indikatoren" auf S. 32 beschrieben.

Zur Kartierung aus dem Luftbild: Die normalfarbigen
Luftbilder mit einem mittleren Bildmassstab von 1:15'000
dienen einerseits als Datenquelle, andererseits aber auch
als Beleg der Gefahrenkartierung. Damit ist jederzeit
eine Nachpruefung der Kartierung moeglich. Um die
Bildinformation nicht durch Eintragungen zu zerstoeren,
werden die Gefahrenhinweise (vgl. "Die Indikatoren" auf
S. 32) im Luftbild mit den Indices der entsprechenden
Gefahr gekennzeichnet und nicht mit Signaturen uebermalt
(vgl. Abb. 7).

Aufnahmen des Bundesamtes für Landestopographie. Bild Nr. 2254, 2255 SE254/14. Reproduziert mit Bewilligung vom 31.1.1983.

Stereogramm: Ausschnitt aus der Luftbildinterpretation zur Gefahrenkartierung der forstlichen Sanierungsprojekte im Berner Oberland (Schweiz), siehe dazu die Kartenbeilage. An ausgewählten Beispielen sind einige der Gefahrenausscheidungskriterien illustriert (vergleiche Abschnitt   ): R: Anriss eines kleinen Rotationsrutsches → Rutschgefahr erwiesen, r_n Narbenversatz → Rutschgefahr potentiell, L_s Lawinenschurf → Lawinengefahr erwiesen, L_T Lawinenschutt → Lawinengefahr erwiesen, W_u Uferanbrüche → Wildbachgefahr erwiesen, W_g geschiebeüberschütteter Schwemmkegel → Wildbachgefahr erwiesen, S Sturzschutthalden → Sturzgefahr erwiesen.

Abb. 7.   Luftbild-Ausschnitt Guendlischwand

Die Luftbildinterpretation wird durch zwei selbstentwickelte Fotointerpretationsschluessel wesentlich erleichtert: Der Identifikationsschluessel (Prinzip des Gabelschluessels) dient dem Erkennen eines morphologischen Elementes, und mit dem Beispielschluessel kann die Interpretation ueberprueft werden. Auf diese

Weise ist die Gefahrenkartierung ab Luftbild auch fuer einen Ungeuebten nachkontrollierbar.

Waehrend der Luftbildkartierung wird ein Protokoll gefuehrt. Darin sind Unklarheiten festzuhalten, die noch im Feld oder bei der Befragung Ortskundiger geklaert werden muessen. Im weiteren werden Hinweise auf besondere Gefaehrdungen darin aufgezeichnet. Ergaenzt wird das Protokoll nach der Feldkontrolle und der Befragung der Revierfoerster (vgl. 'Arbeitsschritt 4').

3. **Feldkontrolle** und gezielte **Befragung Ortskundiger** zur Absicherung der Luftbildkartierung: Sowohl die Feldkontrolle, als auch die Befragung kann nach der Durchfuehrung der Luftbildkartierung viel gezielter erfolgen.

   Als Ortskundige werden vor allem Revierfoerster und Schwellenmeister befragt, welche in der Regel wichtige Hinweise auf Schadenereignisse geben koennen. Ihre Auskuenfte erlauben oft eine sehr praezise Festlegung der Grenzen von Gefahrenbereichen. Allerdings geben diese Befragungen meist nur einen Rueckblick auf vergangene Gefahrenereignisse. Deshalb bleibt es nach wie vor die Aufgabe des kartierenden Experten, Prognosen ueber die Gefahrenbereiche zukuenftiger Ereignisse zu stellen, bzw. p o t e n t i e l l e Gefaehrdungen und gefaehrdete Gebiete zu erkennen.

4. **Redaktion der Karte und des** dazugehoerenden **Protokolls**: Im Kartierungsprotokoll werden wichtige Zusatzinformationen, die nicht in der Karte darstellbar sind, sowie die Ergebnisse der Befragung festgehalten (vgl. Protokollausschnitt der Gefahrenkarte "Frutigen").

   Die so gewonnenen und ueberprueften Ergebnisse stellt man nun in einer Karte dar. Die Signaturen sind so gewaehlt, dass sie auch einfarbig klar und deutlich lesbar sind, andererseits aber keine haargenaue Grenzziehung erlauben. Dies ist mit unserer Maethode, die einen Ueberblick verschaffen soll, nicht noetig. Mit diesen Signaturen soll verhindert werden, dass mehr in die Karte hineininterpretiert wird, als wirklich in ihr enthalten ist. Allfaellige Kommentare und Bemerkungen sind in einem Protokoll festgehalten. Dieses bildet einen integrierenden Bestandteil der Karte, sind doch darin oft wichtige, in der Karte nicht darstellbare Hinweise aufgefuehrt.

Legende

Es werden vier Gefahrenarten in den Evidenzstufen 'erwiesen' und 'potentiell' ausgeschieden:

— Sturzgefahren (Steinschlag, Felssturz, Bergsturz und Eisschlag)

— Rutschgefahren (oberflaechliche Rutsche mit Tiefe ≤ 2m, tiefgruendige Rutsche mit Tiefe > 2m)

— Wildbachgefahren (inkl. Muren)

— Lawinengefahren (inkl. Gleitschnee)

Die Evidenzstufe 'potentiell' soll zeigen, dass in diesem Bereich aufgrund der Geologie, Steilheit usw. nach menschlichem Ermessen die betreffende Gefahr auftreten koennte und dort im Einzelfall noch weitere Untersuchungen noetig sind (vgl. Kap. "Die Indikatoren" auf S. 32).

4.1.2 Das Vorgehen in Davos

Es wird in sieben Arbeitsschritten vorgegangen:

1. **Erste Ueberblicksbegehung** im Feld und Beurteilung der geologischen Verhaeltnisse; gegebenenfalls Anpassung der Checkliste auf dem Beurteilungsformular.

2. **Abgenzung der Beobachtungsflaechen** auf dem Luftbild und **Vorbereitung der Beurteilungsformulare**. Es ist moeglich, die Groesse der Beurteilungsflaeche den jeweiligen Gegebenheiten anzupassen (sei es lokal oder speziellen Anforderungen entsprechend). Die gewaehlte Flaeche kann eine ganze Gelaendekammer (z.B. ein Kar) mit bis zu 20 ha umfassen, oder sie kann auf ein Kindynotop (KIENHOLZ, 1977:157) in der Groessenordnung von ca. 1 ha reduziert sein. In der Regel wird es sich bei den Beurteilungsflaechen wohl mehr oder weniger um Morphotope (FISCHER, 1980:17) handeln.

   Die im Luftbild vorgewaehlten Flaechen lassen sich im Feld, wenn noetig, veraendern und anpassen.

   Jeder Flaeche wird eine Nummer zugeordnet, die sich aus den Planquadrats-Koordinaten und einer fortlaufenden Numerierung zusammensetzt. Auf diese Weise kann die Flaeche ueber die Nummer sofort lokalisiert werden. Das Protokollformular zeigt neben dieser Nummer als zusaetzliche Kontrolle noch den Flurnamen des Gebietes.

3. Die **Gefahrenkartierung mit dem Luftbild**: Der MAB-Davos-Perimeter ist mit Echtfarbluftbildern abgedeckt. Diese besitzen einen mittleren Bildmassstab von 1:15'000. Leider weisen die Fluglinien zeitliche Spruenge und Hoehendifferenzen auf, so dass sich bei der stereoskopischen Auswertung einige Probleme stellten, die allerdings dank einem 'Bausch und Lomb'-Stereoskop mit Einzel-Objektiv-Justierung geloest werden konnten.

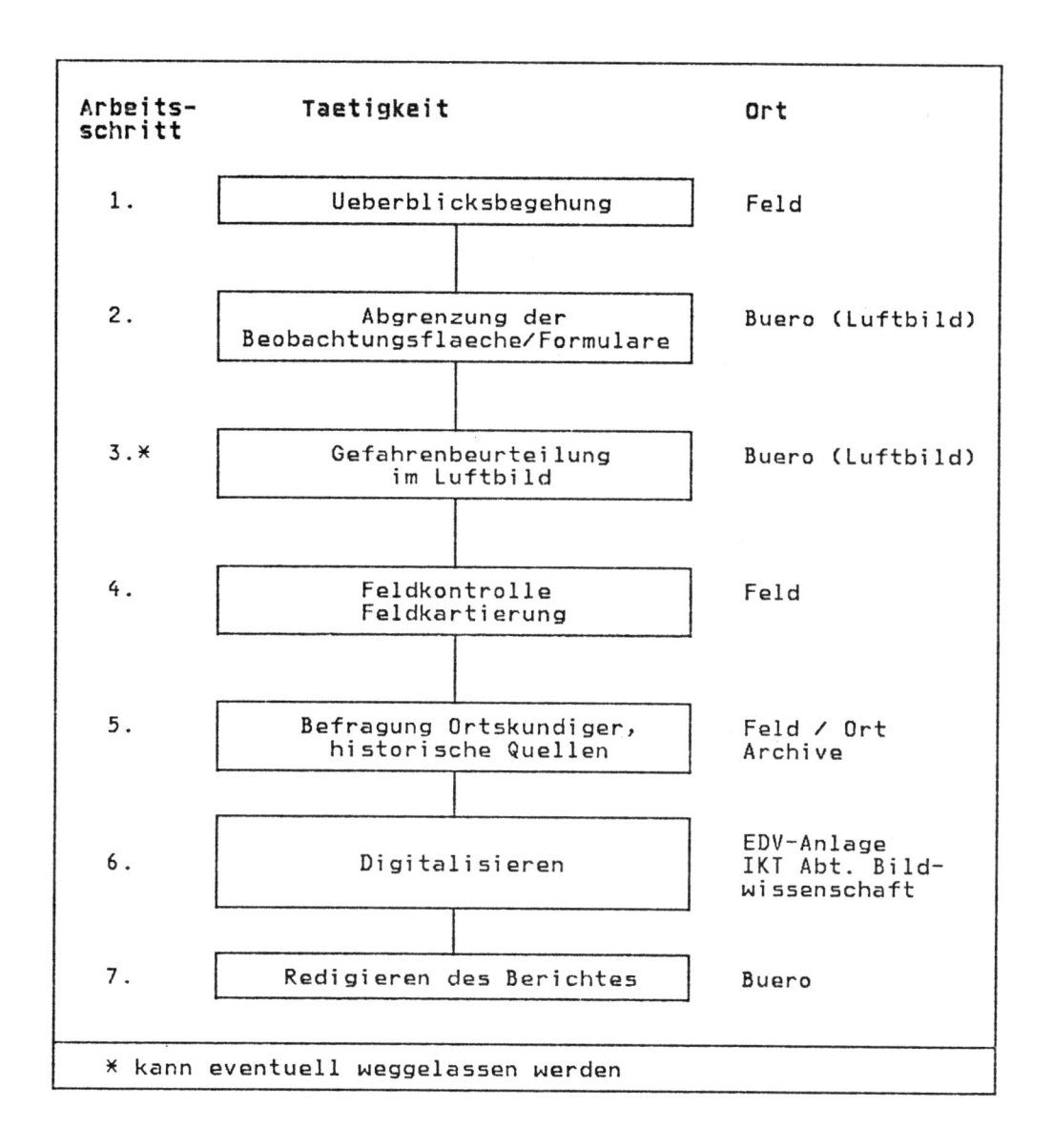

Arbeits-schritt	Taetigkeit	Ort
1.	Ueberblicksbegehung	Feld
2.	Abgrenzung der Beobachtungsflaeche/Formulare	Buero (Luftbild)
3.*	Gefahrenbeurteilung im Luftbild	Buero (Luftbild)
4.	Feldkontrolle Feldkartierung	Feld
5.	Befragung Ortskundiger, historische Quellen	Feld / Ort Archive
6.	Digitalisieren	EDV-Anlage IKT Abt. Bildwissenschaft
7.	Redigieren des Berichtes	Buero

* kann eventuell weggelassen werden

Abb. 8. Flussdiagramm des Vorgehens bei der Gefahrenbeurteilung im MAB-Testgebiet Davos

Zusaetzlich sind ueber das ganze Gebiet schwarz-weiss-Orthofotos im Massstab 1:10'000 vorhanden. Ein Bildsatz ist mit Koordinatenkreuzpunkten und Hoehenkurven ausgestattet. Dies erlaubt eine sehr genaue Lokalisierung der einzelnen Phaenomene.

Dieses Bildmaterial wird einerseits bei der Interpretation als Datenquelle benutzt, ist andererseits aber auch Datentraeger, denn das Luftbild dient als Beleg der Gefahrenkartierung, indem die darauf erkennbaren Gefahrenhinweise (vgl. Kap. "Die Indikatoren" auf S. 32) markiert werden.

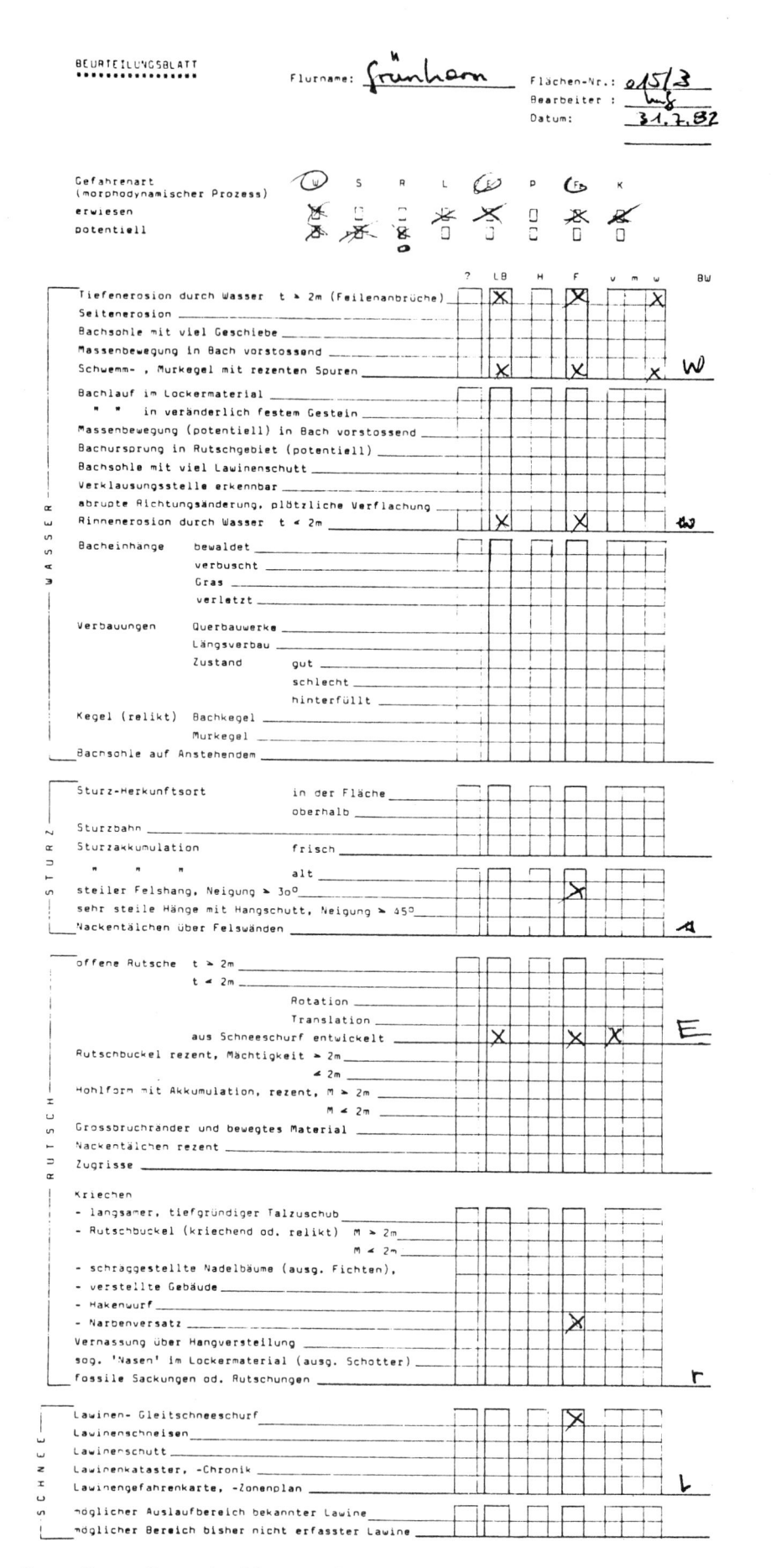

Abb. 9. Das Beurteilungsformular (Seite A)

CHECKLISTE ZUR LABILITAETSBEURTEILUNG EINER EINHEITSFLAECHE

GEOLOGIE

1) Gesteinsart

1 Kristallin i. allg., massig
2 Kristalline Schiefer
3 Amphibolit
4 Verrucano, Arkosen, bunte Schiefer
(5) Dolomit, Kalk, Gips
6 Radiolarit u. bunte Schiefer
7 Ophiolite: Serpentin, Ophicalcit, Diabas, Pyroxenit
8 Breccien
9 Flysch
10 Mergel
11 Tonschiefer
12 Ganggesteine

2) Streichen und Fallen von Fels u. Hang

21 Hangstreichen ± // Felsstreichen
1
2
3 gestört, zerstört
(4)
5
22 Hangstreichen 30 - 60° / Felsstreichen
6 wie 1
7 wie 2
8 wie 3
9 wie 4
23 Hangstreichen ± ⊥ Felsstreichen
10
11

3) Art des Lockermaterials

	Bedeutung 1	2	3
Morane			X
Hangschutt	X		
Schotter			
USCS			

USCS-Klassen:

GW	SW	ML	CH
GP	SP	CL	OH
GM	SM	OL	PT
GC	SC	MH	

4) Mächtigkeit des Lockermaterials

		Bedeutung 1	2	3
1	> 20m			
2	5 - 20m			
3	2 - 5m			
4	0 - 2m (≠ 0m)	X		
5	0m		X	

MORPHOLOGIE

5) Durchschnittlicher Hangwinkel

		Bedeutung 1	2	3
1	> 45°		X	
2	35 - 45°	X		
3	28 - 34°			
4	15 - 27°			
5	0 - 14°			

bei Sacheinh.: Grad. Seiten

6) 'Tropfen-Distanz'

		Bedeutung 1	2	3
1	> 200m			
2	100 - 200m	X		
3	50 - 100m		X	
4	0 - 50m			

7) Distanz zum nächsten Vorfluter

1 direkter Anschluss
2 Distanz (geneigt) < 100m
(3) " " > 100m

8) Lateral-Schnitt

1 stark gegliedert (Konturlinien ~~~)
2 mässig " " (" " ~~)
(3) nicht bis schwach gegliedert (——)

9) Mesomorphologie

	eben	geneigt
1 Rippe, Hügel		
2 Hangfläche (midslope)	--	X
3 Stufe, Terrasse		
4 V-förmige Vertiefung		
5 - " " Vertiefung		
6 Ebene		---

10) Longitudinal-Schnitt

1 stark gegliedert
2 mässig " "
(3) nicht bis schwach gegliedert

11) Oberfläche

	viel	mässig	kein
1 Fels			
(2) Blöcke	X		
3 Bulten			
4 Viehtritt			

VERSCHIEDENES

12) Hydrogeologische Situation

	Bedeutung 1	2	3
1 Quellen			
1 Quellen in der Fläche			
2 Vernässung			
3 oberflächl. Fliessgew.			
4 mögl. Konzentration von Wasser am Hang			X
5 Karstphänomene			X

13) Landnutzung / Vegetation

(1) Weide, Wiese
2 Wald (Nadel-, Misch-, Laubwald)
(3) keine Vegetation
4 Siedlung
5 Tourismus: Bahn, Skilift, Skipiste

14) spezielle Einflüsse aus Nachbarflächen : ____________________

15) Persönliche Beurteilung: relativ stark von Erosion betroffen
bei Weganschnitt leichtes Kriechen vermutet

Trend: Zunehmen des Schurf

Foto: Objekt ____________________

STAO ____________ mum. ____° , Objektiv: N. W. T

Abb. 10. Das Beurteilungsformular (Seite B)

Die Luftbildinterpretation wird parallel zu den Eintragungen ins Luftbild selbst noch von einem Protokollblatt (vgl. Abb. 9 auf S. 28) begleitet, so dass die Beurteilung jederzeit nachvollziehbar bleibt.

Die Arbeit erleichtern wesentlich zwei Fotointerpretationsschluessel: Der Identifikationsschluessel (nach dem Prinzip des Gabelschluessels gebaut dient dem Erkennen eines morphologischen Elementes, und der Beispielschluessel macht es moeglich, diese Interpretation zu ueberpruefen. Diese beiden Interpretationsschluessel erlauben auch einem weniger Geuebten, die Bildinformation von Luftbildern zu deuten und zu nutzen (vgl. auch GRUNDER, 1976).

In diesem Zusammenhang muss noch auf Kap. "Probleme der Luftbildinterpretation in Gebirgsraeumen" auf S. 168 hingewiesen werden: Dort werden die speziellen Probleme der Luftbildinterpretation in Gebirgsraeumen behandelt.

4. Die **Feldkartierung / Feldkontrolle**: Bei der Feldarbeit kann nun das Schwergewicht auf jene Problemstellen gelegt werden, die bei der Luftbildarbeit erkannt worden sind. Auch hier muss systematisch Beurteilungsflaeche fuer Beurteilungsflaeche begutachtet und das entsprechende Protokollformular vervollstaendigt werden. Insbesondere sind viele Fragen der Rueckseite des Protokollformulars erst im Feld zu loesen (vgl. Abb. 9 auf S. 28) So werden beispielsweise die Eintragungen der Blaiken (vgl. "Blaikenbildung" auf S. 99) im Feld direkt in die Orthofotos vorgenommen.

Die Begutachtung der Beurteilungsflaechen im Feld erfolgt, wenn moeglich, an einem geeigneten Standort vom Gegenhang aus. Dadurch ergibt sich eine gute Uebersicht, und trotzdem wird auf diese Weise ein ueberwiegender Anteil jeder Beurteilungsflaeche direkt begangen, wenn, wie im MAB-Testgebiet Davos, beidseits vom Gegenhang beurteilt wird.

5. Die **Befragung Ortskundiger** und **Auswertung historischen Materials**: Damit wird die Beurteilung zusaetzlich abgesichert.[4]

---

[4] Den Herren H. FRUTIGER (Dipl. Forsting.) vom EISLF und H. TEUFEN (Dipl. Forsting.) vom Kreisforstamt Davos sei an dieser Stelle fuer ihre Unterstuetzung bei der Arbeit im MAB-Testgebiet Davos ganz besonders gedankt. Ebenso sei TH. GUENTHER (Dipl. Geograph) hier namentlich erwaehnt, der mir sein Material spontan zur Verfuegung stellte; auch ihm gebuehrt mein Dank.

Bei der Auswertung historischen Materials gelang es nicht immer, die Bereiche im heutigen Raum genau zu lokalisieren, da offenbar z.T. Flurnamen geaendert wurden oder gar verschwanden.

Mit allen diesen Informationen und der Gefahrenbeurteilung im Luftbild und Gelaende wird eine sogenannte 'Feldreinkarte' im Massstab 1:10'000 gezeichnet. Diese ist im Falle Davos als Manuskriptkarte nur im Unikat vorhanden.

6. **Digitalisierung** der Gefahrenkartierung: Verschiedene Versuche haben gezeigt, dass das Digitalisieren der Feldreinkarten am besten am Digitalisierbrett (Digitizer) auszufuehren ist. Die Gefahrenhinweiskarten sind jetzt im 50m-Raster abgespeichert und koennen einzeln, kombiniert, in Farbe oder schwarz-weiss abgerufen werden.

7. **Bericht** zu den Gefahrenhinweiskarten: Ein ausfuehrlicher Bericht (vgl. Kap. "Das Beispiel aus dem MAB-Testgebiet Davos" auf S. 139) rundet die Gefahrenhinweiskartierung ab und ergaenzt die Gefahrenhinweiskarte. Letztere wird aus kartographischen Gruenden bewusst einfach gestaltet, was die Lesbarkeit foerdert, aber dem Informationsreichtum gewisse Grenzen setzt.

Im Bericht sind auch Angaben zur Gefahrenbeurteilung enthalten, die sich nicht auf der Karte darstellen lassen.

Die Gefahrenhinweiskarten koennen trotzdem auch ohne Bericht eingesetzt werden! Dieser soll in erster Linie als Ergaenzung dienen.

4.2 DIE EVIDENZSTUFEN

Um eine einfache und klare Darstellung der Gefahrenhinweiskarte zu ermoeglichen, beschraenkten wir uns auf zwei bzw. drei Evidenzstufen:

— erwiesene Gefahr

— potentielle Gefahr

— nach menschlichem Ermessen nicht gefaehrdet

Erwiesene Gefahr

Die Evidenzstufe 'erwiesen' setzen wir dann, wenn wir Hinweise haben, dass das gefaehrliche Ereignis schon einmal, unter aehnlichen Verhaeltnissen wie heute (z.B.

Vegetationsbedeckung wie Wald, Wiese etc.), stattgefunden hat und sich wiederholen koennte. Diese Einschraenkung der 'aehnlichen Verhaeltnisse wie heute' soll die zahlreichen unmittelbar postglazialen Ereignisse ausschliessen, die sich unter ganz anderen Bedingungen (vielfach noch fehlende Vegetationsdecke etc.) als heute abgespielt haben.

Potentielle Gefahr

Die Evidenzstufe 'potentiell' soll zeigen, dass im betreffenden Bereich (Raum) die entsprechende Gefahr aufgrund der Steilheit, der Geologie usw. nach menschlichem Ermessen auftreten koennte. Das heisst, der betreffende Raum weist eine gewisse Disposition (Anlage, Bereitschaft (vgl. Kap. "Die Dispositionsstufen" auf S. 184)) fuer eine bestimmte Gefahr (oder mehrere) auf.

Fuer konkrete Projekte sind deshalb dort im Einzelfall noch detailliertere Untersuchungen noetig.

4.3 DIE INDIKATOREN

Wir haben hier einen pragmatischen Ansatz gewaehlt: Ausgangspunkt bilden die Naturgefahren, die beurteilt werden sollen, naemlich

— Sturz (Steinschlag, Felssturz, bzw. Felsrutsch, Eisschlag),

— Rutsch (oberflaechig $t \leq 2$ m, tiefgruendig $t > 2$ m),

— Wildbach (inkl. Muren),

— Blaikenbildung (Erosion der Grasnarbe),

— Lawinen (inkl. Gleitschnee),

Die genannten gefaehrlichen Prozesse sind immer auch morphodynamische Prozesse, so dass uns die Wissenschaft der Geomorphologie Moeglichkeiten zur Erkennung dieser Naturgefahren zeigen kann.

Zu jedem dieser gefaehrlichen Prozesse muss demnach ein entsprechender Formenkatalog zu seiner Identifikation zusammengestellt werden. Das Vorgehen ist in Abb. 11 auf S. 33 zusammengefasst.

Im folgenden sollen diese Erkennungsmerkmale naeher untersucht und beschrieben werden. Dabei wird als erstes eine Einfuehrung zur entsprechenden Gefahrenart gegeben. An-

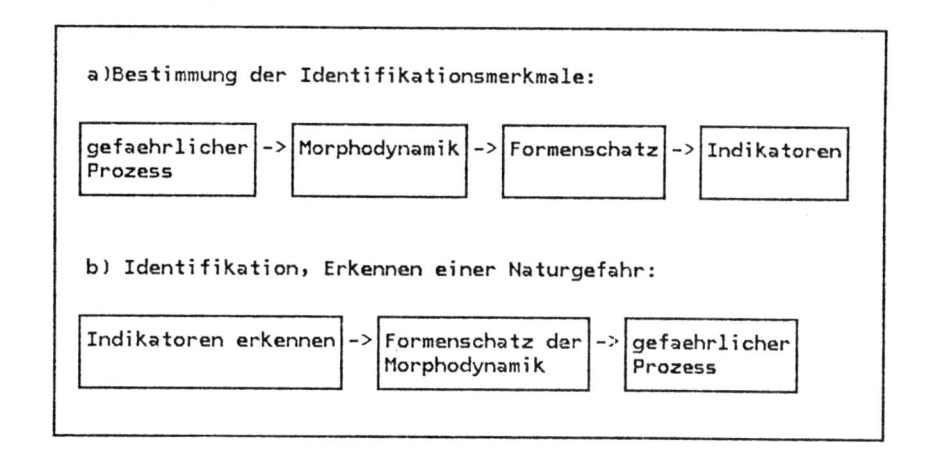

```
a) Bestimmung der Identifikationsmerkmale:

  [gefaehrlicher Prozess] -> [Morphodynamik] -> [Formenschatz] -> [Indikatoren]

b) Identifikation, Erkennen einer Naturgefahr:

  [Indikatoren erkennen] -> [Formenschatz der Morphodynamik] -> [gefaehrlicher Prozess]
```

Abb. 11. Vorgehen zur Erarbeitung der Indikatoren und zum Erkennen der Gefahr mit Hilfe der Indikatoren

schliessend sind die Erkennungsmerkmale in einer Tabelle zusammengefasst und werden im Detail beschrieben.

4.3.1 Sturzgefahren

Vorbemerkungen

1. Unter Sturzgefahren verstehen wir Steinschlag, Felssturz/Felsrutsch, Bergsturz sowei Eisschlag.

   Dabei wird fuer die Darstellung in der Gefahrenhinweiskarte eine einheitliche Signatur verwendet; die Unterschiede werden nur mit Indices markiert.

2. Der Bereich der Sturzgefahr umfasst das Abloesungsgebiet, die Sturzbahn und den Akkumulationsraum. Diese drei Bereiche werden aber in der Karte nicht unterschieden, sondern es wird eine umhuellende Darstellung des Sturzgefahrenbereiches gewaehlt. Der Herkunftsort laesst sich meist durch die Felszeichnung in der topographischen Unterlage ohne weiteres erkennen, bzw. feststellen.

Meist bedeutet 'Sturzgefahr' nur Steinschlaggefahr. Deshalb findet sie flaechenmaessig recht grosse Verbreitung. Dem ist entgegenzuhalten, dass die Haeufigkeit der Ereignisse im allgemeinen relativ gering ist. Die Steinschlagtaetigkeit ist beim Frostwechsel am groessten und tritt damit vor allem im Fruehjahr auf. Trotzdem muss in den mit Sturzgefahr bezeichneten Gebieten jederzeit mit Steinschlag gerechnet werden, wie schon HEIM (1882:29) in seinem Werk 'ueber Bergstuerze' betont.

Definitionen

Fuer die Gefahrenkartierung scheinen uns die technischen, von moeglichen Sanierungsmassnahmen her begruendeten Abgrenzungen nach JOHN und SPANG (1979:2) besser geeignet, als die schematisch- wissenschaftlichen Begriffsbestimmungen von ABELE (1974:5).

Als S t e i n s c h l a g werden herabstuerzende Felsbrocken bezeichnet, die sich einzeln aus einer Felswand geleost haben. Im folgenden wird ihre Groesse im Hinblick auf die Eignung verschiedener Schutzmassnahmen auf maxiaml 0.1 m^3 begrenzt.

Als F e l s s t u r z werden abstuerzende, aus nicht zusammenhaengenden Bloecken oder auch monolithische Felsmassen mit groesseren Volumina als 0,1 m^3 definiert (vgl. Abb. 12 auf S. 35)

Charakteristisch fuer Steinschlaege und Felsstuerze ist, dass sich ihre Komponenten rollend, springend oder im freien Fall bewegen und damit zumindest zeitweise den Kontakt zur Bodenoberflaeche verlieren.

Unter einer F e l s r u t s c h u n g versteht man dagegen die gleitende Abwaertsbewegung von Felsmassen, wobei der Kontakt zur Unterlage staendig gewahrt bleibt. Je nach Gelaendeform ist jedoch ein Uebergang einer Felsrutschung in einen Felssturz moeglich.

Nimmt das Volumen eines Felssturzes zu, so wird der Begriff B e r g s t u r z eingefuehrt. Fuer unsere Belange koennte die Grenze fallweise dort gezogen werden, wo das eingeschlossene Volumen die technischen Moeglichkeiten einer Sicherung uebersteigt.

S t e i n s c h l a g

<u>Voraussetzungen</u>

Von den Faktoren, die fuer den Steinschlag massgebend sind, steht die **Hangneigung** (vgl. ② in Abb. 5 auf S. 16) an erster Stelle: Ob ein losgeloester Block eine Beschleunigung erfaehrt oder liegen bleibt, bzw. ein in Bewegung befindlicher Block seine Geschwindigkeit beibehaelt, vergroessert oder verringert, haengt im wesentlichen vom Hangwinkel ab. So sind nach JOHN und SPANG (1973:3) Steinschlaege und Felsstuerze bei Hangneigungen unter 34° unabhaengig von den geologischen Gegebenheiten auszuschliessen. Wir haben bei unseren Untersuchungen die Untergrenze des Hangwinkels fuer Sturzgefahr

Abb. 12. Felssturz am 'Leiterli' (Lenk, BO)

jedoch bei 30° festgesetzt, wobei wir uns auf HEIM (1932:7), JAECKLI (1957:39) und PIWOWAR (1903:22) sowie auf eigene Feldergebnisse abstuetzten.

Ist die Bedingung der Hangneigung erfuellt, haengt die Steinschlaggefahr im wesentlichen vom **Auflockerungsgrad** (vgl. (15) in Abb. 5 auf S. 16) der Felsoberflaeche ab.

Wichtig sind die **Kluftabstaende** (vgl. (10) in Abb. 5 auf S. 16) und die daraus resultierende **Form** und **Groesse** der geloesten Steine und Bloecke. Dabei stellen annaehernd sphaerische oder kubische Bloecke, wie sie bei grobbankigen Kalken oder Sandsteinen auftreten, eine erheblich groessere Gefahr dar, als plattig bis schiefrig brechender Fels. Die Form und Groesse der abstuerzenden Felsbrocken ist vor allem fuer ihre Reichweite entscheidend. Ebenso kann die Art der Abloesung die Reichweite des Sturzes beeinflussen: Nach GERBER und

SCHEIDEGGER (1965) bleiben hangparallel abgleitende Platten meist schon beim ersten Aufprall im Hangschutt stecken, waehrend um ihren Fusspunkt abkippende Felskoerper meist weiter rollen (vgl. "Zur Sturzgefahr: das Probelm der Reichweite" auf S. 173).

Nach JOHN und SPANG (1979:6) spielen unguenstig orientierte Kluftflaechen bei Steinschlaegen eine sekundaere Rolle, da das Herausloesen einzelner Kluftkoerper nur bei entsprechender Auflockerung des Felses moeglich wird. Diese Ansicht wird auch von LANG (1981) geteilt.

<u>Ausloesende Faktoren</u>

stellen neben der Verwitterung insbesondere Frostschub, Kluftwasserschub und Wurzeldruck dar. Aber auch Ausspuehlung, Wild, Vieh oder der Mensch, (vgl. das Regelkreismodell Abb. 5 auf S. 16) sowie Erschuetterungen verschiedenster Herkunft (Erdbeben, Verkehr, Sprengungen, Ueberschallknall) vermoegen Steinschlag auszuloesen.

<u>Haeufigkeit</u>

Da die Frostsprengung und Wasser zu den bedeutensten Ausloesern von Steinschlag gehoeren, ist das Maximum im Fruehjahr bei Frostwechsel nach Beginn der Sonneneinstrahlung zu beobachten.

Es muss noch auf einen Spezialfall hingewiesen werden: Bei Spannungskonzentration und Ueberbeanspruchung des Felsens kann eine zunehmende Steinschlagtaetigkeit Vorlaeufer und Indikator fuer einen nachfolgenden groesseren Absturz sein (LANG 1981).

<u>Anzeichen fuer Steinschlaege</u>

Steinschlaggebiete sind im allgemeinen leicht zu erkennen, da am Wandfuss haeufig eine Sturzschutthalde oder zumindest einzelne Bloecke davon zeugen. Menge und Zustand des Sturzmaterials lassen meist Schluesse auf die Haeufigkeit der Steinschlaege zu. Oft zeigen Rinnen und Aufschlagsnarben die Sturzbahn an. Auch Lesesteinhaufen koennen einen Hinweis auf gelegentlichen Steinschlag darstellen, wobei darauf geachtet werden muss, ob ein Herkunftsort fuer solches Steinschlagmaterial existiert.

<u>Folgerungen</u>

Ganz allgemein laesst sich sagen, dass die Steinschlaghaeufigkeit weitgehend von der Groesse des Liefergebietes und von der Verwitterungsanfaelligkeit der beteiligten Gesteine bestimmt werden.

Andererseits ist der Ort und der Zeitpunkt des Auftretens einzelner Steinschlaege scheinbar zufaellig und im allgemeinen nicht exakt voraussehbar. Deshalb kann lediglich die von der gesamten Hangpartie ausgehende allgemeine Steinschlaggefahr erkannt und beurteilt werden. Dies ist einer der Gruende, weshalb sie in unseren Gefahrenhinweiskarten flaechenmaessig relativ grosse Verbreitung findet.

Ein ganz besonderes Problem bildet die Abschaetzung der Reichweite des Steinschlages. Sofern erkennbar, war bei unseren Untersuchungen der am weitesten entfernt liegende Stein als stummer Zeuge fuer die entsprechende Reichweite massgebend.

In allen anderen Faellen wurde eine moeglichst gut gestuetzte Abschaetzung vorgenommen. Dieser Problemkreis ist ausserordentlich komplex und wird in Kap. "Zur Sturzgefahr: das Probelm der Reichweite" auf S. 173 ausfuehrlich behandelt, wobei auch ein Loesungsvorschlag unterbreitet wird.

Bei unseren Kartierungen bedeutet Sturzgefahr mit wenigen Ausnahmen (vgl. Kap. "Praktische Kartierungsbeispiele aus dem Berner Oberland und der Landschaft Davos" auf S. 103) Steinschlaggefahr.

F e l s s t u r z

Voraussetzungen

Waehrend die einen Steinschlag verursachenden Instabilitaeten nur die Hangoberflaeche betreffen, reichen sie bei Felsstuerzen ins Hanginnere hinein. Meist sind sie bereits im Gebirgsbau in Form eines unguenstig orientierten Kluftgefueges angelegt. Je nach den raeumlichen Beziehungen der einzelnen Trennflaechen oder Kluftscharen untereinander und zur freien Oberflaeche koennen die in Abb. 13 auf S. 38 gezeigten Bruchmechanismen eintreten.

Der in Abb. 13 dargestellte Fall a) von hangwaerts fallender Klueftung ist auf der Foto Abb. 12 auf S. 35 abgebildet. Der Fall c) der Abb. 13 kann bei steilen hangeinwaertsfallenden Schichten auftreten, weil die Klueftung dann meist hangauswaerts faellt. Auf Keile bildende Trennungsflaechengefuege (Abb. 13 d)) als besonders sturzgefaehrdet wiest vor allem WAGNER (1980) hin. Bei Fall e) der Abb. 13 handelt es sich um einen Materialbruch. Solche koennen bei hohen, steilen Felswaenden auftreten (glaziale Uebersteilung oder bei starker Tiefenerosion von Fliessgewaessern) oder bei geringer Materialfestigkeit. Die Klueftung spielt dabei haeufig nur eine untergeordnete Rolle.

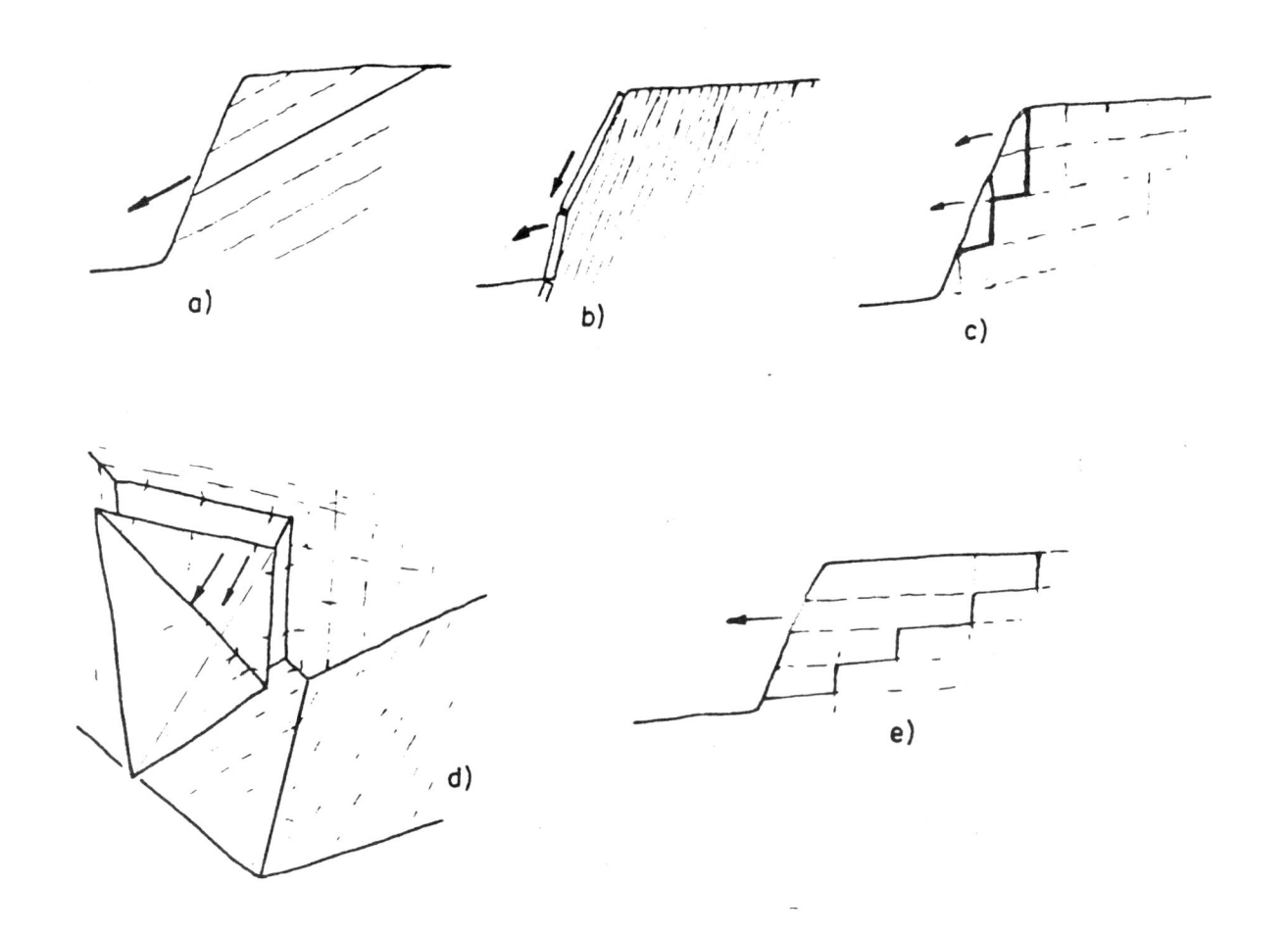

Abb. 13. Prinzipelle Bruchmechanismen im Fels: a) Gleiten
b) Beulen c) Kippen d) Sacken e) Materialbruch

Wir muessen noch auf zwei Besonderheiten aufmerksam machen:
In glazialen Taelern sind an den steilen Talflanken haeufig
tal- und hangparallele Kluftsysteme durch Belastung und Entlastung durch die Talgletscher entstanden. Hier mag nun eine
Ueberbeanspruchung der Fusszone zum Bruch fuehren, oder er
erfolgt entlang unguenstig gerichteter Trennflaechen.

Eine andere typische Felssturzsituation kann durch ein
verformbares und verwitterungsanfaelliges Liegendes herbeigefuehrt werden (vgl. Abb. 14 auf S. 39). Diese Situation
tritt z.B. gelegentlich in Flyschgebieten auf.

Ausloesende Faktoren

Wesentlichen Anteil an der Entstehung von Felsstuerzen hat
haeufig der Kluftwasserschub. Dieser nimmt durch grosse Niederschlaege oder Schmelzwasser und ebenfalls bei der Eisbil-
dung im oberflaechennahen Bereich durch ploetzlichen Wegfall
der Drainagewirkung der Kluefte zu (vgl. dazu den Wasserfluss
in Abb. 5 auf S. 16).

Auch Frost und Wurzeldruck verursachen Felsstuerze. Allerdings duerfte es sich dabei wegen der nur 'oberflaechlichen'
Wirkung eher um kleinere Ereignisse handeln.

Abb. 14. Wandunterhoehlung wegen verwitterungsanfaelligem Liegenden (Foto R.M. SPANG)

Groessere Volumina werden oft nach Hangunterschneidung und einem damit verbundenen Anschnitt von Bruchflaechen durch Erosion oder kuenstlichen Aushub freigesetzt. Ein **klassisches Beispiel** dazu bildet der von HEIM (1932) ausfuehrlich beschriebene Bergsturz von Elm, wo durch einen Steinbruch der Hang unterschnitten wurde.

Auch der verwitterungsbedingte Abbau der Scherfestigkeit auf unguenstig orientierten Kluftflaechen bewirkt oft die Ausloesung von Felsstuerzen.

Bei bindigen Zwischenschichten kann ein durch eindringendes Wasser (z.B. Schmelz- oder Niederschlagswasser) aufgebauter Porenwasserdruck zur Ausloesung eines Felssturzes fuehren.

MUELLER (1963:589) weist noch auf den Einfluss geringer oszillierender Beanspruchung durch Feuchtigkeits- und Temperaturschwankungen hin. Dabei koennen verkeilende Steine diese Spannung zu einseitig gerichteten Verformungen umwandeln, die sich bis zum endgueltigen Bruch addieren.

Auch Erschuetterungen durch Erdbeben, Verkehr, Sprengungen etc. geben oft zu einem Felssturz den letzten Anstoss.

Anzeichen fuer Felsstuerze

Der Uebergang eines Felshanges vom labilen oder stabilen Gleichgewicht zum Felssturz erfolgt keineswegs ploetzlich, sondern in der Regel ziemlich langsam, indem innere Spannungen allmaehlich eine Umlagerung innerhalb der spaeteren Bruchmasse erfahren. Diese Spannungsumlagerungen sind mit Verformungen der Bruchmasse verbunden, deren Groesse bis zum entgueltigen Eintritt des Bruchs von einer Reihe verschiedener Faktoren wie Bruchmechanismen, Groesse der Bruchmasse, Verformbarkeit der Bruchmasse usw. abhaengt.

Diese Verformungen verursachen auch bereits bei kleinen Betraegen Veraenderungen, die ein geuebter Beobachter schon fruehzeitig zu erkennen imstande ist (wenn er ihrer ueberhaupt ansichtig wird). Unsere Gefahrenhinweiskarte soll, abgeleitet aus den allgemeinen Ursachen heraus, zeigen, wo ein Gebiet noch detailliert auf solche Veraenderungen hin zu ueberpruefen waere. Nach MUELLER (1963:187) sind vor allem folgende Hinweise zu beachten:

— steilstehende, offene Kluefte mehr oder weniger senkrecht zur Hauptbewegungsrichtung einer potentiellen Bruchmasse,

— Bogenfoermige Risse im moeglichen Abrissgebiet,

— tiefgreifendes Hakenwerfen steilstehender Schichten,

— gelegentliche Abwuerfe und zunehmender Steinschlag,

— treppenfoermige Folge flach einfallender Scher- und steiler, offener Zugkluefte parallel zur moeglichen Bewegungsrichtung,

— Verschuppung und Rundung von Gesteinsbruchstuecken in als Bruchflaechen in Frage kommenden Bereichen,

— Relativverschiebung von Kluftausbissen, die eine moegliche Bruchflaeche queren,

— Rotation von Kluftkoerpern,

— Umwandlung schwach oxidierter Fe-Verbindungen zu oxidreichen Verbindungen und zu Eisenhydroxid,

— Rotationen der absoluten Raumlage des Trennflaechengefueges relativ zu umgebenden Bereichen,

— Vorkommen atektonischer Kluefte,

— Ausbauchung der Boeschungsoberflaeche am Fuss, Einsenkung am Boeschungskopf (sog. Nackentaelchen),

— vermehrte oder versiegende Wasseraustritte.

Treffend dazu das Zitat von JOHN und SPANG (1979:12): "Die genannten Anzeichen sind jedoch nur selten so eindeutig, dass sie fuer eine zuverlaessige Einschaetzung des Boeschungszustandes ausreichen. So kann im allgemeinen weder aus ihrem Vorliegen geschlossen werden, ob die betreffende Boeschung sich aktuell bewegt, noch kann ihr Nichtvorhandensein als Nachweis der Standsicherheit betrachtet werden. Dies kann in der Regel nur mit messtechnischen Mitteln erfolgen, fuer deren Einsatz obige Anzeichen jedoch wertvolle Hinweise geben koennen, insbesondere ueber die Groesse und Abgrenzung des betroffenen Bereichs."

ESCHENBACH und KLENGEL (1975:421) haben diese Auflistung systematisiert und die wesentlichsten Stabilitaets-Kennzeichen in einer Checkliste zusammengefasst. Damit bewerten sie den Gefaehrdungsgrad einer Boeschung.

Und auch hier sind es im wesentlichen vier Punkte, die als entscheidend angesehen werden (vgl. Abb. 15 auf S. 42):

— der Auflockerungsgrad des Gesteinsverbandes

— die Gesteinsfestigung (die Kluftsysteme)

— die Materialbewegung in Richtung Hangfuss

— die Boeschungsgeometrie

Folgerungen

Diese umfassenden und zum Teil recht detaillierten Stabilitaetsbeurteilungskriterien, wie sie von MUELLER, ESCHENBACH und KLENGEL dargestellt werden, lassen sich nun unmoeglich alle bei einer Ueberblickskartierung, wie sie die Gefahrenhinweiskarte darstellt, mit einbeziehen. Vielmehr gilt es, sich auf einige wenige Hinweise zu beschraenken. Diese sind in Tab. 1 auf S. 43) aufgelistet. Die Gefahrenhinweiskarte soll nur zeigen, wo gegebenenfalls noch vertieft Untersuchungen, wie die beiden skizzierten, noetig sind (vgl. dazu auch Kap. "Ausblick" auf S. 183).

Indikatoren fuer Sturzgefahren

In Tab. 1 auf S. 43 sind diejenigen Indikatoren fuer Sturzgefahren aufgelistet, die bei unseren bisherigen Kartierungen zur Anwendung kamen. Sie sind primaer auf die Gefahrenerkennung im Luftbild ausgerichtet. Dass bei der

Abb. 15. Auflockerungsgrad, Kluftsystem, Materialbewegung und Boeschungsgeometrie (Foto R.M. SPANG)

Feldkontrolle auch Zugrisse, Auflockerungsgrad und Kluftsysteme einer Felswand in die Begutachtung der Stabilitaet mit einbezogen wurden, versteht sich von selbst.

Kommentar zu Tab. 1 auf S. 43

11   Sturzherkunftsort

Sturzherkunftsorte sollen eindeutig als Quelle von Sturzmaterial erkennbar sein. Meist wird es sich dabei um Felswaende handeln, die durch rauhe Oberflaeche und starke Klueftung das Ausbrechen von Steinbrocken anzeigen. Im guenstigsten Fall sind direkt (identifizierbare) Anbruchsnischen sichtbar (vgl. Abb. 12 auf S. 35).

Tab. 1. Indikatoren fuer Sturzgefahren

Merkmale	Hinweise vorwiegend aus				
	Luftbild	Feld	histor. Quellen	Karte topogr.	geolog.
1 erwiesen					
11 Sturz Herkunftsort (in der Beurteilungs- flaeche/oberhalb)	x	xx		xx	xx
12 Sturzbahn	x	xx		x	
13 Sturzakkumulation frisch:		xx			
131 Sturzschutthalden	xx	xx		x	
132 Bloecke unter Felswaenden	x	xx			
133 Lesesteinhaufen unter Felswaenden	x	xx			
2 potentiell					
24 Sturzakkumulation alt:		xx			
241 Sturzschutthalden	xx	xx		x	
242 Bloecke unter Felswaenden	x	xx			
243 Lesesteinhaufen unter Felswaenden	x	xx			
25 steile Felswand (Neigung - 30°)	x	xx		xx	
26 sehr steile Haenge mit Hangschutt (Neigung - 45°)		xx			x
27 alte Fels- bzw. Bergsturz- gebiete (nach zusaetzlichen Abklaerungen)	x	xx			xx
28 Nackentaelchen ueber Felswaenden (nach zu- saetzlichen Abklaerungen)	x	xx			
29 Zugrisse, geoeffnete Kluefte	x				
20 keilfoermige Klueftung		xx			x

Bei stark zerkluefteten oder veraenderlich festen Gesteinen (geologische Karte oder Feldbefund) werden
Felswaende a priori als Herkunftsort fuer Steinschlag
angesehen. In diesem Fall wird die topographische Karte
eine gute Hilfe sein, da vor allem im Wald liegende
Felskoepfe und Felsbaender oft im Luftbild nur schwer
erkennbar sind.

Bei Wasseraustritten in Felswaenden muessen Ortskundige konsultiert werden, um so abzuklaeren, ob im Winter Eisschlag an der betreffenden Stelle auftritt. Zudem besteht hier, durch einen eventuellen Rueckstau bedingt bei Zufrieren der Ausfluesse eine erhoehte Felssturzgefahr (Kluftwasserschub, vgl. S. 38), die nicht ausser acht gelassen werden sollte.
Moegliche Eisabbrueche bei Gletschern lassen sich im allgemeinen ebenfalls gut identifizieren.

12 Sturzbahn

Besonders Steinschlagrinnen sind haeufig sogar in der topographischen Karte eingezeichnet und lassen sich auch in Luftbild und Feld gut erkennen.

Die Sturzbahn vereinzelter Abbrueche kann gelegnetlich durch Aufschlagsnarben identifiziert werden (vgl. Abb. 16 auf S. 45).

Einen der wohl besten Hinweise auf drohende Sturzgefahr bildet die Sturzakkumulation. Am offensichtlichsten sind die Sturzschutthalden, aber auch Bloecke und Lesesteinhaufen unterhalb moeglicher Absturzgebiete stellen unmissverstaendliche Zeugen dar. Dabei gestatten unter Umstaenden Zustand und Anzahl der Gesteinsbrocken Rueckschluesse auf die Haeufigkeit der Abstuerze.

Bei altem Sturzschutt wird die Gefaehrdung nur noch als potentiell eingestuft (soweit unter Beruecksichtigung des Zustandes des Herkunftsortes moeglich).

25 steile Felswaende (Neigung > 30°)

Solche Felswaende werden bei dieser Ueberblicksbeurteilung fuer eine Gefahrenhinweiskarte a priori als potentielle Sturzgefahrenherde klassiert, da bei diesem Hangwinkel die Stabilitaet geloester Steine oft sehr gering ist und diese herunterstuerzen koennen.

13/24 Sturzakkumulation

26 sehr steile Haenge (Neigung > 45°) mit Hangschutt

Auch diese werden a priori als potentielle Sturzgefahrenherde eingeteilt. Solche steile Hangneigungen, die oberhalb der natuerlichen Boeschungswinkel von Lockermaterial liegen (vgl. PIWOWAR 1903:22 und HARTMANN-BRENNER 1973:53), verursachen Abstuerze abgeloester Steinbrocken und reissen sogar noch weiteres Material mit.

Abb. 16. Aufschlagsnarben kennzeichnen die Sturzbahn (Gemmi, BO)

27   alte Fels- bez. Bergsturzgebiete

Hier sind zusaetzliche Abklaerungen noetig, um die heutige Situation dieser Gebiete festzustellen. Dies betrifft sowohl die Stabilitaet der Abbruchstelle, als auch diejenige der Sturzakkumulation[5].

28   Nackentaelchen ueber Felswaenden

Sogenannte Nackentaelchen (vgl. Abb. 41 auf S. 68) sind ebenfalls Hinweise auf langsame, talwaerts gerichtete Bewegungen. Da sie aber eine rein morphographische

---

[5] Vgl. dazu den Felssturz vom 1.6.83 von Lauterbrunnen, wo postglaziales Sturzmaterial in Bewegung geriet und Bahn und Strasse nach Lauterbrunnen (BO) verschuettete. Dabei gilt nach Aussage des zustaendigen Geologen (Herrn DR. COLOMBI, dem ich an dieser Stelle danken moechte) die gesamte linke Talflanke zwischen Lauterbrunnen und Zweiluetschinen als instabil und gefaehrdet. Diese Talfanke besteht aus postglazialem Sturzschutt.

Abb. 17. Sturzschutthalden (Niederhorn, BO)

Abb. 18. Ein Nackentaelchen zeigt die Bewegung des Felskopfes (nach links) an (Gadmen BO).

Aussage darstellen, braucht es zusaetliche Untersuchungen, um eine moegliche Bewegung festzustellen.

29 Zugrisse, geoeffnete Kluefte

Solche deutliche Anzeichen einer Bewegung sind nur im Feld zu erkennen. Die oben erwaehnten Nackentaelchen koennen aber Hinweise dafuer bilden (und damit ev. schon im Luftbild identifiziert werden).

Abb. 19. Zugriss im Grueniwald (DAVOS), man beachte die gespannten Wurzeln.

20 keilfoermige Kluftgefuege

Verschiedene Autoren haben gezeigt, dass, auch bei unterschiedlicher Petrographie, Keile bildende Kluftflaechengefuege fast immer zu Felsstuerzen oder Felsrutschen fuehren (vgl. z.B. WAGNER 1980). Dieser Indikator ist natuerlich nur in Feldarbeit zu ermitteln.

4.3.2 Rutschgefahr

Vorbemerkungen

1. Unter Rutschungen verstehen wir in Anlehnung an SKEMPTON und HUTCHINSON (1969, in BUNZA 1975:12) hangabwaerts gerichtete Bewegungen von Hangteilen, bestehend aus **Lockermaterial oder Boden** an maessig geneigten bis steilen Boeschungen, die hauptsaechlich als Ergebnis

Abb. 20. Keilfoermiges Kluftgefuege fuehrte hier zum Absturz (Foto H. KIENHOLZ)

eines Scherbruches an der Grenze der bewegten Masse stattfinden. Ihre Gleitbewegungen sind direkt wahrnehmbar und koennen langsam bis maessig schnell ablaufen (vgl. dazu LAATSCH, GROTTENTHALER 1972:312).

Dabei unterscheiden wir zwischen oberflaechigen Rutschen mit einer Anrissmaechtigkeit von weniger als 2 m, und tiefgruendigen Rutschen mit einer Anrissmaechtigkeit groesser als 2 m. Dieser Grenze liegt einerseits die Stereoschwelle der Luftbildinterpretation (vgl. Kap. "Probleme der Luftbildinterpretation in Gebirgsraeumen" auf S. 168), andererseits die noch mit relativ geringem Aufwand realisierbare Sanierungsmoeglichkeit bei wenig tiefen Rutschungen zugrunde (z.B. biologisch/forstliche Massnahmen).

Die Kartierung der Rutschgefahr umfasst im wesentlichen das Gebiet der Entstehung, das Anbruchgebiet. Rutsche laufen ausserordentlich unterschiedlich ab: vom 'Sitzenbleiben' in der eigenen Anbruchnische bis zum kilometerlangen Erdgang ist alles zu beobachten (vgl. die folgenden Abschnitte), so dass im Rahmen unserer Kartierung die entsprechenden Untersuchungen zu aufwendig gewesen waeren (vgl. dazu HEIM, 1932, KOERNER, 1976).

2. Es sei hier noch einmal darauf hingewiesen, dass fuer uns Felsrutsche unter den Begriff 'Sturzgefahr' fallen (vgl. S. 34), denn in diesem Fall haben wir es mit Felsmechanik zu tun. **Rutschungen von Erdmaterial** hingegen laufen nach

Gesetzen der Bodenmechanik ab. Die Trennung erfolgt auch im Hinblick auf Sicherungs- bzw. Sanierungsmassnahmen, die fuer Felssturz und Felsrutsch sehr aehnlich oder sogar dieselben sein koennen. Dagegen sind fuer Rutschungen von Erdmaterial in der Regel andere Massnahmen moeglich, bzw. erforderlich.

Wir unterscheiden demnach mit den Begriffen 'Rutsch' und 'Sturz' nach dem beteiligten Material und weniger nach den eigentlichen Bewegungsmechanismen (vgl. dazu die angelsaechsische Literatur, die den Begriff 'landslide' sehr weit fasst und auch stuerzende Bewegungen einbezieht, z.B. ECKEL 1958:2, VARNES 1958:20).

Im Hinblick auf die Zielsetzung unserer Gefahrenkartierung als Vorstufe zur Massnahmenplanung scheint uns die von uns gewaehlte Unterscheidung zweckmaessiger als diejenige nach der Bewegungsart.

Unseres Erachtens wird die Gefahrenhinweiskarte durch diese einfache Legende fuer den Anwender und den Laien besser lesbar und klarer.

3. **Murgaenge** zaehlen wir wegen des wesentlichen Wasseranteils zu den Wildbachgefahren. Haeufig sind es ja auch Wildbaeche, die zu Murgaengen werden (und nicht umgekehrt).

Wir muessen uns trotz dieser Systematik aber bewusst sein, dass in natura alle diese Formen auch als Mischformen auftreten.

Bewegungstypen

Im folgenden sollen die verschiedenen Bewegungstypen kurz vorgestellt werden:

Rutschen, Gleiten

Rutsche sind hangabwaerts gerichtete, direkt wahrnehmbare Bewegungen von Erdstoffen, welche als Ereignis eines Scherbruches an der Grenze der bewegten Massen stattfinden (vgl. Abb. 21 auf S. 50 und Abb. 22 auf S. 50).

Je nachdem, ob dieser Scherbruch laengs einer praeformierten Scherflaeche oder einer sich spontan bildenden Scherflaeche entlang aufreisst, unterscheiden wir zwischen Translationsrutsch (vgl. Abb. 21 auf S. 50) und Rotationsrutsch (Abb. 22 auf S. 50). Bei Rotationsrutschungen unterscheiden wir nach WULLIMANN (1979:284) noch zwei haeufig materialabhaengige Formen: den Hangbruch und den Grundbruch (vgl. Abb. 23 auf S. 50 und ⑦ in Abb. 5 auf S. 16).

Translationsrutsch

Abb. 21. Schema einer Translationsrutschung im Lockergestein (nach SIMMERSBACH 1971 in BUNZA 1975:13)

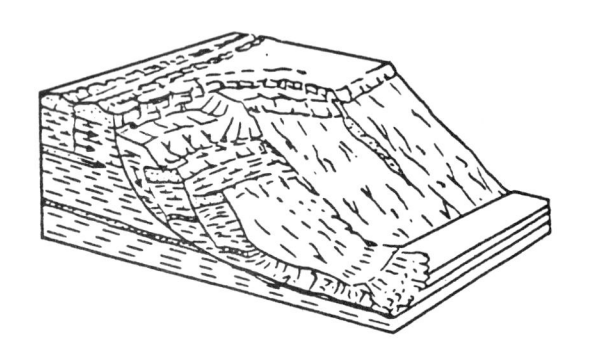

Rotationsrutsch

Abb. 22. Schema einer Rotationsrutschung im Lockergestein (aus VARNES 1958, Plate I, Fig. h)

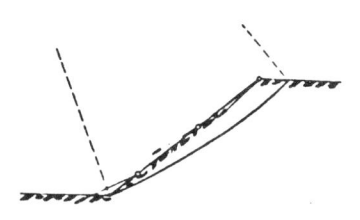

Hangbruch   Grundbruch

tritt hauptsaechlich bei   tritt hauptsaechlich bei
<u>nicht bindigem</u> Material   <u>bindigem</u> Material auf
auf

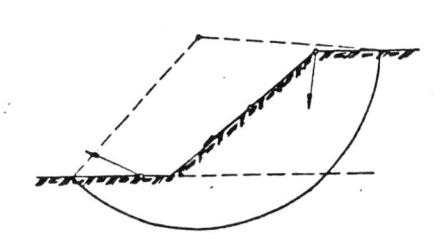

Abb. 23. Hangbruch und Grundbruch (nach WULLIMANN 1979:284 und HUTCHINSON 1968 in BUNZA 1975:15)

Sacken

Die Sackung stellt eine Massenselbstbewegung dar, die erstens nicht entlang von praeformierten Gleitflaechen stattfindet,

Ebenso kann die Maechtigkeit des Anbruches materialabhaengig sein:

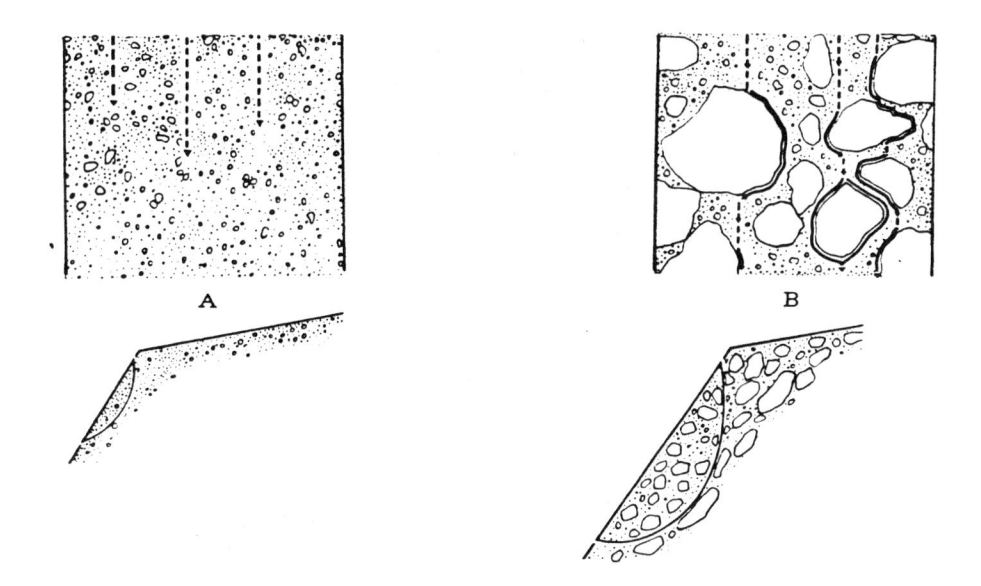

Abb. 24. Durchlaessigkeit zweier verschieden aufgebauter Lockergesteinskoerper. In der gleichen Zeiteinheit gelangt in den Schuttkoerper B infolge grobblockiger Komponenten wesentlich mehr Wasser wie in A, was verschieden grosse Rotationsbrueche zur Folge hat.
langsamer Weg des Wassers im feinkoernigen Lockergestein
rascher Weg des Wassers entlang von Bloecken.
(aus BUNZA 1976:38) (vgl. dazu auch ⑦ und den Wasserfluss in Abb. 5 auf S. 16).

welche zweitens eine starke **Vertikalkomponente** aufweist (HEIM 1932:44-45). und bei welcher drittens das bewegte Material haeufig im Schichtverband bleibt (JAECKLI 1957:62) (vgl. Abb. 17 auf S. 46).

Setzen

Kompression einer Masse (Erde, Schutt, Schnee etc.) in lotrechter Richtung, verursacht durch das Eigengewicht oder durch Auflast; lotrechte Komponente einer Kriechbewegung (vgl. Abb. 26 auf S. 52 und Abb. 27 auf S. 53).

Kriechen

Relativbewegung von Komponenten einer Masse (Erde, Schutt, Schnee usw.) z.T. auch unter Veraenderung dieser Komponenten (z.B. Umkristallisation im Schnee und Eis), welche in ihrer Gesamtheit unter dem Einfluss der Schwerkraft zu einer lang-

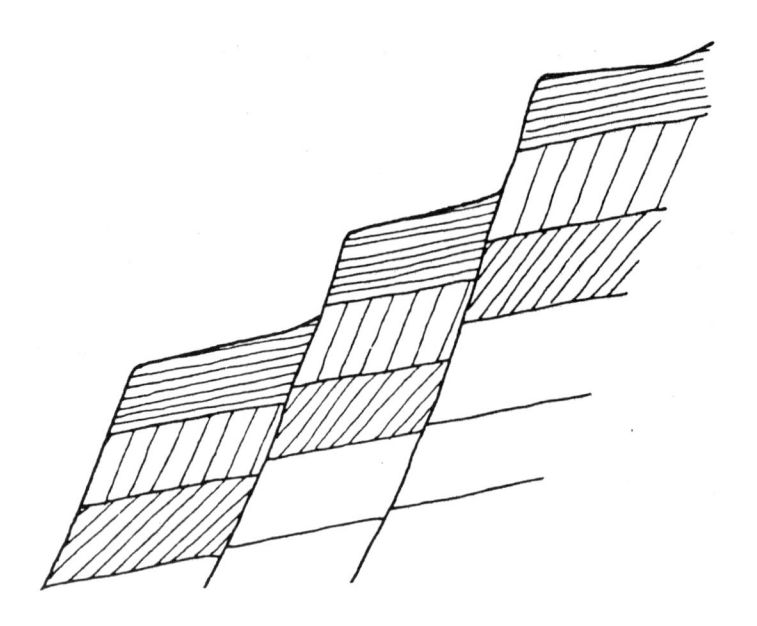

Abb. 25. Sackung: Massenselbstbewegung entlang spontan entstandener Scherbruchflaechen mit starker Vertikalkomponente

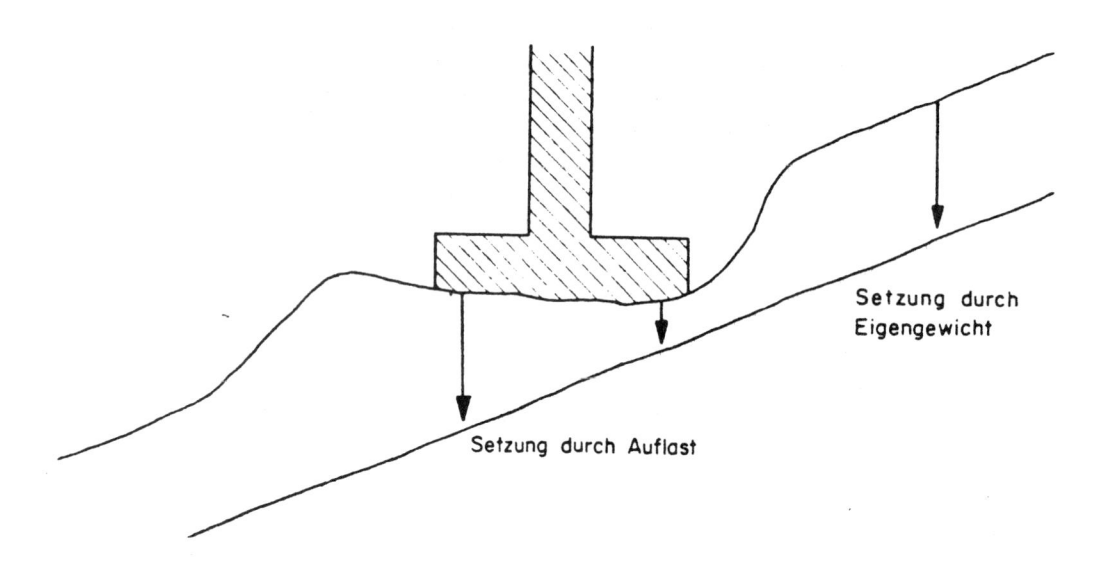

Abb. 26. Setzung wird verursacht durch Eigengewicht oder Auflast.

samen Talwaertsbewegung der Masse fuehren (vgl. Abb. 27 auf S. 53).

Kriechbewegungen an sich stellen keine direkte Rutschgefahr dar, hingegen kann durch die Veraenderung des Materialgefueges eine latente Rutschgefahr herbeigefuehrt werden. Mit anderen Worten: Kriechbewegungen bereiten festes Material zu potentiellem Rutschmaterial auf.

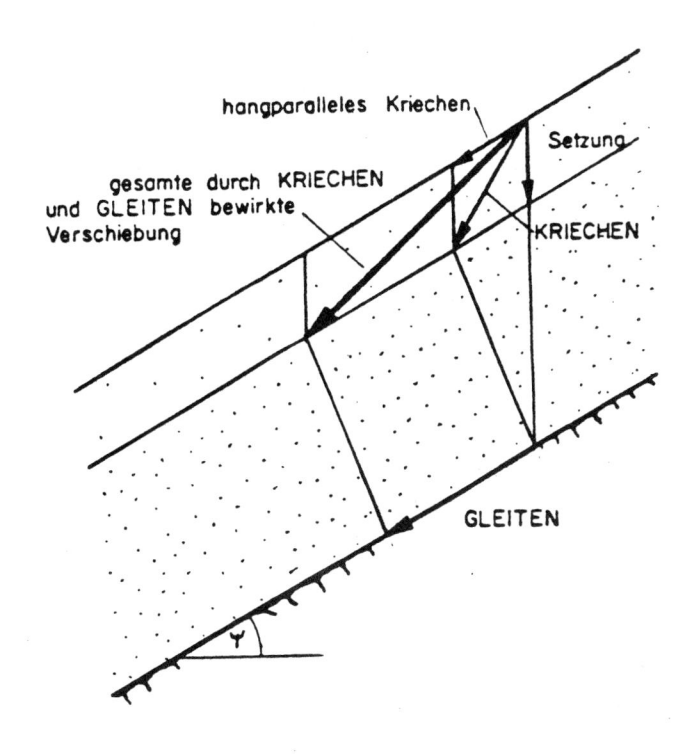

Abb. 27. Setzung, Kriech- und Gleitbewegung (schematisch)
(nach IN DER GAND 1968:285)

Fliessen

Fliessbewegungen vollziehen sich im Unterschied zu eigentlichen Rutschbewegungen bruchlos im Bereich sich plastisch verhaltender Koerper (vgl. Abb. 28 auf S. 54).

Fliessbewegungen duerfen als Weiterentwicklung von Kriechbewegungen aufgefasst werden, wobei Fliessgeschwindigkeiten groesser als Kriechgeschwindigkeiten sind. Zu solchem Fliessen gehoert auch die frostwechselbedingte Gelisolifluktion, auf die hier aber nicht naeher eingegangen werden soll.

Auf zwei Spezialfaelle von Fliessbewegungen ist noch hinzuweisen:

1. Den ersten bildet der sogenannte **Talzuschub**. Dabei handelt es sich um eine grossraeumige, langsame, unmittelbar nicht wahrnehmbare, steifplastische, kriechende Bewegung von Erdstoffen auf Haengen von mehr als 2° Neigung unter dem Einfluss der Gravitation zum Tal hin, wobei die Vegetationsdecke meist ohne Zerstoerung mitbewegt wird (vgl. Kap. "Gefahrenhinweiskarten Berner Oberland" auf S. 108) (STINY 1941:72).

   Nach LEOPOLD (1964:338-59) vollzieht sich im Bereich des langsamen Kriechens von Lockergesteinen und Boeden die

Konsistenz-			Fließbedingungen	
grenzen	diagramm	formen	Thixotropes Sediment	Nicht thixotr. Sediment
		flüssig	Fließen unter Einfluß des Eigengewichts dauernd möglich. Bei mechanischer Beeinflußung:	
Erstarrungsgr.			zeitweilige Viskositätsverminderung	keine Viskositätsverminderung
		quick	Fließen unter Einfluß des Eigengewichts nur infolge Gefügestörung zeitweilige Viskositätsverminderung - Verflüssigung	
Fließgrenze			beliebig oft thixotr. Verfestigung ohne Wasserabgabe	nur einmal Verfestigung nach Wasserabgabe
		plastisch	Plastisches Fließen nur unter Druck zeitweilige Zähigkeitsverminderung thixotr. Verfestigung	dauernde Zähigkeitsverminderung keine Wiederverfestigung
Ausrollgrenze		fest	Fließende Verformung unter hohem Druck keine thixotrope Veränderung	

Abb. 28. Fliessbedingungen lockerer Feinsedimente in verschiedenen Konsistenzbereichen (nach ACKERMANN, 1950 in BUNZA 1976:43).

Abb. 29. Ein Talzuschub, die Rutschzunge ist deutlich zu erkennen. (Truetlisberg-Strom, Lenk BO)

"Bewegung der plastischen Koerper als plastisches, laminares Fliessen, wobei dieses kontinuierlich zu verlaufen scheint, in Wirklichkeit aber meist eine unbe-

grenzte Folge von sehr kleinen Bewegungen ist - es findet
ein verteiltes Abscheren statt."

2. Den zweiten Spezialfall stellen **Bodenkriechen** und **Hakenwurf** dar. Durch die Wirkung der Gravitation biegen sich die hangaeussersten Schichtkoepfe bei senkrechter bis steilstehender Schichtung langsam auswaerts. Dieser Vorgang geschieht meist nicht plastisch, sondern unter Zerbrechen und gegenseitiger Verschiebung. Damit verbunden ist ein langsames Hangabwaertskriechen der aufgelockerten, meist mit Schutt vermengten Felsbruchstuecke. Die Tiefe des Vorganges ist unterschiedlich: einige Dezimeter bis Dekameter; unter Umstaenden Vorphase eines groesseren Absturzes (nach WINTERHALTER et al. 1964).

Abb. 30. Bodenkriechen und Hackenwurf bei steil geneigten Schichten (nach FAIRBRIDGE 1968 aus BUNZA 1976:52)

Folgerungen

Eine solche kriechende Fliessbewegung bildet an sich keine direkte Gefahr (die Bewegung ist zu langsam), sie kann aber durch die Materialaufbereitung durchaus die Voraussetzung fuer schnell ablaufende Sekundaerrutsche schaffen. Ein davon betroffenes Gebiet muss daher als potentiell rutschgefaehrdet angesehen werden (vgl. Tab. 2 auf S. 64).

Voraussetzungen fuer Rutschungen (gemaess unserer Definition auf S. 47)

Rutschungen ergeben sich aus dem Zusammenwirken und den Wechselbeziehungen von verschiedensten Faktoren, die in den geologisch-tektonischen, den hydrologischen, pedologischen, morphologischen sowie klimatischen und vegetationsbezogenen Gegebenheiten wurzeln (vgl. dazu KROEGER 1970, SIMMERSBACH 1976 u.a. sowie unser Regelkreismodell Abb. 5 auf S. 16).

So sind die geologisch-tektonischen Gegebenheiten bedeutend fuer die mineralische Zusammensetzung und die Lithologie des Gesteins- und Bodenkoerpers (z.B. Ton und Schluffgehalt), fuer die Strukturmerkmale, wie die sedimentaeren und tektonischen Gefuegeverhaeltnisse und die Gesteinsfestigkeit (CLAR 1963).

Von spezieller Bedeutung sind besonders bei Lockergesteinen Textur und Dichtigkeit, Korngroessenverhaeltnisse und -verteilung, Zurundungsgrad, Porenvolumen, Verwitterungsgrad. Art und Aufbau der Matrix (nach KOERNER 1964:51) bestimmen z.B. die Korngrenzen und die Wiederstaende gegen den Platzwechsel, den sog. Verformungswiederstand.

Ebenso muessen auch die Maechtigkeit der potentiellen Rutschmasse, deren Eigengewicht und ev. Zusatzgewichte beruecksichtigt werden.

Eine der wichtigsten Voraussetzungen fuer die Entstehung von Rutschungen ist das moegliche Eindringen von Wasser in den an sich labilen Hang, wobei Durchlaessigkeit und Wasserwegsamkeit fuer die Menge des eindringenden Wassers beachtet werden muessen. Das Einsickern erleichtern Zugspannungsrisse (vgl. SCHAUER 1975:17), Frost- und Schwundrisse und Dehnungsrisse (als Folge von Entlastungsvorgaengen), Bodenverletzungen durch Windwurf, Schneedruck, Schneeschurf sowie gegebenenfalls durch Viehtritt (insbesondere bei Narbenversatz). Auch muessen Hangwasserzuege und Vernaessungen als guenstige Voraussetzungen fuer Rutsche betrachtet werden.

Grobblockige Lockermassen mit hohem Schluff- und Tonanteil sind bei Hinzutritt von Wasser stark Rutschgefaehrdet, da die groben Komponenten nicht nur die Wegsamkeit, sondern auch das schnellere Eindringen von Wasser gegenueber gleichfoermig aufgebauten Lockergesteinen erleichtern (vgl. Abb. 23 auf S. 50 und KARL DANZ 1969; LAATSCH, GROTTENTHALER 1972:323; STAUBER 1944).

Besonders gefaehrdet scheinen nach Beobachtungen von KARL und DANZ (1969:23) Lagen unterhalb von Hangstufen und Hangverflachungen, mit oft nasenfoermigem Aussehen mit maechtigen Schutt- und Verwitterungsdecken (z.B. Moraenen oder Talverfuellungen) und gut durchlaessigen Boeden, waehrend die Flanken selbst oft wenig durchlaessige Boeden aufweisen (BUNZA 1976:39).

Oft genuegt bei rutschgefaehrdeten Massen nur ein geringfuegiges Ueberschreiten eines bestimment Schwellenwertes (z.B. Wasserzunahme, Belastung), um die letzten Widerstaende gegen eine Rutschung fast ploetzlich aufzuheben (KARL, DANZ 1969:23; LANSER 1967). Diesen ausloesenden Faktoren ist der naechste Abschnitt gewidmet.

Spezielle Voraussetzungen fuer Translationsbodenrutschungen nennt ANDERLE (1971) aus pedologischer Sicht, indem er auf die wesentlich verminderte Stabilitaet von podsolierten Humussilikatboeden aufmerksam macht.

Durch den Podsolierungsprozess wird unter der Humusschicht meist ein Auslaugungshorizont gebildet, der sich in den kristallinen Gesteinsbezirken vorwiegend aus Quarz-, Muskovit- und Biotitmineralien zusammensetzt. In diesem besteht eine sehr geringe Kohaesionskraft, so dass der Zusammenhalt der Bodenaggregate verloren geht und es in der Folge zu Rutschungen kommen kann.

UEBLAGGER (1973) macht darauf aufmerksam, dass zum Eigengewicht und zum Wassergewicht noch das zusaetzliche Gewicht der Baeume (vorallem bei ueberaltertem Bestand) kommt, was zum Teil ein weiterer Grund fuer die von ihm beschriebenen Waldabbrueche war.

Ausloesende Faktoren

Als Hauptausloesende Faktoren fuer Rutschungen sind vor allem Porenwasserueberdruck bzw. Kluftwasserschub zu nennen (vgl. Abb. 31).

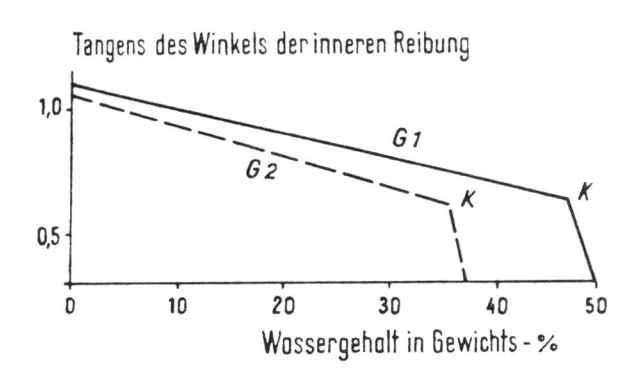

Abb. 31. Abhaengigkeit der Rutschgefaehrdung zweier Tonboeden G1, G2; K=krit. Umschlagpunkt (nach BENDEL, 1939:146).

Dabei ist in erster Linie der lithologisch-mineralogische Aufbau (vgl. ⑦ in Abb. 5 auf S. 16) des Rutschkoerpers (Hangdeformation vor Abbruch des Rutsches) und damit die Moeglichkeit der Volumen und Gewichtszunahme mit steigendem Wassergehalt fuer die Form der Gleitflaeche verantwortlich. Kohaesion und Reibungswinkel ⑦ sowie Hangneigungswinkel ⑥, Hanghoehe ⑤ und Ueberlagerungsgewicht spielen in diesem Zusammenhang eine massgebende Rolle. Diese Zusammenhaenge sind bereits eingehend untersucht worden (STINY 1931; BENDEL 1939; KIESLINGER 1958; KNOBLICH 1967; KARL, DANZ 1969; ZARUBA, MENDL 1969; CROZIER 1973; BUNZA 1976) vgl. Abb. 31, Abb. 32, Abb. 35).

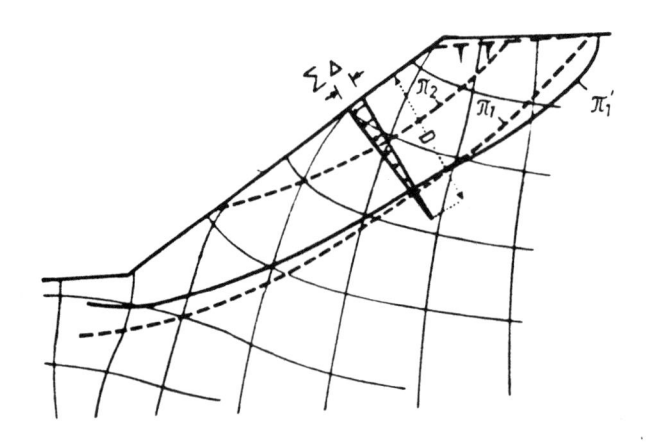

Abb. 32. Richtung der Hauptdrucke eines Hanges und Scherdrucke (nach ZARUBA, MENCL 1969:18)

Aber auch der Quellungsdruck (hydrostatischer Druck) bei der Wasseraufnahme von Tonteilchen mag rutschausloesend wirken (WUNDERLICH 1966:19; OSTENDORFF 1952:191).

In Verbindung mit der Schwerkraft kann auch die Gewichtszunahme durch Wasseraufnahme zu Rutschen fuehren.

Ebenso vermag die Umlagerung von Feinmaterial durch einen ploetzlich auftretenden Grundwasserzug rutschausloesend zu wirken (BUNZA 1976:18).

GRUBINGER (1971:255) vertritt die Ansicht, dass der dauernd hohe Wassergehalt der Boeden von hoher Sorbiton zusammen mit frei zirkulierendem Wasser die Ursache fuer hydrostatische und hydrodynamische Druckwirkungen ist, welche die Gleichgewichtszustaende im Hang beeinflussen.

Durch Anstieg des Grundwasserspiegels im Berghang tritt durch den erhoehten hydrostatischen Druck eine Gleichgewichtsstoerung im Hang ein, die unter bestimmten Voraussetzungen ($K_s > F_s$, vgl. S. 62) eine Rutschung ausloesen.

Welches sind nun die Gruende die zu einem Anstieg des Wassergehaltes fuehren? Sicher sind <u>Niederschlag</u> und <u>Schneeschmelze</u> (vgl. ① in Abb. 5 auf S. 16) als die beiden Hauptgruende zu nennen, aber auch der frost- oder baubedingte Verschluss der Drainage vermag zum Anstieg des Wassergehaltes zu fuehren.

Im weiteren wirken Erdbeben und Erschuetterungen oft rutschausloesend (insbesondere bei thixotropem Material).

Zusaetzliche Belastung, aber auch Entlastung, besonders des Hangfusses, koennen zu Rutschen fuehren (z.B. kuenstliche oder natuerliche Veraenderungen des Hangwinkels).

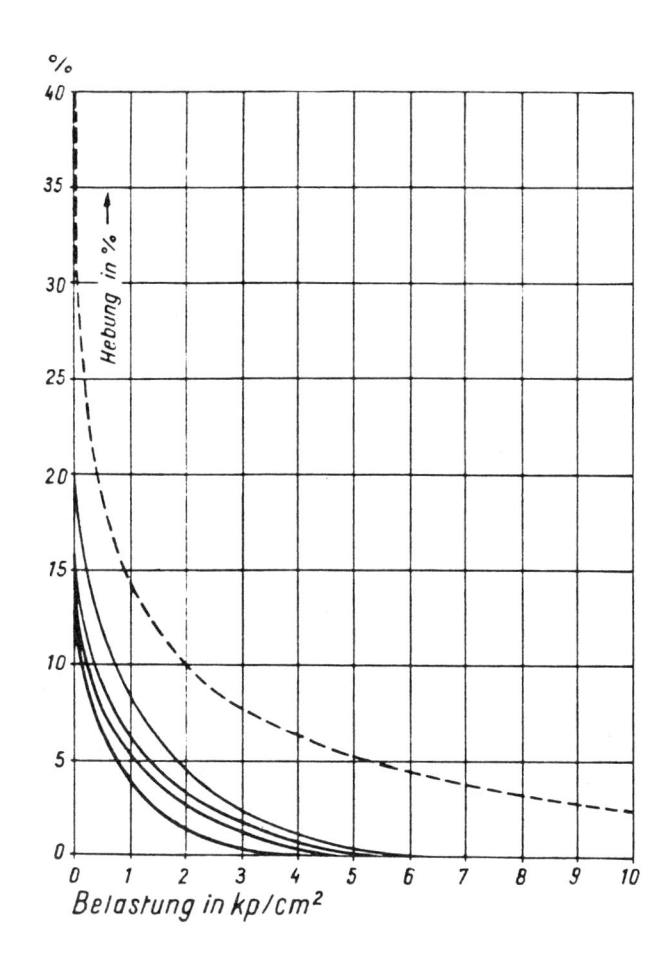

Abb. 33. Schwellkurven von Tonen (TRAUZETTEL 1962, WUNDER-
LICH 1966 in BUNZA 1976:46)

Nutzungsaenderungen moegen sich ebenfalls nachteilig auf die
Hangstabilitaet auswirken: sei es durch einen veraenderten
Wasserhaushalt oder durch mangelnde Pflege der Landschaft
(vgl. SCHAUER 1975:10).

Z u s a m m e n f a s s e n d lassen sich alle diese Ursachen fuer Rutschungen durch bodenmechanische Gesetzmaessigkeiten schematisch darstellen:

Rutsche ereignen sich, wenn an einem Hang die bewegungsfoerdernden Kraefte aus irgendeinem Grunde groesser werden als die bewegungshemmenden Kraefte. Das Zusammenspiel zwischen bewegungsfoerdernden und bewegungshemmenden Kraeften an einem potentiellen Gleitkoerper auf vorgegebener Scherflaeche (vgl. dazu auch KNOBLICH 1967):

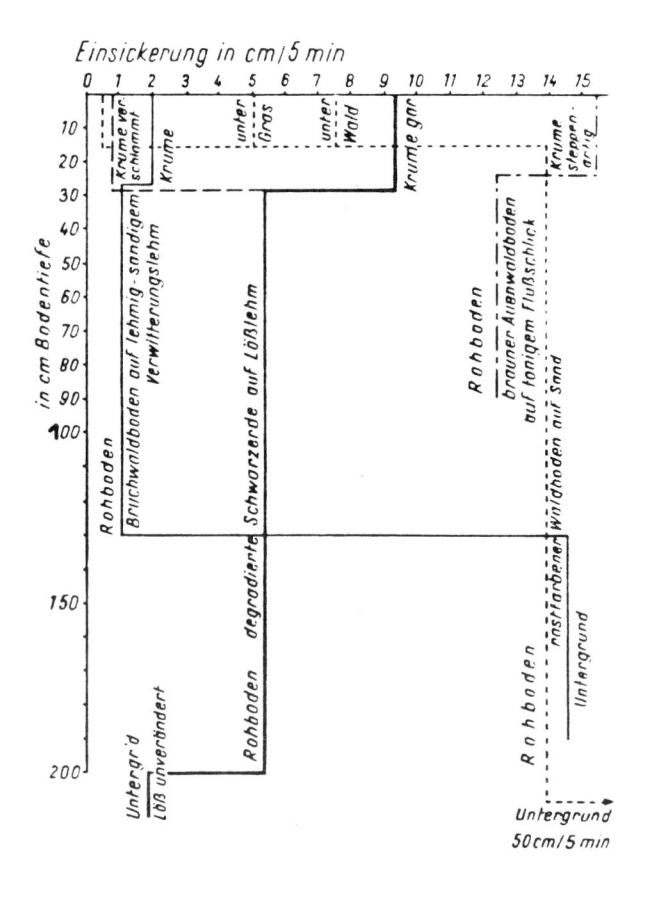

Abb. 34. Einsickertiefe in verschiedene Boeden (nach OSTENDORFF, 1952:191)

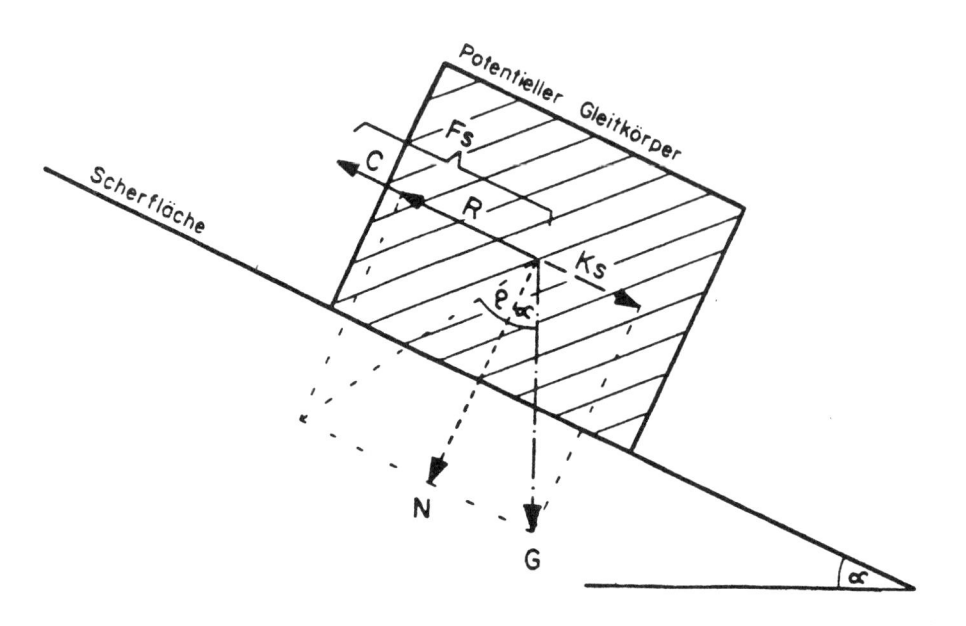

Abb. 35. Bodenmechanische Gesetzmaessigkeiten beim Auftreten von Hangrutschen

α = Neigungswinkel der Scherflaeche

ρ = Winkel der inneren Reibung *)

G = Gewicht des potentiellen Gleitkoerpers

N = Normalkraft = $G \cos\alpha$

K_s = Scherkraft = $G \sin\alpha$ (bewegungsfoerdernde Kraft)

R = Reibungskraft = konst. N (bewegungshemmende Kraftkomponente)

$R = \text{tg}\rho \, N = \text{tg}\rho \, \cos\alpha \, G$ *)

*) $\text{tg}\rho$ bzw. ρ ist eine materialabhaengige Groesse, ein Reibungskoeffizient ausgedrueckt als Winkel der inneren Reibung

C = Kohaesion (skraft) (bewegungshemmende Kraftkomponente)
(Erlaeuterung siehe unten)

F_s = Scherfestigkeit (bewegungshemmende Kraft)

$$F_s = C + R = C + \text{tg}\rho \, N = \underbrace{C + \text{tg}\rho \, \cos\alpha \, G}_{\text{Coulombsches Gesetz}}$$

Im kohaesionslosen Fall vereinfacht sich die Coulombsche Gleichung zu

$$F_s = R = \text{tg}\rho \, \cos\alpha \, G$$

Zum Begriff der Kohaesion:

Die Bindigkeit von Erdstoffen haengt mit deren Kohaesion zusammen.

Im Gegensatz zur belastungsabhaengigen (bewegungshemmenden Kraftkomponente) Reibung R ist die Kohaesion(skraft) C nicht vom Gewicht des potentiellen Gleitkoerpers abhaengig. Sie beruht auf der (elektrostatischen) Anziehungskraft zwischen sehr feinen Teilchen unter der Beteiligung von gebundenem Wasser. Die Kohaesion spielt daher eine Rolle in Tonen, Silten und Lehmen sowie in Gesteinen mit enstprechenden Zwischenlagerungen.

In sogenannten kohaesionslosen Materialien wie Sand, Kies, Geroelle tritt sie dagegen kaum oder nur in vernachlaessigbarer Weise auf.

Gemaess der Abb. 35 auf S. 60 gilt fuer die Standsicherheit einer Boeschung:

```
Fs > Ks     stabile Boeschung
Fs = Ks     labile Boeschung
Fs < Ks     instabile Boeschung
```

Ablauf eines Rutsches (nach WINTERHALTER et al. 1964):

<u>Vorphase:</u>   Haeufig nur sehr kurzfistige Vorbereitung: Kleinere Bewegungen, die zu Spalten und Rissen in der Abrisszone fuehren, gestaffelte Risse an den seitlichen Raendern. Unter Umstaenden lassen sich auch Verschiebungen, Bruchbildungen, Klueftungen beobachten.

<u>Hauptphase:</u> Abgleiten groesserer, unzerbrochener Pakete oder hoechstens durch zusaetzliche interne Gleitvorgaenge in einzelne Gleitbretter oder Gleitkeile aufgeloester Massen. Eine oder mehrere ebene bis angenaehert kreisfoermig verlaufende Gleitflaechen. Vorwiegend langsamer Gleitvorgang, periodisch mit eingeschalteten Ruhepausen oder einmaliges katastrophenartiges Ereignis. Im Gebiet des Fusses weitgehende Verformung und Aufloesung in Einzelelemente, im Extremfall Ausarten zu schiessendem Truemmerstrom. Verschiebung im Allgemeinen kleiner als Ausdehnung der bewegten Massen.

<u>Nachphase:</u> Kleinere lokale Verschiebungen oder Setzungen innerhalb der bewegten Masse, evtl. Nachbrueche aus der Ausbruchsnische. Ueberformung durch andere exogene Prozesse (z.B. Rinnenspuelung).

Im Kopf der Rutschung erkennen wir eine konkave Abtragungsform, waehrend der Fuss- oder Frontalbereich durch eine konvexe Akkumulationsform abgebildet wird. (Diese wird moeglicherweise bei relikten Rutschungen bereits wieder abgetragen sein.)

Die Skizze zeigt recht deutlich, dass die Hangpartien am Kopf und an den Flanken instabil sind und mit sekundaerem Nachrutschen gerechnet werden muss.

Ein ganz spezielles Problem fuer die Gefahrenkartierung stellt die Beurteilung potentieller Rutschgefaehrdung noch voellig ungestoerter Hanglagen dar. Dieser Problemkreis wird in Kap. "Zur Beurteilung der Hangstabilitaet" auf S. 178 noch diskutiert.

<u>Indikatoren fuer Rutschgefahren</u>

Sehr ausfuehrlich beschreiben LAATSCH und GROTTENTHALER (1973) die Stabilitaetsbeurteilung von Haengen in der Alpenregion am Beispiel des Landkreises Miesbach (Bayern). Auch MOSER (1973) unterbreitet einen Vorschlag zu einer vorlaeu-

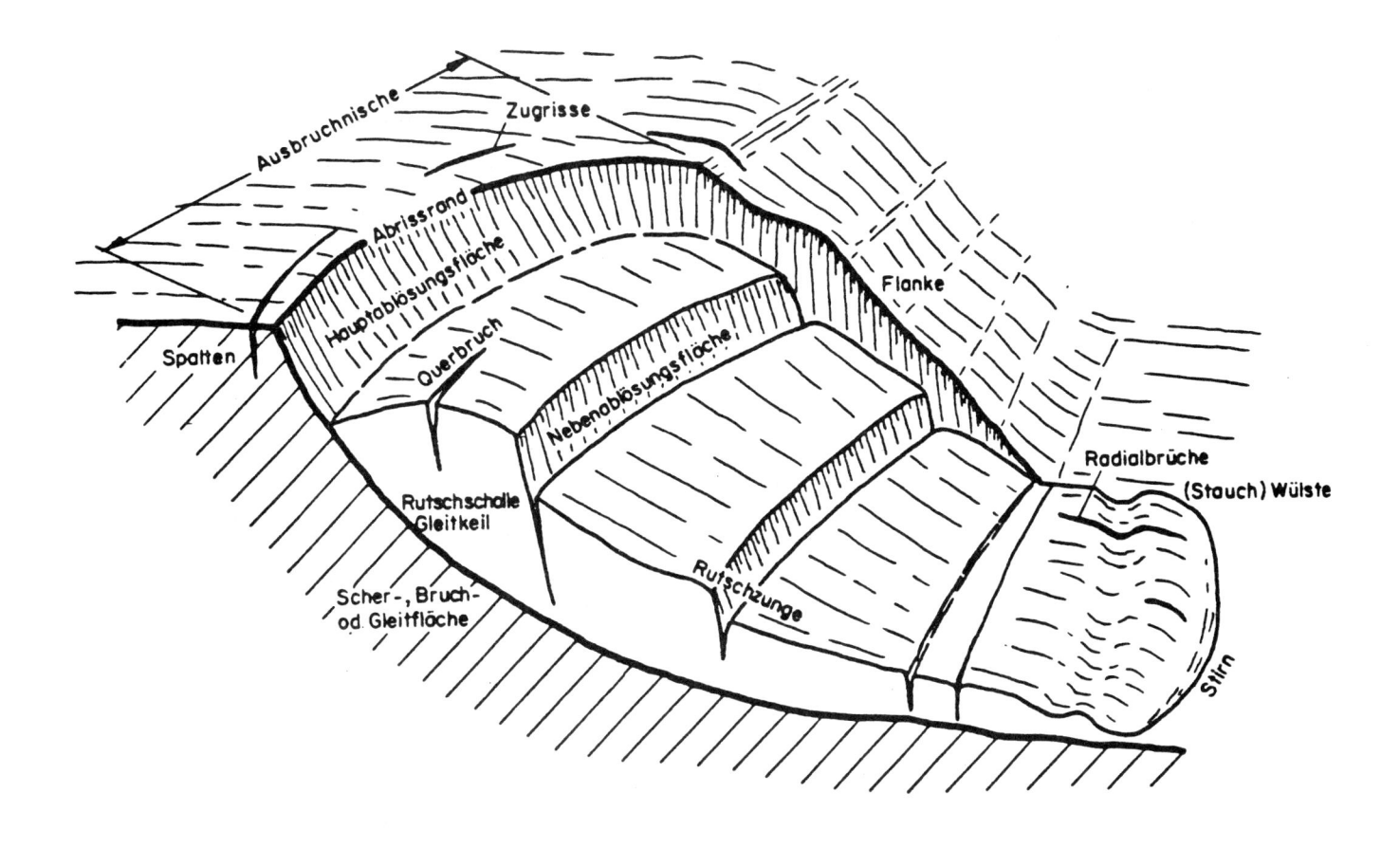

Abb. 36. Schnitt durch eine idealisierte Rutschung (nach
BOLT 1975:153, ergaenzt nach ZARUBA, MENCL 1969:96
und WINTERHALTER 1964 in KIENHOLZ 1982)

figen Hangstabilitaets-Klassifikation mit Hilfe eines Gefaehrlichkeitsindexes.

In beiden Faellen sind eingehende Feldarbeiten erforderlich, was nicht unserer Zielsetzung entsprach. Soweit wie moeglich haben wir uns aber in der Auswahl der Indikatoren auf diese Arbeiten gestuetzt.

Die folgende Tabelle fasst nun die bei unseren Kartierungen verwendeten Indikatoren fuer Rutschgefahr zusammen. Sie werden anschliessend kommentiert.

Kommentar

11   offene Rutsche

Offene Rutsche sind wohl das am besten erkennbare Anzeichen fuer Rutschgefahr. Andererseits stellt sich mit Recht die Frage, ob nun dieser Bereich nicht stabil sei, da ja die instabile Masse bereits abgegangen ist. Dazu ist zu bemerken, dass die Randbereiche des Rutsches durchaus auch gefaehrdet sind (vgl. Abb. 36). Im weiteren kann auch eine kleine Rutschung auf die

Tab. 2. Indikatoren fuer Rutschgefahr

Merkmale	Hinweise vorwiegend aus				
	Luftbild	Feld	histor. Quellen	Karte topogr.	geolog.
1 erwiesen					

11 offene Rutsche
    Tiefe > 2 m
          < 2 m
    Rotation
    Translation
	xx	xx			

12 Hohlform mit Akkumulations-
    koerper
    Maechtigkeit > 2 m
                  < 2 m
	xx	xx			

13 Rutschbuckel, rezent Maechtigkeit > 2 m < 2 m	x	xx			

14 Grossbruchraender und
    dazugehoerendes bewegtes
    Material
	xx	x			

15 Nackentaelchen/Doppel- grate, rezent	xx	xx			
16 Zugrisse		xx			
2 potentiell					
21 Kriechen/Fliessen					
211 langsamer, tiefgruen- diger Talzuschub	x	xx	x		

212 Rutschbuckel (kriechend
     oder relikt)
     Maechtigkeit > 2 m
                   < 2 m
	x	xx	x		x

213 Schraeggest. Nadelbaeume (ausg. Fichten)	x	xx	x		
214 verstellte Gebaeude		xx	x		
215 Hakenwurf		xx			x
22 Narbenversatz	xx	xx			
23 Vernaessung oberhalb einer Hangversteilung	xx	xx			
24 Sammelrinne oberhalb einer konvexen Hangflaeche	xx	xx			
25 Quellaustritte in Locker- material und Runse	x	xx			
26 sog. 'Nasen' im Locker- material	x	x			

27 flaechenhafter Erlenbe-
    stand in Nadelholz (nicht
    in Mulden oder Runsen)
	x	xx			

28 fossile Sackungen oder Rutschungen	x	x			xx

Instabilitaet eines ganzen Hanges hinweisen. Im allgemeinen wird die Beurteilung vom Umfeld des Rutsches bereits ein gutes Urteil ueber die Stabilitaet des Hanges ermoeglichen (vgl. Abb. 38 auf S. 66). Es bleibt dem Gutachter ueberlassen, hier unter Beiziehung aller zur Verfuegung stehenden Informationen einen Entscheid zu faellen.

Abb. 37. Offener Rutsch (Rotationsrutsch) (Halblech, BRD)

12   Hohlform mit Akkumulationskoerper

Hier handelt es sich um langsam ablaufende, rezente Bewegungen oder um aeltere, bereits wieder ueberwachsene Rutsche. Beides weist auf Instabilitaet hin. Im ersten Fall wird Material aufgearbeitet, gelockert, im zweiten Fall gelten die Feststellungen zur Stabilitaetsbeurteilung in Abschnitt 11.

13/   **Rutschbuckel, rezent**
212   **kriechend oder relikt**

Rutschbuckel zeigen eine langsame, rezente oder relikte Bewegungen an, bei der die Vegetationsdecke im allgemeinen nicht zerstoert wird. Durch die Bewegung wird das Materialgefuege der beteiligten Massen veraendert und es koennen zusaetzlich rasch ablaufende Sekundaerrutsche ausbrechen. Die bucklige Oberflaeche vermindert zudem den Oberflaechenabfluss des Nieder-

Abb. 38. Hohlform mit Akkumulationskoerper (Lenk, BO)

Abb. 39. Rutschbuckel, die eine langsame Bewegung anzeigen
(Lenk, BO)

schlags- und Schmelzwassers, so dass mehr Wasser in die
ohnehin schon instabile Masse einsickert (vgl. dazu S.
58).

Je nach Groesse und Ausbildung sind Rutschbuckel im
Luftbild nicht ohne weiteres erkennbar. Hingegen wirken

sie im Feld recht auffallend, allerdings ist es zum Teil recht schwierig zu erkennen, ob es sich dabei um rezente aktive oder um relikte, ruhende Formen handelt.

14 Grossbruchraender und dazugehoehrendes bewegtes Material

Diese Grossformen sind meist das Resultat einer postglazialen, z.T. noch anhaltenden langsamen, tiefgruendigen Bewegung. Diese stellt an sich keine akute Gefahr dar (ausser dass Wasserleitungen zerrissen werden koennen -> steigender Wassergehalt -> Sekundaerrutsch). Hingegen ist bei diesem gestoerten Rutschmaterial oft ein labiles Gefuege zu erwarten, so dass jederzeit Sekundaerrutsche moeglich sind.

Abb. 40. Grossbruchrand mit Rutschmasse (Lenk, BO)

15 Nackentaelchen oder Doppelgrate, rezent

Solche Nackentaelchen oder Doppelgrate entstehen bei Rutschen besonders im Kopfbereich (bei grossen Rutschkoerpern, z.B. Talzuschub, auch auf der Rutschmasse selbst) durch Rotations- oder Sackungsbewegungen.

Nackentaelchen oder Doppelgrate vermoegen fruehzeitig auf eine einsetzende Massenselbstbewegung aufmerksam zu machen (vgl. auch S. 40). Sie lassen sich auch im Luftbild erkennen und sind deshalb ein wichtiger Hinweis. Allerdings muss geprueft werden, ob es sich nicht um glaziale Formen (Schmelzwasserrinnen) handelt, die

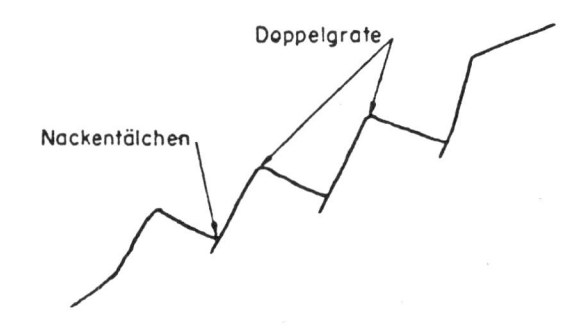

Abb. 41. Schematische Darstellung von Nackentaelchen und Doppelgraten

morphologisch eine aehnliche Auspraegung haben koennen. (Das kommt aber relativ selten vor).

16 Zugrisse

Zugrisse und gespannte Wurzeln zeigen eindeutig eine Rutschbewegung an. Sie sind aber nur im Feld erkennbar.

Haeufig stellen Zugrisse ein Anfangsstadium dar, wobei das dort eindringende Wasser die Rutschgefahr erheblich erhoeht und dies zum Abfahren der geloesten Masse fuehren kann.

Zugrisse zeigen uns aber auch den Rand einer Bewegung an (wobei eine gewisse Randzone noch als instabil zu betrachten ist).

21 Kriechen / Fliessen

Alle unter dieser Nummer aufgefuehrten Formen sind Abbild von Fliessbewegungen (vgl. dazu S. 51ff). Solche sind im Allgemeinen sehr langsam und bilden an sich keine direkte Gefahr. Durch diese Bewegungen, die sich aus einer unbegrenzten Folge von kleinen, verteilten Scherbruechen zusammensetzen (vgl. LEOPOLD 1964:338-59), wird das Materialgefuege aber staendig gestoert und veraendert, so dass gute Voraussetzungen fuer rasche Sekundaerrutsche innerhalb der fliessenden Masse gegeben sind. Es sind vor allem die moeglichen Sekundaerrutsche, welche zur Ausscheidung dieser Bereiche als potentiell rutschgefaehrdet fuehren.

211 langsamer, tiefgruendiger Talzuschub

Der obere Bereich eines Talzuschubes weist meist konkave Formen auf (Zugspannungsbereich), waehrend in der

Abb. 42. Zugriss bei einem durch Hangunterschneidung ausgeloesten Rutsch (Lombachalp, BO)

Fussregion eher konvexe Formen in Erscheinung treten (Schubspannungsbereich).

Auffaellig sind auch die haeufig feststellbaren Nackentaelchen und Doppelgrate sowie Zugrisse im Oberhang.

Generell charakteristisch ist ein unruhiges Relief, haeufig vernaesste Verflachungen, wechselnd mit steileren Hangpartien. Das gesamte Erscheinungsbild kann z.T. an einen Gletscher erinnern.

213/ schraeggestellte Nadelbaeume
214 verstellte Gebaeude

Auch diese beiden Merkmale sind das sichtbare Zeichen einer langsamen, nicht direkt wahrnehmbaren Bewegung, wie wir sie unter 21 beschrieben haben.

Es muss hier noch darauf hingewiesen werden, dass bei den nach allen Seiten schraeggestellten Nadelbaeumen die Fichten ausgenommen werden muessen, da sie mit ihren flachen Tellerwurzeln aus den verschiedensten Gruenden schief gestellt werden koennen.

Ebenso bedeutend ist das 'nach allen Seiten schraeggestellt', um sicher zu gehen, dass es sich um Rutschbewegungen handelt.

Der Saebel- oder Krummwuchs, der immer wieder als Rutsch-Indiz beigezogen wird (vgl. KIENHOLZ 1977:130), ist nicht unbedingt schluessig, da er auch durch Schneedruck verursacht wird.

22 Narbenversatz

Unter Narbenversatz wird das talseitige Abschieben von Teilen der Grasnarbe unter Viehtritt verstanden, d.h. es kommt zu einem Aufreissen der Vegetation und einem Verrutschen der Viehgangeln (LAATSCH, GROTTENTHALER 1973:19-28).

Diese Kleinformen stellen an sich natuerlich keine Gefaehrdung dar, weisen aber auf Haenge mit leicht aufweichendem, lehmig-tonigem Material hin, die zu oberflaechigen Rutschen neigen.

23/ Vernaessung oberhalb einer Hangversteilung/
24 Sammelrinne oberhalb einer konvexen Hangflaeche

Im Lockermaterial vermag durch eine solche Konstellation vermehrt Wasser aus der Verflachung in die umliegenden steileren Hangpartien einzusickern, was zu Porenwasserueberdrucken fuehren kann, die sich schlimmstenfalls sogar in Hangexplosionen entladen (KARL, DANZ 1969:23; HIRSCH 1984).

25 Quellaustritte im Lockermaterial (Gelaendeform Runse)

Der Wasserzug der Quelle fuehrt gegebenenfalls zu Kornverschiebungen im Lockermaterial, was Rutsche ausloesen koennte (vgl. S. 56). Quellen zeigen oft auch Stauhorizonte, und somit potentielle Gleitflaechen an.

26 sog. 'Nasen' im Lockermaterial

Diese Rippen sind durch beidseitige alte Muschelanbrueche entstanden und als 'Trennwand' zwischen diesen stehen geblieben. Solche 'nasenfoermige' Rippen bilden nun ausserordentlich gute Grundwasserzuege, durch die sie ebenfalls bis zum Bruch uebersaettigt werden koennen (vgl. S. 56 und KARL, DANZ 1969:23).

Diese morphologische Form ist auch im Luftbild gut erkennbar, allerdings muss noch geprueft werden, ob es sich tatsaechlich um Lockermaterial handelt.

27 flaechenhafter Erlenbestand im Nadelholz (nicht in Mulden oder Runsen)

Dieser markante Vegetationswechsel, der auch im Luftbild gut sichtbar ist, weist auf eine Vernaessung oder auf instabilen Boden hin.

28   fossile Sackung oder Rutschung

> Hier gilt dasselbe wie bei der offenen Rutschung (vgl. 11): Obwohl das Ereignis stattgefunden hat, besteht durch die Materialstoerung moeglicherweise immer noch eine latente Rutschgefahr. - Die Akkumulationsmassen koennen sich aber durchaus auch vollstaendig konsolidiert haben. Um das sicherzustellen, sind jedoch langwierige Untersuchungen erforderlich, die nicht im Rahmen der Erhebung fuer eine Gefahrenkarte liegen. Um in unserer Beurteilung auf der 'sicheren Seite' zu stehen, setzen wir fuer diese Gebiete potentielle Rutschgefahr fest.

4.3.3 Wildbachgefahren

Vorbemerkungen

1. Wildbaeche weisen folgende kennzeichnende Eigenschaften auf:

   — sehr unterschiedliche Wasserfuehrung
   — ploetzliche Entfesselung
   — die rasche Abfuhr grosser Wasser- und Geschiebemassen
   — und ihre meist schadenbringende Ablagerung
   (nach BAESCHLIN 1937:47)

2. Dabei sind Abtragungsraum und Ablagerungsraum nicht eindeutig gegeneinander abzugrenzen, da sie immer wieder Verschiebungen und Veraenderungen unterworfen sind.

   Aus diesem Grund, und weil die Wildbacheinhaenge als potentielle Geschiebelieferanten wichtig sind, werden die Wildbaeche als Ganzes, inklusive Bacheinhaenge und gesamtes Kegelgebiet, beurteilt und kartiert (vgl. Kap. "Praktische Kartierungsbeispiele aus dem Berner Oberland und der Landschaft Davos" auf S. 103).

   Umfang und Art der Feststoffuehrung stellen wesentliche Charakteristika eines Wildbaches dar. Dabei sind sie von der Form des Hochwasserabflusses ebenso abhaengig wie von der Art der Geschiebeherde und deren Liefergrad (KARL, MANGELSDORF 1976:93).

3. Unter Wildbachgefahren kartieren wir auch die Gefahr von Murgaengen.

   "Ein Murgang (Bewegungsform und Mure) ist eine sehr schnelle bis extrem schnelle, reissende Bewegung (quasiviskoses Fliessen) einer breiartigen Suspension aus Wasser, Erde, grobem und feinem Schutt bis zur

Blockformgroesse und Baumstaemmen in Wildbaechen oder alten Murfurchen im Hang, mit mehr oder weniger steilem Gefaelle." Soweit die Definition aus BUNZA (1976:61).

STINY (1910 in BUNZA 1976:61) nennt Geschiebegehalte von 40 % - 70 % (Gewicht) bei einem durchschnittlichen Wassergehalt von 55 % (Gewicht), wobei die Dichte der waesserigen Bodensuspension 1,4 g/cm³ uebersteigen koenne.

Voraussetzung

Die Voraussetzungen fuer Wildbachtaetigkeit sind diejenigen, die auch fuer die kennzeichnenden Eigenschaften (vgl. Abschnitt 1) entscheidend sind:

— fuer die 'ploetzliche Entfesselung' ist ein rundliches Einzugsgebiet foerderlicher als ein langgestrecktes (vgl. Abb. 45 auf S. 75) und ② in Abb. 5 auf S. 16);

— fuer die 'rasche Abfuhr grosser Wasser- und Geschiebemassen' ist ein relativ hoher Abflusskoeffizient massgebend mit entsprechenden Geschiebeherden im Bereich des Baches (vgl. Tab. 4 auf S. 79 und ③, ⑦ in Abb. 5 auf S. 16);

— fuer 'ihre meist schadenbringende Ablagerung' ist eine ungenuegende Gerinnekapazitaet verantwortlich.

Ausloesende Faktoren

Ausloesende Faktoren fuer Wildbachtaetigkeit sind zweifellos exzessive Niederschlaege, meist in Form von Gewittern, haeufig verbunden mit Hagelschlaegen (vgl. Abschnitt 1 und Abb. 45 auf S. 75, sowie ① in Abb. 5 auf S. 16).

Katastrophenartige Regenfaelle hoher Intensitaet oder Niederschlaege mit hohen Schmelzwassermengen vermoegen zu Murenereignissen zu fuehren. Der grosse Wasserandrang loest unter Umstaenden Rutschungen im Bereich des Bachbettes aus, die dadurch entstehende hohe Geschiebefracht verursacht dann vielfach eine Vermurung.

Murgaenge entstehen aber auch durch eine Verklausung (Stauung) eines Wildbaches, vor allem, wenn grosse Bloecke und Baumstaemme zur Geschiebefracht des Wildwassers gehoeren. Der Murdamm bewirkt bisweilen eine Aufstauung von ausserordentlich hohen Energien, die sich beim Durchbruch des Dammes explosionsartig entladen. So beschreibt AULITZKY (1970:31-36) am Enterbach (Tirol) einen Murgang mit Geschwindigkeiten bis zu 100 km/h.

Die Zusammenhaenge zwischen Voraussetzungen und ausloesenden Faktoren sind im folgendan Abschnitt 'die physikalischen Grundlagen der Wildbachtaetigkeit' erlaeutert.

physikalische Grundlagen der Wildbachtaetigkeit

Jene Faktoren, welche die maximale Hochwasserabflussmenge bestimmen sollen im folgenden besprochen werden:

1. <u>Niederschlag</u>

    Fuer den Hochwasserabfluss ist beim Niederschlag vor allem

    — die Regendauer t
    — die Regenintensitaet i (mm/h)
    — die Regenmenge waehrend bestimmter Zeit t x i

    massgebend.

    Wobei die Regenmenge, die in bestimmter Zeit faellt schlussendlich fuer den Abfluss entscheidend ist. Diese Zusammenhaenge sind in Abb. 43 dargestellt:

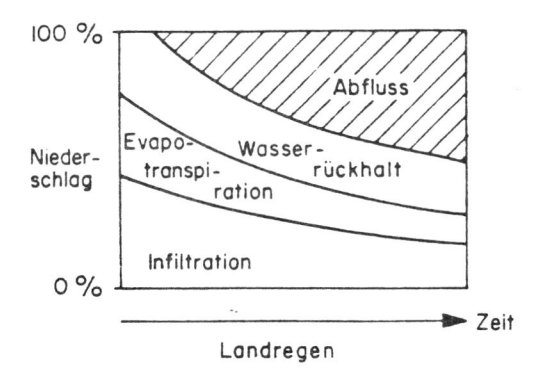

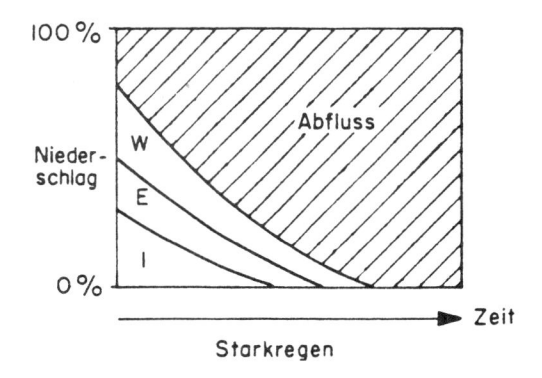

Abb. 43. Zusammenhang zwischen Niederschlagsverlauf – Infiltration und Oberflaechenabfluss. (nach Vorlesungsnotiz ZELLER 1980)

Fuer die Wildbachtaetigkeit ist aber auch die Haeufigkeit eines solchen Niederschlagsereignisses mit hoher Intensitaet von Interesse. Darueber geben die sog. GUMBEL-Diagramme Auskunft, mit denen wir die Niederschlagsintensitaet fuer z.B. 30-, 50- oder 100-jaehrige Wiederkehrperioden zu bestimmen imstande sind (vgl. Abb. 73 auf S. 142).

Wie ZELLER und GENSLER (1980:212) zeigen, spielt fuer die uns interessierenden Starkniederschlaege die Hoehe ueber Meer keine Rolle mehr fuer die Niederschlagsmenge (vgl. Abb. 44 auf S. 74). Denn bei einer kurzen Regendauer (&kg 1 h), wie das fuer Starkregen typisch ist, laesst sich praktisch kein Hoehengradient mehr feststellen. Die beiden Autoren ziehen daraus den Schluss, dass zur Bestimmung des Hochwasserabflusses anstelle eines

Hoehengradienten besser den regionalen Verhaeltnissen
angepasste Formeln zu verwenden sind. Ebenso machen sie
darauf aufmerksam, dass die hochwasserausloesenden
Starkregen von Wildbachgebieten in ihrem Charakter sehr
wenig mit dem allgemeinen Niederschlags-Charakter zu tun
haben, wie er etwa aus den Jahresniederschlaegen abgeleitet werden koennte.

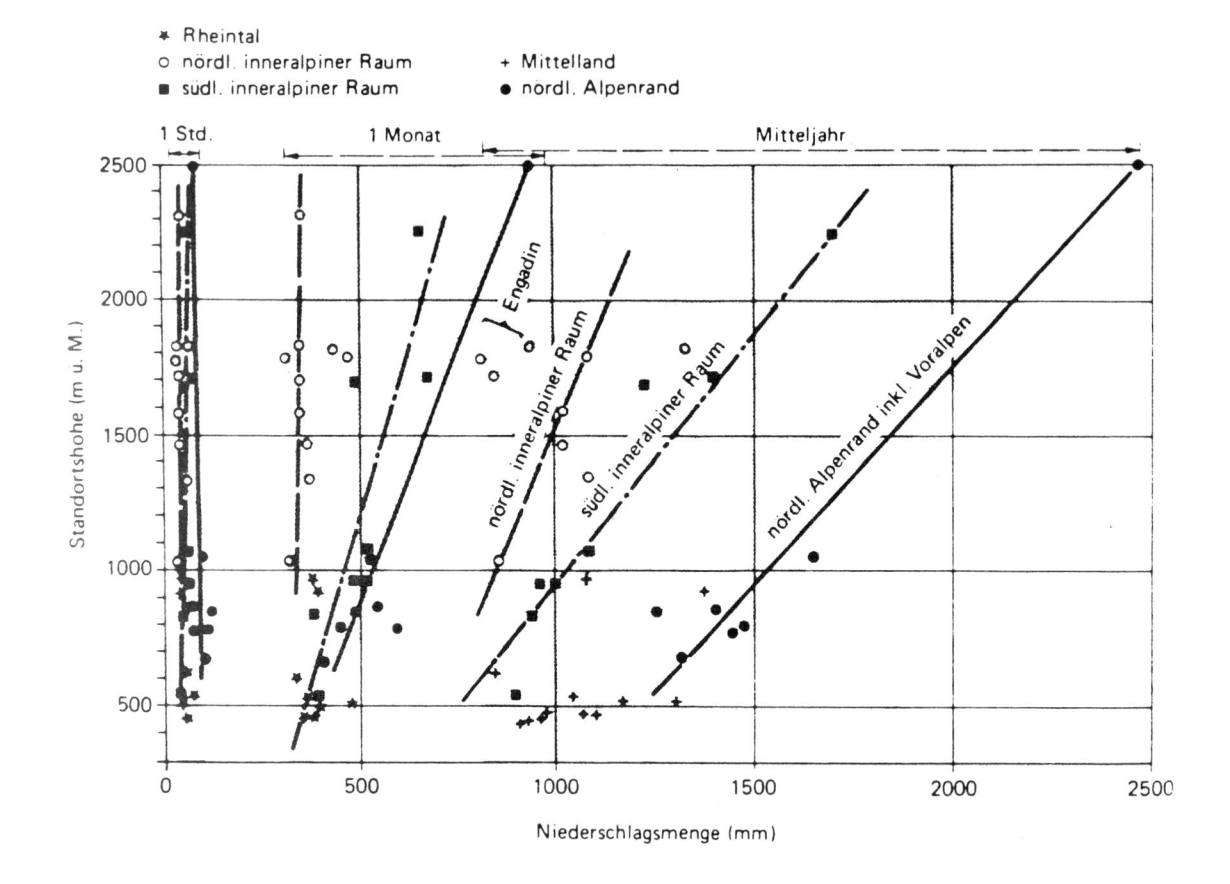

Abb. 44. Niederschlagsprofil 1: Hoehenabhaengigkeit der
100-jaehrlichen Starkregen einer Messdauer von 1
Stunde und 1 Monat sowie der Niederschlagssumme
eines Mitteljahres unterteilt nach Regionen (aus
ZELLER, GENSLER 1980:208)

2. Topographie

— wichtig sind die Form des Einzugsgebietes, ferner

— die auftretenden Hangneigungen:
eine steile Hangneigung bedeutet eine grosse Spitze
oder
eine flache Hangneigung bedeutet eine kleine Spitze.

— Dann ist auch die Groesse des Einzugsgebietes und

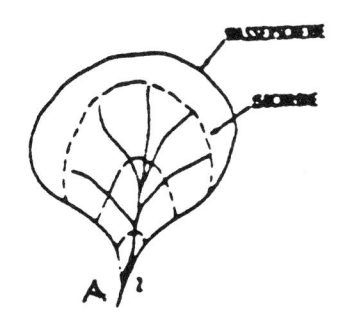

Ein rundliches Einzugsgebiet bedeutet rasches Sammeln des Oberflaechenabflusswassers -> grosse Spitzenwerte bei A	Ein langgestrektes Einzugsgebiet (gleicher Flaeche) bedeutet langsameres Sammeln des Wassers -> kleinere Spitzenwerte bei A'

Abb. 45. Veranschaulichung des Einflusses der Form des Einzugsgebietes auf die Abflussgagnlinie (nach HERRMANN 1977:50)

— die Dichte des Gewaessernetzes fuer die Hochwasserabflussspitzenwerte mitentscheidend.

Aus der Dichte des Gewaessernetzes laesst sich im uebrigen auf die Infliltration schliessen (vgl. Abschnitt 3).

3. Geologie (i.w.S.)

Hier ist vor allem die Wasseraufnahmefaehigkeit des Bodens massgebend. Dabei gilt es noch den Zusammenhang zwischen Infiltration und Niederschlagsverlauf zu beachten (vgl. Abb. 43 auf S. 73).

4. Vegetation und Bewirtschaftung

Vegetation und Bewirtschaftung sind fuer das Mass des Wasserrueckhaltes und fuer den Abflusskoeffizienten ψ bedeutend. Diese Beziehung ist in der Tab. 3 auf S. 76 dargestellt (vgl. auch ③, ④ in Abb. 5 auf S. 16).

5. Hochwasserabfluss und Geschiebefracht

Nach dem bisher Gesagten sind wir nun in der Lage, Abschaetzungen ueber den Hochwasserabfluss und die Geschiebefracht vorzustellen:

Tab. 3. Tabelle fuer die Bestimmung des Abflusskoeffizienten ψ_o fuer die Hochwasserabflussformel
von MUELLER (nach EASF 1974: Beilage 32)

Hoehenlage	Charakter	ψ_o Hangneigung		
		flach	mittel	steil
oberhalb der Waldgrenze	undurchlaessige Weideboeden Fels	0,4	0,6	0,8
Waldgrenzgebiet	Weiden mit Straeuchern und einzelnen Baeumen	0,3	0,5	0,7
	lichter Wald ohne Schluss	0,2	0,4	0,6
tiefere Lagen	juengerer Wald, Wies- und Ackerland	0,1	0,3	0,5
	nur Wald, mittlerer	0,1	0,2	0,4
	alter Wald	0,05	0,15	0,3

Fuer die schweizerischen Verhaeltnisse gilt fuer den
Hochwasserabfluss die empirische Formel von MUELLER (1943
zit. in EASF 1974: Beilage 32):

$$Q_{max} = \alpha \, \psi_0 \, E^{2/3}$$

Q_{max} = absoluter Hoechst-Hochwasserabfluss

α = regionaler Koeffizient (vgl. Abb. 46)

ψ = Abflusskoeffizient (vgl. Tab. 3)

E = Einzugsgebiet (km²)

$q = \dfrac{Q}{E}$ = spezifischer Hoechst-Hochwasserabfluss (m³/sec km²)

Fuer den Abflusskoeffizienten ψ_o gelten regionale Unterschiede, die in Abb. 46 auf S. 77 fuer die Schweiz dargestellt sind.

Einen Zusammenhang zwischen Abfluss und Geschiebetransport zeigt das Diagramm von LEYS (Abb. 47 auf S.
78).

Höchsthochwasser-Abflüsse nach Melli/Müller modifiziert

Provisorische Zonenkarte für α-Werte der Formel $Q_{max} = \psi \cdot \alpha \cdot E^{2/3}$

Gültig für Einzugsgebiete von 0,5 - 100 km²

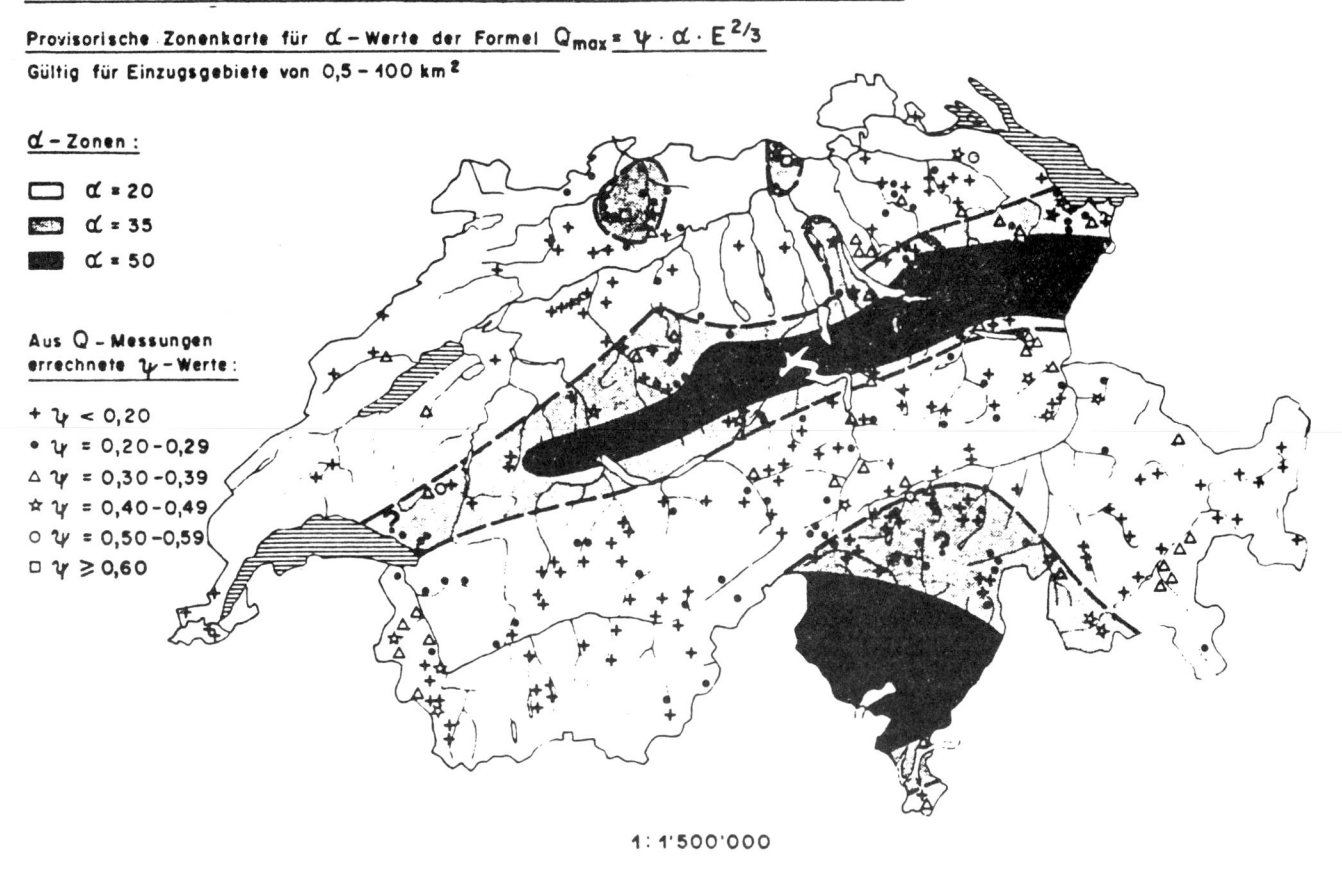

α - Zonen:
- ☐ $\alpha = 20$
- ▨ $\alpha = 35$
- ■ $\alpha = 50$

Aus Q - Messungen errechnete ψ - Werte:
- $+$ $\psi < 0,20$
- $\bullet$ $\psi = 0,20-0,29$
- $\triangle$ $\psi = 0,30-0,39$
- $\star$ $\psi = 0,40-0,49$
- $\circ$ $\psi = 0,50-0,59$
- ☐ $\psi \geq 0,60$

1 : 1'500'000

Abb. 46. Provisorische Zonenkarte fuer α-Werte (aus ZELLER 1980)

Die mittlere Wassergeschwindigkeit (v_o) errechnet sich nach STRICKLER 1923:46) wie folgt:

$$v = k \, R^{2/3} \, J^{1/2}$$

v = mittlere Stroemungsgeschwindigkeit

k = Geschwindigkeitsbeiwert (abhaengig von der Rauhigkeit des Gerinnes)

R = mittlerer hydraulischer Radius

J = Gefaelle (tg des Gefaellewinkels)

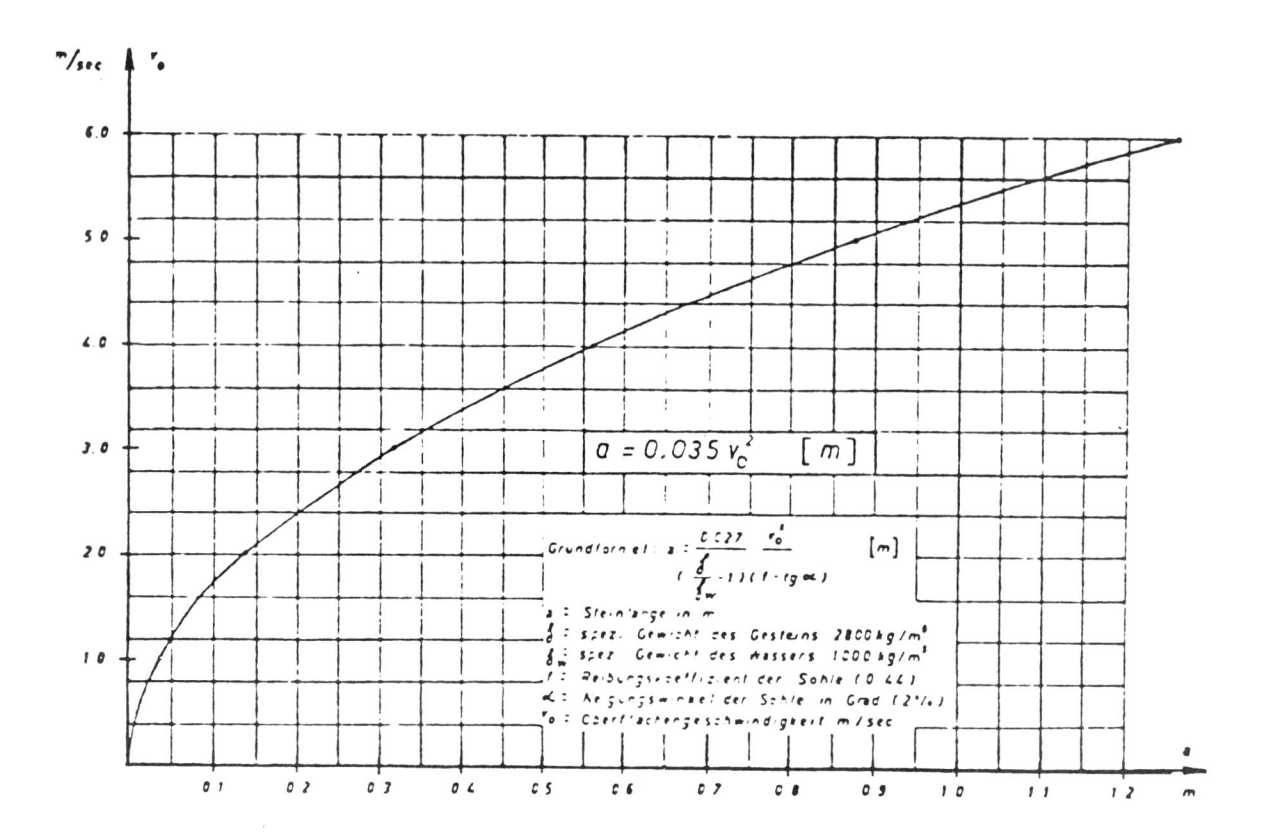

Abb. 47. Schleppfaehigkeit eines Gerinnes beim Geschiebetransport (LEYS 1976 in AULITZKY 1978:1.8/18)

Wie ZELLER und auch andere Fachleute betonen, fussen alle diese Rechenverfahren auf Erfahrungen bei geringem Gefaelle. Sie sind deshalb fuer die Wildbachtaetigkeit nur bedingt anwendbar. An der Verbesserung vor allem an Berechnungsmethoden ueber die Geschiebefracht wird insbesondere bei der Gruppe ZELLER an der EAFV intensiv gearbeitet (frdl. muendl. Mitt., 1982).

Wir haben deshalb unsere Beurteilungen von Wildbaechen im wesentlichen auf morphologische Beobachtungen gestuetzt. Dies entspricht auch unserem in Kap. "Der Loesungsansatz" auf S. 15 dargelegten Ansatz. Unsere Gefahrenhinweiskarten sollen auf kritische Baeche aufmerksam machen, um gegebenenfalls in einer zweiten Phase mit detaillierten Untersuchungsmethoden entsprechende Massnahmen zu planen.

Im folgenden sind die Merkmale zur Ausscheidung von Wildbach- und Vermurungsgefahren aufgelistet und werden erlaeutert.

Indikatoren fuer Wildbachgefahren

Tab. 4. Indikatoren fuer Wildbachgefahren

Merkmale	Hinweise vorwiegend aus				
	Luftbild	Feld	histor. Quellen	Karte topogr.	geolog.
1 erwiesen					
11 falls in einem Kataster verzeichnet			xx		
12 falls Verbauungen vorhanden sind	x	xx	xx	x	
13 Tiefenerosion (t > 2 m) durch Wasser (Feilen)	xx	xx		x	
13 Seitenerosion (Uferanbrueche)	xx	xx		x	
15 Bachsohle mit viel Schutt	x	xx			
16 Massenbewegung in Bach vorstossend	x	xx	x		
17 Schwemm- oder Murkegel mit rezenten Spuren	x	xx			
2 potentiell					
21 Bachlauf in Lockermaterial	x	xx			x
22 Bachlauf in veraenderlich festem Gestein	x	xx			x
23 pot. Massenbewegung in Bach vorstossend	x	xx		x	
24 Bachursprung in pot. Rutschgebiet	x	xx		x	x
25 Bachrinne mit viel Lawinenschutt (Erdstoffe, Holz etc.)	x	xx			
26 Verklausungsstelle erkennbar	x	xx		x	
27 abrupte Richtungsaenderung/ ploetzliche Verflachung	xx	xx		xx	
28 Rinnenerosion durch Wasser (t < 2 m)	x	xx			

Kommentar

12 Verbauung vorhanden

Verbauungen weisen auf die Wildbachtaetigkeit des entsprechenden Baches hin. Sie muessen auch unterhalten werden, wobei der gesamte Bachlauf von Zeit zu Zeit ohnehin kontrolliert werden sollte. Insbesondere sind Fall-, Wild- oder Unholz, wenn moeglich zu entfernen, um einer Vermurung vorzubeugen. Denn die Kraefte eines Murganges koennen das Dimensionierungsereignis der Verbauung bei weitem uebertreffen.[6]

Aus diesen Gruenden, stufen wir fuer die Gefahrenhinweiskartierung bereits verbaute Wildbaeche immer noch als 'erwiesen' und nicht nur als 'potentiell' ein.

13 Tiefenerosion (t > 2m) durch Wasser (Feilenanbrueche)

Durch Tiefenerosion eines Wildbaches werden die Bacheinhaenge unterschnitten und es entstehen sog. Feilenanbrueche. Diese stellen v.a. im Lockermaterial latente Geschiebeherde dar. Zudem ist der Einhang selbst durch Nachrutschen und Rueckwaertserosion direkt gefaehrdet. An diesen gut sichtbaren Feilenanbruechen laesst sich die Tiefenerosion leicht erkennen.

14 Seitenerosion (Uferanbrueche)

Durch Seitenerosion eines Wildbaches werden am Prallhang die Bacheinhaenge unterschnitten, und es entstehen durch die Uebersteilung der Ufer sog. Uferanbrueche. Diese bilden besonders im Lockermaterial Feststoffherde fuer Hochwasser einerseits und stellen durch das Nachrutschen je nach Wasserfuehrung andererseits auch eine Gefaehrdung des Hanges selbst dar.

15/ Bachsohle mit viel Schutt
16   Massenbewegung in Bach vorstossend

In beiden Faellen geht es um die bereitliegenden Geschiebemassen, die bei einem Extremereignis mitgerissen werden. Dabei stellt die 'Massenbewegung in Bach vorstossend' eine zusaetzliche Vermurungsgefahr dar, da sie ihrerseits zu Stauungen fuehren kann.

---

[6] So hat beispielsweise der Bach im Val Bruena bei Mustair (Gr) bei einem Unwetter am 6.6.1983 beide ein Jahr zuvor gebaute Sperren zerstoert, den Kegel erneut ueberschuettet und Kulturland zugeschottert. Eine groessere Katastrophe verhinderte nur ein eilends errichteter Damm.

Abb. 48. Durch Feilenanbrueche markierte Tiefenerosion am Roetebach (Gstaad BO)

Abb. 49. Durch Uferanbruch markierte Seitenerosion am Wallbach (Lenk BO)

Abb. 50. Durch diese in den Bach vorstossende Rutschung erhoeht sich die Vermurungsgefahr (Lombach, Habkern BO)

17   Schwemm- oder Murkegel mit rezenten Spuren

Die rezenten Spuren auf einem Schwemmkegel zeigen, dass dieser, auch wenn seine Anlage sehr alt ist, noch immer aktiv bestrichen wird.

Fuer die Beurteilung der Schwemmkegel an sich vgl. auch HAMPEL (1982).

21/ Bachlauf in Lockermaterial
22   Bachlauf in veraenderlich festem Gestein

In beiden Faellen bildet das Material, durch welches der Bach fliesst, einen potentiellen Geschiebeherd. Bei Extrem-Niederschlaegen mit entsprechendem Hochwasser ist es durchaus moeglich, dass dieses Material auf- und mitgerissen wird (vgl. Abb. 52 auf S. 83).

23/ potentielle Massenbewegung in Bach vorstossend/
24   Bachursprung in potentiellem Rutschgebiet

Die beiden potentiellen Massenselbstbewegungen stellen einen potentiellen Geschiebeherd fuer ein Hochwasserereignis dar und bilden so die Grundlage fuer eine Wildbachtaetigkeit des betreffenden Baches (vgl. Abb. 50/53).

- 82 -

Abb. 51. Frisch ueberschotterter, alter, bewaldeter Schwemmkegel (Rotebach, Lenk BO 27.6.75)

Abb. 52. Vom Hochwasser am 27.6.75 aufgerissene Rinne (Sumpfbach, Lenk BO)

Abb. 53. Bachursprung in potentieller Rutschmasse
(Buelenberg, Davos GR)

25   Bachrinne mit viel Lawinenschutt (Erdstoffe, Holz etc.)

In unguenstigen Faellen bewirkt Altschnee in Bachrunsen Stauungen. Das geht oft so weit, dass es bei Hochwasser zu einer Vermurung kommt (vgl. HIRSCH 1984).

26   Verklausungsstelle erkennbar

Bei moeglichen Verklausungsstellen kann vor allem das Unholz zu Stauung und Vermurung fuehren. Solches ereignet sich, wegen der haeufig nachlassenden Pflege des Gebirgswaldes, auch an Bachlaeufen bei denen bisher keine Wildbachtaetigkeit beobachtet worden ist (frdl. muendl. Mitt. F. ZURBRUEGG, U. FUHRER).

27   abrupte Richtungsaenderung / ploetzliche Verflachung

Solche Stellen im Laengsverlauf eines Baches sind besonders fuer Ausbrueche gefaehrdet. Ein Gerinne, das oberhalb dieser Gelaendepunkte das Hochwasser durchaus noch zu 'schlucken' vermag, weist mit solchen Stellen eine potentielle Gefaehrdung des unterliegenden Raumes auf.

28   Rinnenerosion durch Wasser (t < 2 m)

Diese lineare Erosion erweist sich vor allem im Lockermaterial, insbesondere in Schutthaengen und -halden als sehr wirksam (MAULL 1958:96). Gerade in Schutthalden sind solche Rinnen sehr oft von charakteristischen Murwaellen begleitet (allerdings gelten sie in solchen Faellen als 'erwiesene Wildbachgefahr'). Wichtig ist zu wissen, dass solche Rinnen bei exzessiven Niederschlagsereignissen durchaus weiter aufreissen und durch ihre dadurch entstehende Geschiebefracht zu Wildbaechen oder gar Murgaengen werden koennen.

Speziell unterhalb von Rinnensystemen in Felswaenden, die ein gewisses Einzugsgebiet umfassen, ist diese Gefahr besonders gegeben (ROSCHKE 1971:709).

Abb. 54.   Rinnenerosion im Hangschutt (Strelapass, Davos, GR)

4.3.4 Lawinengefahr

Vorbemerkungen

1. Unter 'Lawinen' versteht man das ploetzliche Abrutschen von Schnee und Eis an Haengen und Waenden mit einer Sturzbahn von ueber 50 m Laenge. Betraegt die Dislokation weniger als 50 m, heisst man diesen ploetzlichen Abgang einer Schneedecke 'Schneerutsch' (HAEFELI, DE QUERVAIN 1955:72); in der Fachliteratur wird dafuer allerdings

mehr der Ausdruck 'Schneeschlipf' verwendet (WILHELM 1975:80).

In dieser Arbeit wird beim Begriff 'Lawinengefahr' nicht zwischen eigentlichen Lawinen und Schneerutschen unterschieden, sondern beides zusammengefasst gesehen.

2. Zum Gleitschnee: Das Schneegleiten laeuft, im Gegensatz zum Lawinenabgang unmerklich langsam ab. Ausser diesem Gleiten der gesamten Schneedecke auf ihrer Unterlage spielt sich im Schnee selbst noch eine Kriechbewegung ab (HAEFELI 1954:4). Durch den Wechsel zwischen Erwaermung und Abkuehlung, d.h. vor allem durch die Sonneneinstrahlung, werden beide Prozesse gefoerdert.

Der Schneedruck, der durch Gleitschnee auf Hindernisse ausgeuebt wird, kann recht betraechtlich sein und durchaus groessere Bloecke verschieben oder Baeume umstuerzen (vgl. Abb. 55).

Abb. 55. Von Gleitschnee verschobener Block (Leiterli, Lenk BO)

In unserer Kartierung haben wir beides, Lawinen und Gleitschnee zusammengefasst, um eine moeglichst einfache Legende zu erhalten. In den meisten Faellen handelt es sich bei der Signatur 'Lawinengefahr' tatsaechlich um Lawinen. In den relativ seltenen Faellen, wo nur Schneegleiten auftritt, wird im Protokoll zur Gefahrenhinweiskarte darauf hingewiesen.

Die kartographische Darstellung der Lawinengefahrengebiete umfasst Anrissgebiet, Sturzbahn und Ablagerungsraum.

Voraussetzungen zur Lawinenbildung

Einen sehr wesentlichen Einfluss auf die Lawinenbildung haben
Exposition und Hangneigung (vgl. ② in Abb. 5 auf S. 16):

1. Exposition

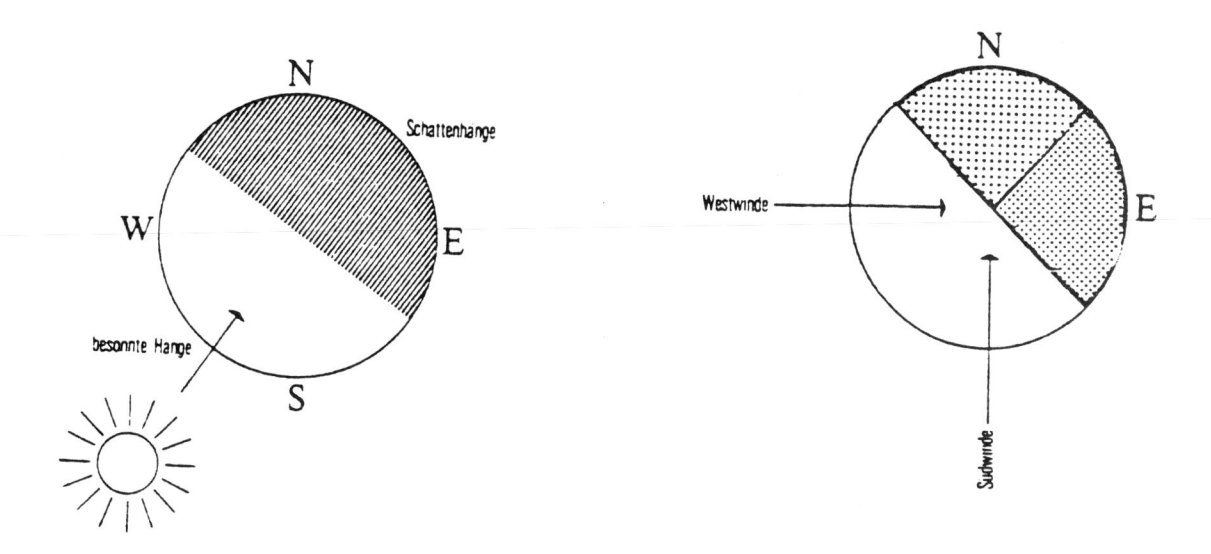

Abb. 56. Besonnung und Windbeeinflussung der verschiedenen
Expositionen im Alpenraum (aus SCHILD 1972:49)

Schattenhaenge sind gefaehrlicher als Sonnenhaenge: wegen der tieferen Temperaturen in Schattenlagen findet eine intensivere aufbauende Umwandlung statt. Die dabei entstehenden Becherkristalle koennen Schwimmschneeschichten bilden (vgl. Abb. 59 auf S. 90). An solchen Schwachstellen im Aufbau einer Schneedecke kann es zum Bruch und damit zum Lawinenniedergang kommen.

Zugleich sind Schattenlagen in unserem Alpenraum mehrheitlich Wind-Leelagen mit haeufigen Triebschneeansammlungen (vgl. auch ① und ② in Abb. 5 auf S. 16).

2. Hangneigung

Zur Bestimmung bisher nicht bekannter moeglicher Anrissgebiete haben wir uns entsprechend der nachfolgenden Darstellung (Abb. 57 auf S. 88) auf den Hangneigungsbereich von 30° - 45° 'grosse Gefahr von Lawinenanrissen' konzentriert.

Steileres Gelaende wurde je nach den uebrigen Faktoren (Exposition, Morphographie) mit einbezogen.

```
                    > 45°    i.a. zu steil fuer Anrisse,
                             fortlaufendes Abrutschen
                             von Lockerschnee

                    30° - 45°  grosse Gefahr von Lawinen-
                               anrissen

                    20° - 30°  geringe Gefahr eines
                               Lawinenanrisses (Gleit-
                               schnee moeglich)

                    0° - 20°   sehr geringe Gefahr
                               eines Lawinenanrisses
```

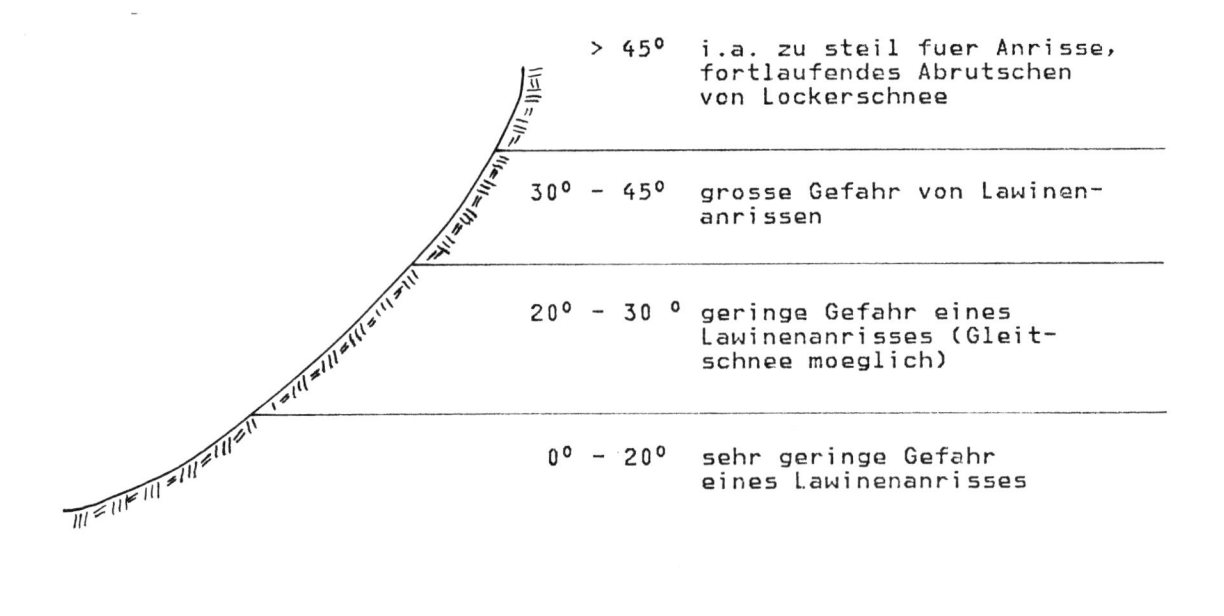

Abb. 57. Abhaengigkeit der Disposition von Lawinenanrissen und dem Neigungswinkel des Gelaendes (nach SCHILD 1972:48 und DE QUERVAIN 1980:105 und SALM 1983)

3. <u>Morphographie</u>

Tab. 5 zeigt den Zusammenhang zwischen Gelaende und Lawinen.

Tab. 5. Zusammenhang zwischen Gelaende und Lawinen (nach DE QUERVAIN 1972)

Gelaendeform	Einfluss auf Lawinen
geneigte Flaechen (Neigungswinkel vgl. 2)	moegliche Anrissgebiete
konvexe, weiche Gefaellsaenderungen	Lawinenbahn
Rippen	Begrenzung von Anrisszonen
Runsen	Lawinenbahn
Stufen	Absprungstellen
Mulden	Bremszonen / Fangbereich

Die hier dargestellten Bezuege scheinen uns besonders wichtig fuer eine Ueberglickskartierung wie die unsere, bei der die Gelaendeanalyse im Vordergrund steht (vgl. auch ②, ⑤ in Abb. 5 auf S. 16).

Fuer die Hoehenlage von Anrissgebieten gilt in den Schweizer Alpen eine Untergrenze von 800 m.u.M (frd. muendl. Mitt. W. SCHWARZ, Lawinendienst BO).

4. <u>Vegetation und Oberflaechenrauhigkeit</u>

Vegetation und Oberflaechenrauhigkeit spielen eine sekundaere Rolle.

Die Wirkung der Vegetation auf Lawinen ist je nach Schneedecke beschraenkt. Sie kann unter Umstaenden durch Auflockerung der untersten Schneeschicht sogar negativ sein. Dieser Einfluss ist in Abb. 58 an den Rammprofilen erkennbar:

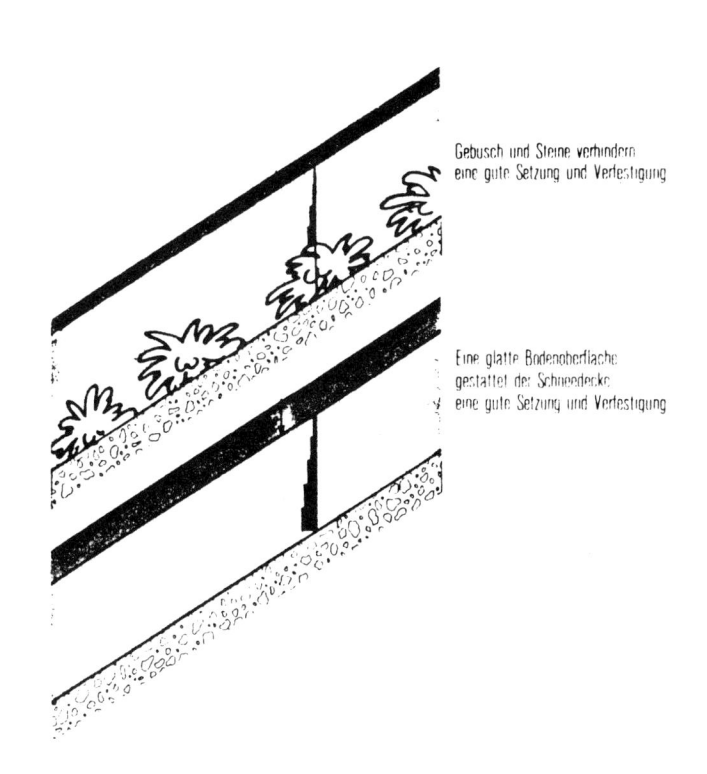

Abb. 58. Setzung der Schneedecke bei rauher oder mit Bueschen bestandener und bei glatter Oberflaeche (aus SCHILD 1972:50) (vgl. auch Abb. 59 auf S. 90)

Die Vegetation kann uns aber zur Identifikation von Lawinenzuegen dienen, indem diese haeufig von Erlen oder Laerchen bestockt sind (vgl. Kap. "Die Gefahrenhinweiskarte MAB-Davos" auf S. 147).

Waelder erfuellen eine Brems- und damit auch eine Schutzfunktion bei Lawinenniedergaengen. Allerdings werden verschiedentlich auch Lawinenabbrueche in Waeldern beobachtet (FIEBIGER 1980:183-190, SCHILD 1972:53).

Die Oberflaechenrauhigkeit wird durch die Schneehoehe meist ausgeebnet. Sie kann in Extremfaellen sogar eine Verdichtung der Schneedecke verhindern und damit den Abbruch von Lawinen foerdern. Haeufig aber liegt die Scherflaeche eines Lawinenanrisses in der Schneedecke oberhalb dem Wirkungsbereich der Oberflaechenrauhigkeit, so dass sie keinen Einfluss mehr auf die Lawine ausuebt.

Ausloesende Faktoren

Die Schneedecke bricht, wenn die Spannung an einer Stelle groesser wird als die dort vorhandene Festigkeit und der Hang eine genuegend starke Neigung aufweist, damit die Reibung der in Bewegung geratenen Schneemassen auf ihrer Unterlage ueberwunden wird.

Der Bruch der Schneedecke kann sowohl durch Zunahme der Spannung eintreten, z.B. die Belastung durch Schneezuwachs, einen Skifahrer oder eine andere aeussere Stoerung (Sprengung, Ueberschallknall etc.), sowie durch Abnahme der Festigkeit innerhalb der Schneedecke durch sog. aufbauende Umwandlung der Schneekristalle (vgl. Abb. 59).

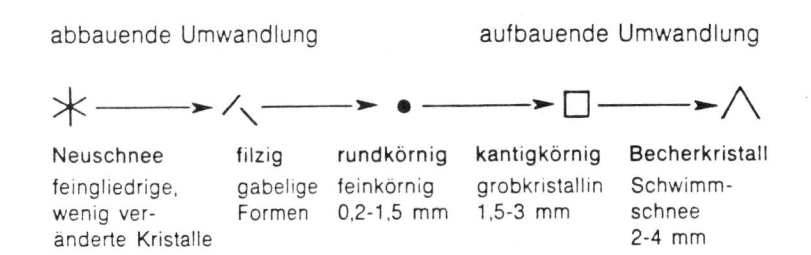

abbauende Umwandlung			aufbauende Umwandlung	
Neuschnee	filzig	rundkörnig	kantigkörnig	Becherkristall
feingliedrige, wenig veränderte Kristalle	gabelige Formen	feinkörnig 0,2-1,5 mm	grobkristallin 1,5-3 mm	Schwimmschnee 2-4 mm

Abb. 59. Umwandlung der Schneekristalle (aus SCHILD 1972:30)

Dieses Kraeftespiel innerhalb der Schneedecke wird zum grossen Teil von Witterungseinfluessen gesteuert, wie das in Abb. 60 auf S. 91 dargestellt ist.

Im Gegensatz zu diesen Schneebrettlawinen, die mit Zugriss und Scherbruch losbrechen, loesen sich Lockerschneelawinen punktfoermig und breiten sich allmaelich aus ('Lawineneffekt' vgl. Abb. 61 auf S. 93 I). In diesen Faellen ist vor allem die abbauende Umwandlung fuer die Destabilisierung der Schneedecke verantwortlich. Die nassen Fruehjahrslawinen entstehen sehr oft als Folge dieses Abbaus der Schneekristalle infolge intensiver oberflaechlicher Erwaermung der Schneedecke. Die unmittelbare Ausloesung der Lawine kann durch ein einzelnes, abrutschendes Schneekorn oder durch einen von einer Felswand fallenden Stein (Frostaufbruch) oder aehnliches verursacht werden.

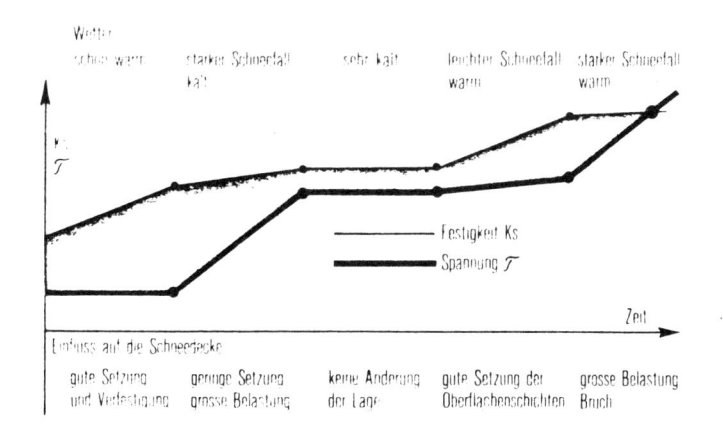

Abb. 60. Verlauf der Festigkeit und Spannung in der
Schneedecke bei verschiedenen Witterungseinfluessen (aus SCHILD 1972:44)

Physikalische Grundlagen zur Lawinengefahr

Die verschiedenen Typen von Lawinen werden in Abb. 61 auf S. 93 veranschaulicht.

Die physikalisch-mathematische Erfassung der Lawinenbewegung wurde von VOELLMY (1955) und SALM (1966, 1979) untersucht. Dabei sind die von VOELLMY aus der Hydraulik entwickelten Modellvorstellungen noch heute wegleitend. Da diesen Modellvorstellungen Gesetzmaessigkeiten der Hydraulik zugrundeliegen, haben sie nur fuer Fliesslawinen Gueltigkeit.

Es eruebrigt sich, hier die ganze Ableitung zu entwickeln; wir verweisen dazu auf die Arbeiten von VOELLMY 1955, SALM (1966) (1979), DE QUERVAIN (1977) BUSER und FRUTIGER (1980). Darum beschraenken wir uns auf einige wesentliche Aspekte. Abb. 62 auf S. 94 zeigt uns die Dreiteilung des Lawinenstriches. Die drei Bereiche Anrisszone, Sturzbahn und Auslaufstrecken weisen unterschiedliche Bewegungsablaeufe auf.

Fuer die Gefahrenkartierung interessiert uns in erster Linie die Auslaufstrecke. Fuer Fliesslawinen fasst SCHWARZ (in KIENHOLZ 1977:118) die entsprechenden Berechnungsformeln wie folgt zusammen:

Geschwindigkeit der Fliesslawine v_1:

$$v_1^2 = k\, d_0\, (\sin\psi_0 - \cos\psi_0)$$

Auslaufstrecke der Lawinen s:

$$s = \frac{v_1^2}{2 g \left(\mu \cos\psi_u - tg\psi_u + \dfrac{v_1^2}{2 k d_a}\right)}$$

Normalbelastung (senkrecht auf eine Wand) P_{nd}:

$$P_{nd} = \frac{\gamma_1 v_1^2}{g}$$

Es bedeuten dabei in diesen Formeln:

k	Koeffizient fuer Bodenreibung (400-600 m/s²)
d_0	abgleitende Schneeschicht im Anrissgebiet (m)
ψ_0	Hangneigung im Anrissgebiet (°)
μ	Reibungskoeffizient (im Anrissgebiet 0,15 - 0,20)
	(im Auslaufgebiet 0,20 - 0,25)
g	Erdbeschleunigung (m/s²)
ψ_u	Gelaendeneigung im Auslaufgebiet (°)
d_a	mittlere Ablagerungshoehe (m)
γ_1	mittleres Raumgewicht des fliessenden Schnees (kg/m³)

Dazu ist zu bemerken, dass fuer unsere Gefahrenhinweiskarten die Berechnung aller Lawinenzuege in diesem ersten Schritt der Beurteilung zu aufwendig und daher wenig sinnvoll waere. Solche lawinendynamische Berechnungen sollten unseres Erachtens erst spaeter, und zwar fuer konkrete Projekte, eingesetzt werden.

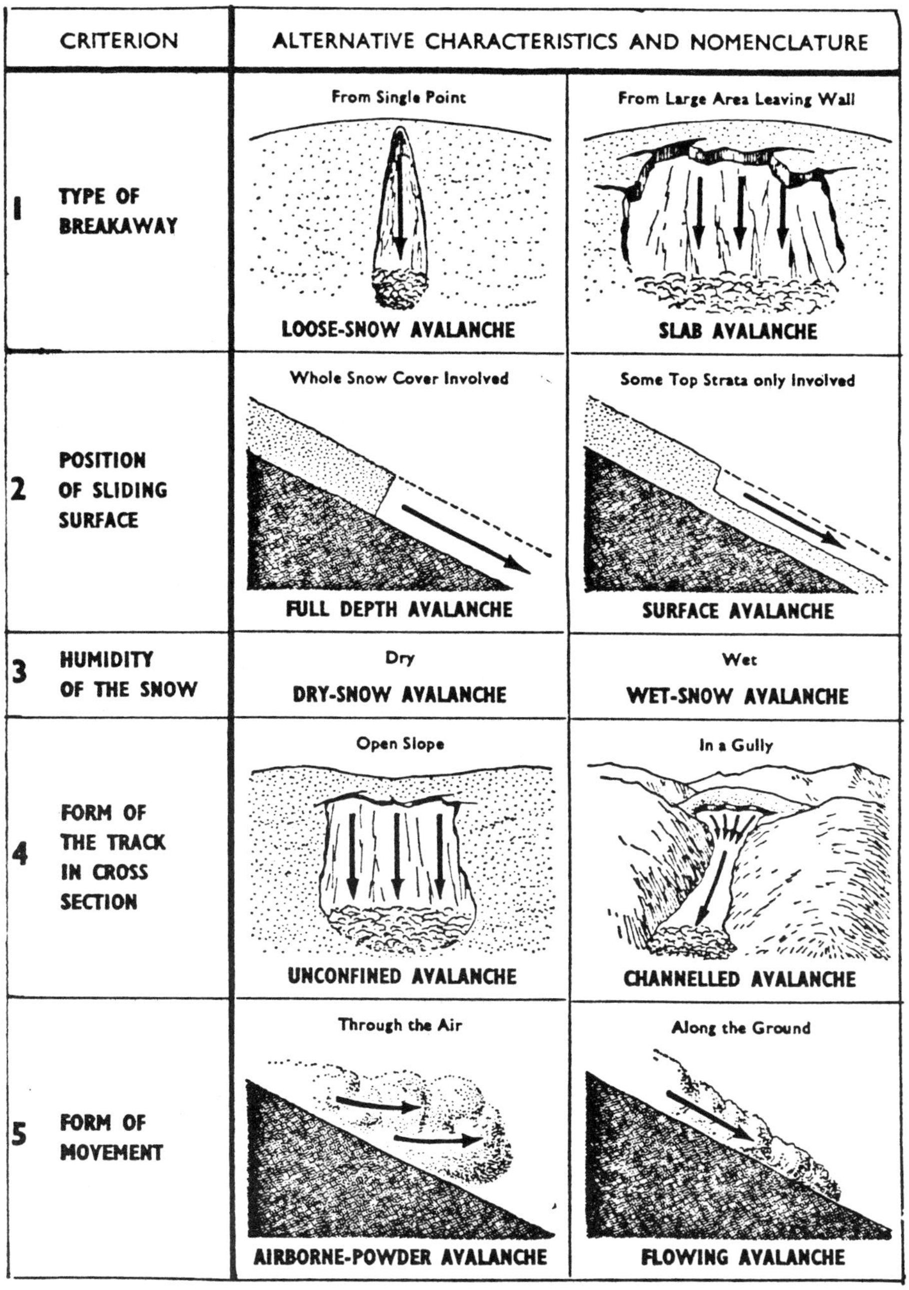

CRITERION	ALTERNATIVE CHARACTERISTICS AND NOMENCLATURE	
1 TYPE OF BREAKAWAY	From Single Point — **LOOSE-SNOW AVALANCHE**	From Large Area Leaving Wall — **SLAB AVALANCHE**
2 POSITION OF SLIDING SURFACE	Whole Snow Cover Involved — **FULL DEPTH AVALANCHE**	Some Top Strata only Involved — **SURFACE AVALANCHE**
3 HUMIDITY OF THE SNOW	Dry — **DRY-SNOW AVALANCHE**	Wet — **WET-SNOW AVALANCHE**
4 FORM OF THE TRACK IN CROSS SECTION	Open Slope — **UNCONFINED AVALANCHE**	In a Gully — **CHANNELLED AVALANCHE**
5 FORM OF MOVEMENT	Through the Air — **AIRBORNE-POWDER AVALANCHE**	Along the Ground — **FLOWING AVALANCHE**

Abb. 61. Lawinen-Klassifikations-System (aus FRASER 1966:79 nach HAEFELI und DE QUERVAIN 1955) (vgl. UNESCO 1981)

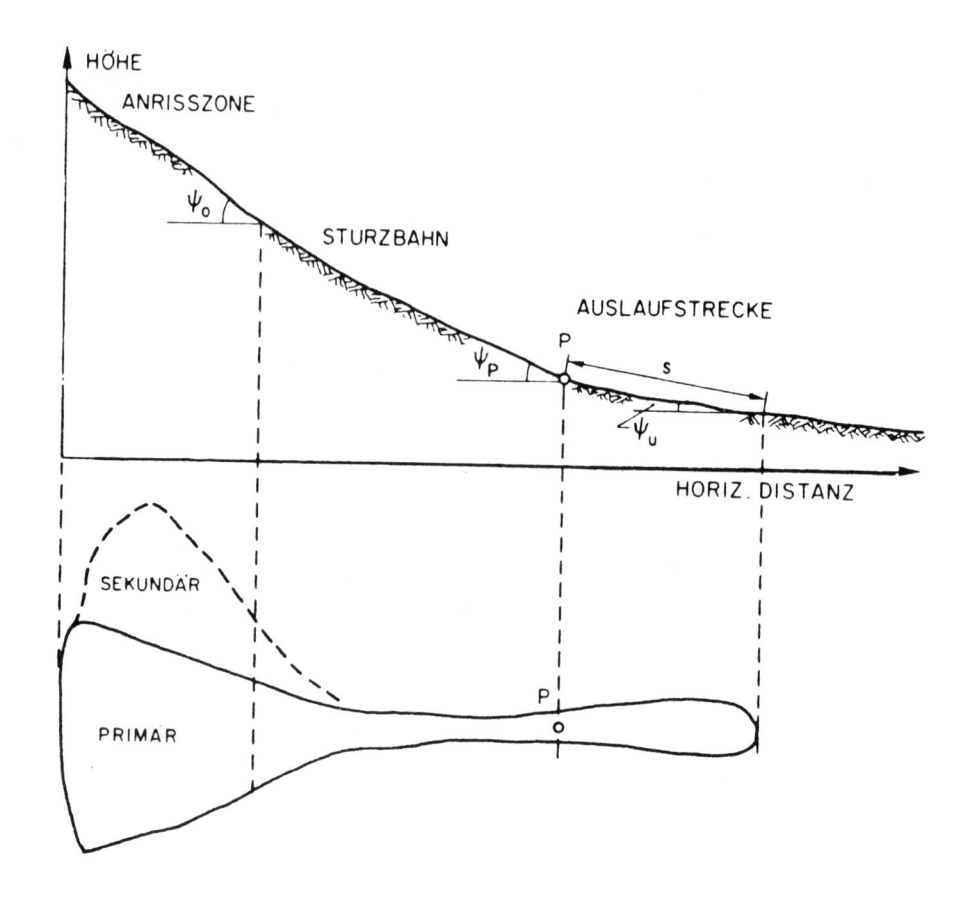

Abb. 62. Unterteilung eines Lawinengelaendes (Runsenlawine)
         (aus DE QUERVAIN 1977:250)

Indikatoren fuer Lawinengefahren

Wir haben uns im wesentlichen an die empirische Aufnahme von
Wirkungszonen gehalten, wie das auch DE QUERVAIN (1977:249)
fuer solche Ueberblickskartierungen annimmt: "Ein naheliegendes und mit gewissen Vorbehalten annehmbares empirisches
Verfahren zur Bestimmung der Wirkungszonen von Lawinen extremer Ausmasse besteht darin, Lawinenumrandungen nach einer
katastrophalen Lawinensituation zu kartieren und anschliessend noch eine angemessene Sicherheitszone anzufuegen. Das
so aufgenommene Gelaende ist im Rahmen der Wiederkehrdauer
der beruecksichtigten Lawinensituation offensichtlich ueberfuehrt oder ernsthaft bedroht worden. Die Vorbehalte bestehen
darin, dass auch bei starker Lawinenaktivitaet nicht alle
potentiellen Lawinen niedergehen, jedenfalls nicht in dem
ihnen moeglichen Ausmass. Sie bestreichen auch nicht alle
denkbaren Bahnen. Man wird deshalb fuer genauere Analysen zu
einem rechnerischen Verfahren greifen muessen, das keine unmittelbaren Lawinenbeobachtungen voraussetzt."

Es sei in diesem Zusammenhang daran erinnert, dass auch bei
rechnerischen Verfahren Parameter auftreten, die offenbar
nicht ganz unumstritten sind. So wurden fuer die Reibungs-

beiwerte μ und ξ lange Zeit Werte verwendet, die heute von einigen Fachleuten als ungeeignet angesehen werden, ohne dass sich allerdings ihre Meinung allgemein durchzusetzen vermag (vgl. BUSER, FRUTIGER 1980).

Tab. 6. Indikatoren fuer Lawinengefahr

Merkmale	Hinweise vorwiegend aus				
	Luftbild	Feld	histor. Quellen	Karte topogr.	geolog.
1 erwiesen					
11 falls im Lawinenkataster/ in der Lawinenchronik verzeichnet			xx		
12 falls eine Lawinengefahrenkarte oder lawinentechnische Berechnungen vorhanden sind			xx		
13 Lawinenschurf	xx	xx			
14 Lawinenschneisen	xx	x			
15 Lawinenschutt (Erdstoffe, Holz, Altschnee	x	xx			
2 potentiell					
21 moeglicher Auslaufbereich einer bekannten Lawine (nach vereinfachter Berechnung)				xx	
22 Bestimmung moeglicher Einzugsgebiete im offenen Gelaende und verlichteten Waldpartien (Neigung $\geq 30°$, schiefe Laenge der offenen Flaeche > 40 m, Breite ca. zweifache Laenge). Bestimmung zugehoeriger Sturzbahn und Auslaufbereich (nach vereinfachter Berechnung)				xx	

Wir moechten damit nur andeuten, dass die nach absoluter Genauigkeit aussehenden quantitativen Methoden auch ihre Tuecken haben - dessen sind sich die Fachlaeute natuerlich bewusst.

Die von DE QUERVAIN oben gemachten Einwaende bei der Beobachtung von nur einer Katastrophensituation werden bei der Verwendung eines guten Lawinenkatasters zum Teil entkraeftet, da im Kataster verschiedenste Ereignisse aufgezeichnet sind.

Wie die vordere Zusammenstellung (Tab. 6) zeigt, haben wir uns weitgehend auf empirische Beurteilungsverfahren gestuetzt (Kataster und Gelaendeanalyse).

In gewissen Faellen wurden allerdings im Berner Oberland von WITTWER einfache lawinendynamische Berechnungen eingesetzt - fuer Anrissgebiete insbesondere dann, wenn auf dem Luftbild Lawinenspuren vermutet wurden, dieser Lawinenzug aber noch nicht im Kataster eingetragen war (z.B. in entlegenen Gebieten).

Der Auslaufbereich von bekannten Lawinen wurde dann rechnerisch bestimmt, wenn Siedlungen und Verkehrswege betroffen waren und noch kein Lawinenzonenplan existierte.

Kommentar

11/ Falls im Lawinenkataster / in der Lawinenchronik verzeichnet /
12 falls eine Lawinengefahrenkarte oder lawinentechnische Berechnungen vorhanden sind:

  Diese Daten sind meist auf den zustaendigen Forststellen zu finden. Fuer Lawinenchroniken muessen oft Gemeinde- und Staatsarchive aufgesucht werden.

  In diesen Faellen ist die Lawinengefahr ganz offensichtlich. Bei Lawinen aus aelteren Chroniken muessten noch die eventuell veraenderten Bedingungen mitberuecksichtigt werden. Wir denken hier z.B. an Verbauungen, die in der Zwischenzeit errichtet wurden, oder an stabile Waldbestaende, die seither aufgekommen sind, oder im unguenstigsten Fall instabil gewordene Bestaende. Zum Problem der Neubeurteilung von solchen ueberholten Gefahrensituationen moechten wir im Kap. "Zum Problemkreis Wildbach, Lawinen und Blaikenbildung" auf S. 181 Stellung nehmen, aber bereits hier auf das Problem aufmerksam machen.

13 Lawinenschurf

  Von Grundlawinen verursachter Lawinenschurf kann uns einen Hinweis auf Anrissgebiet oder Sturzbahn einer Lawine geben.

  Es ist jedoch haeufig recht schwierig, Lawinenschurf und durch andere Prozesse entstandene Baliken (vgl. Abb. 66 auf S. 101) auseinanderzuhalten. Bei der Feldbeobachtung hingegen laesst sich die glatte Schurfflaeche meist gegenueber der Translationsbodenrutschung relativ leicht abgrenzen, da bei letzterem das abgerutschte Material noch am Fuss der Bloesse zu sehen ist, wogegen es beim Lawinenschurf im allgemeinen weit wegverfrachtet wurde.

Da man sich zur Beurteilung einer Hangflaeche auch noch
auf andere Kriterien stuetzt, scheint uns das Problem
einer eindeutigen Identifikation, ob Lawinenschurf oder
Translationsrutschung (Blaike), im allgemeinen zweit-
rangig. Vor allem auch deshalb, weil Blaiken ja auch
durch Schneebewegungen (Gleitschnee, Kriechen) entstehen.

Abb. 63. Lawinenschurf am Leiterli (Bettelberg, Lenk BO).
Man beachte das wegtransportierte Schurfmaterial.

14 Lawinenschneisen

Als Lawinenschneisen fassen wir Teile einer Lawinen-
sturzbahn auf, die sich durch markante Vegetationsun-
terschiede von der Umgebung abheben (vgl. Abb. 64 auf
S. 98).

Deutlich ist eine Abstufung vom Zentrum zum Rand hin zu
erkennen: im Zentrum Gras- und Hochstauden, dann der
Erlensaum bzw. Laerchensaum und noch am Rande betroffen
(Baumverletzungen, Scharten), der eigentliche Bestand.

15 Lawinenschutt

Bei diesem Merkmal denken wir vor allem an
Lawinenschutt, wie er von Grundlawinen haeufig mitge-
fuehrt wird: Erdstoffe, Holz. Im Idealfall liegt sogar
noch der Lawinenschnee selbst, der eindeutigste Indikator fuer Lawinen, da.

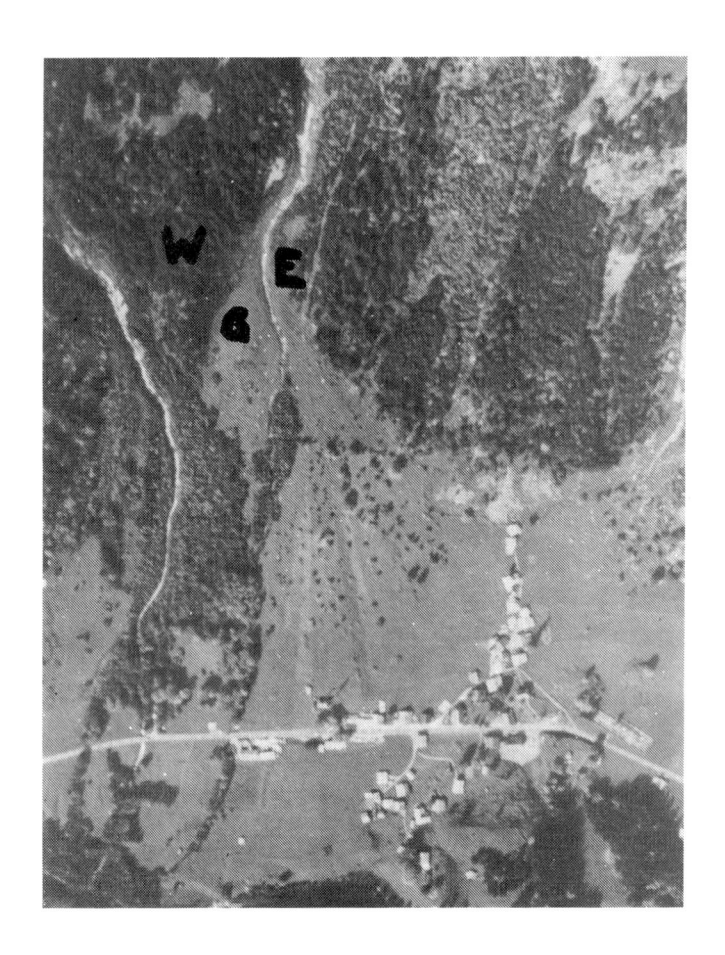

Abb. 64. Lawinenschneise. Erlen und Laerchen werden ueber-
bzw. durchfahren (Gadmen BO)
G = Graeser
E = Erlen
W = alter Waldbestand

21 moeglicher Auslaufbereich einer bekannten Lawine (nach vereinfachter Berechnung)

Dieses Verfahren wurde von WITTWER (1979) bei unseren Arbeiten im Berner Oberland angewendet. Er beschreibt es wie folgt:

"Untersuchtes Gebiet: Bereich von Gebaeuden und Verbindungen.

Vorgehen bei der Ausscheidung potentieller Lawinengefahrengebiete in Zusammenarbeit mit der Forstinspektion Oberland Lawinendienst (FIO Law D)

- Wenn Lawinenkatasterkarte vorhanden:
  Auf Karten 1:10 000: Bestimmung der durchschnittlichen Breite des Einzugsgebietes. Annahme einer mittleren Abflussmenge je nach Breite des Einzugsgebietes. Ermittlung mittlerer Neigung der Sturzbahn, Lawinenbreite sowie Geschwindigkeit am Ende der Sturzbahn,

> Beginn Auslaufgebiet. Auslaufstrecke je nach Gelaendeneigung, seitliche Ausbreitung je nach Gelaendeform bestimmen. Vergleich des vereinfacht bestimmten Auslaufgebietes mit vorhandenen Lawinengefahrenkarten bei anderen Lawinen. Eintragung der potentiellen Lawinengefahrengebiete in die gleiche Karte 1:25 000 wie die erwiesenen Lawinengefahrengebiete."

In Davos, wo das Resultat der Kartierung in einem Quadratraster von 50 m x 50 m gespeichert und dargestellt wird, haben wir den Auslaufbereich von bekannten Lawinen durch die Umhuellende mit einer gelaendeangepassten Zugabe ohne lawinentechnische Berechnungen abgegrenzt.

22 Bestimmung moeglicher Einzugsgebiete

dazu schreibt WITTWER (1979):

> "- In Gebieten ohne Lawinenkatasterkarte:
> Bestimmung moeglicher Einzugsgebiete im offenen Gelaende (Neigung $\geq 28°$, schiefe Laenge der offenen Flaeche > ca. 40 m, Breite > ca. zweifache Laenge). Bestimmung zugehoeriger Sturzbahnen. Weiteres Vorgehen wie wenn Lawinenkatasterkarte vorhanden."

In Davos hatten wir den moeglichen Umriss einer potentiellen Lawine im wesentlichen nach Gelaendeanalyse und Analogieschluessen nach bekannten Lawinen in der Nachbarschaft bestimmt. Dabei hielten wir uns fuer die Anrissgebiete an die ueblicherweise als kritisch betrachteten Hangneigungen von $28° - 50°$.

Dieses strak vereinfachte Verfahren schien uns bei der Verarbeitung der Resultate im 50 m x 50 m - Raster durchaus gerechtfertigt. Wir hatten diese Methode auch mit den zustaendigen Fachleuten diskutiert; bei dieser Gelegenheit wurden keine schwerwiegenden Einwaende erhoben.

4.3.5 Blaikenbildung

Unter Blaiken werden hier Erosionsformen verstanden, die durch Gleiten oder Rutschen einer geschlossenen Vegetationsdecke samt Wurzelschicht und Erdreich mit einer Maechtigkeit von 10 - 40 cm und einer Flaeche von 2 - 100 m² entstehen.

Diese Kategorie nimmt eine Sonderstellung ein und wurde nur im Rahmen des MAB Davos kartiert. Im Berner Oberland, wo die waldbaulichen Aspekte im Vordergrund standen, haben wir diese Bloessen zu den Lawinengefahren (Schneegefahren) gestellt.

Im Raum Davos draengte sich nach einer gewissen Felderfahrung
die Frage auf, ob das Problem der Blaikenbildung hier nicht
gesondert angegangen werden muesste, zumal die Fragestellung
des MAB (Nutzung - Naturhaushalt) gerade auf solche Probleme
abzielte.

Im Hinblick auf diesen Problemkreis entschlossen wir uns, bei
der Kartierung das Phaenomen der Blaiken durch eine geson-
derte Kategorie in die Legende aufzunehmen. Dabei sind wir
uns bewusst, dass die Blaikenbildung an sich keine direkte
Gefaehrdung fuer Leib und Leben bedeutet. Sie stellt aber
einen direkten Verlust von nutzbarem Land an der
Erosionsstelle selbst und eine Beeintraechtigung der Nutzung
durch Ueberschuettung im Akkumulationsbereich dar.

In ihrer Weiterentwicklung kann sie zu einem Geschiebeherd
fuer Murgaenge und Wildbaeche werden. Eine solche moegliche
Weiterentwicklung von Blaiken zeigt Abb. 65. Es muss deshalb
unser Bestreben sein, Massnahmen zu finden, die diesen
Translationsrutschungen Einhalt gebieten koennen (vgl. auf
Kap. "Zum Problemkreis Wildbach, Lawinen und Blaikenbildung"
auf S. 181).

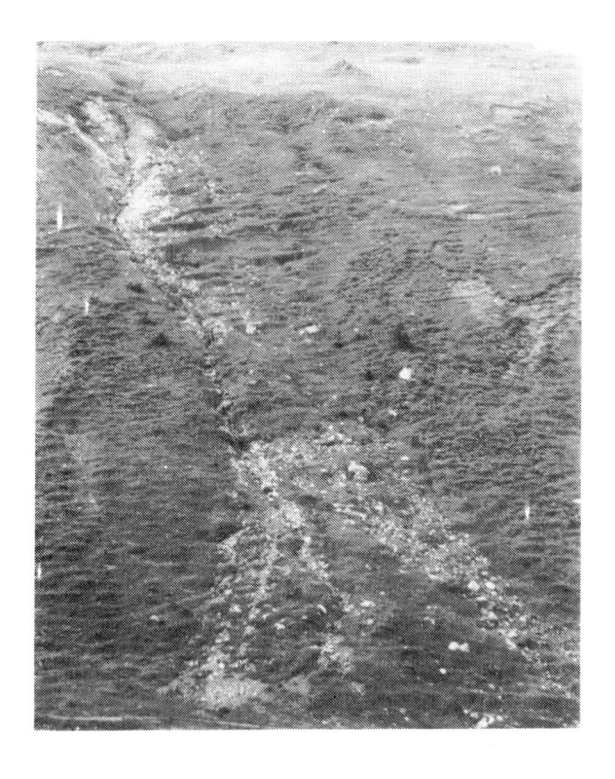

Abb. 65. Moegliche Weiterentwicklung einer Blaike ueber li-
         neare Erosion bis zum kleinen Murgang (Stuetzalp,
         Davos GR)

Zur Entstehung der Blaiken gibt SCHAUER (1975:17) folgende
Darstellung: "Als Initialstadium der Blaikenbildung entsteht

zunaechst quer zum Hang ein Zugriss von 1 - 20 m Laenge, der
sich allmaehlich verbreitert. Oberflaechig ausgeloest werden
die Zugrisse durch Schneekrichen und hohe Schneeauflast. Die
Scherkraft der Schneemassen uebertraegt sich auf die Vegetation samt Wurzel- und Bodenschicht, und zwar um so mehr, je
hoeher die Reibung zwischen der Vegetation und dem
hangabwaerts kriechenden Schnee ist. Horstbildende Graeser
wie Knaeuelgras (Dactylis glomerata), Rasenschmiele
(Deschampsia caespitosa) und hochwuechsige Kraeuter biegen
zumindest im eingefrorenen Zustand dem Schneekrichen einen
hohen Widerstand, der bei kurzgehaltenem Gras (Mahd und
Wiese) wesentlich geringer ist."

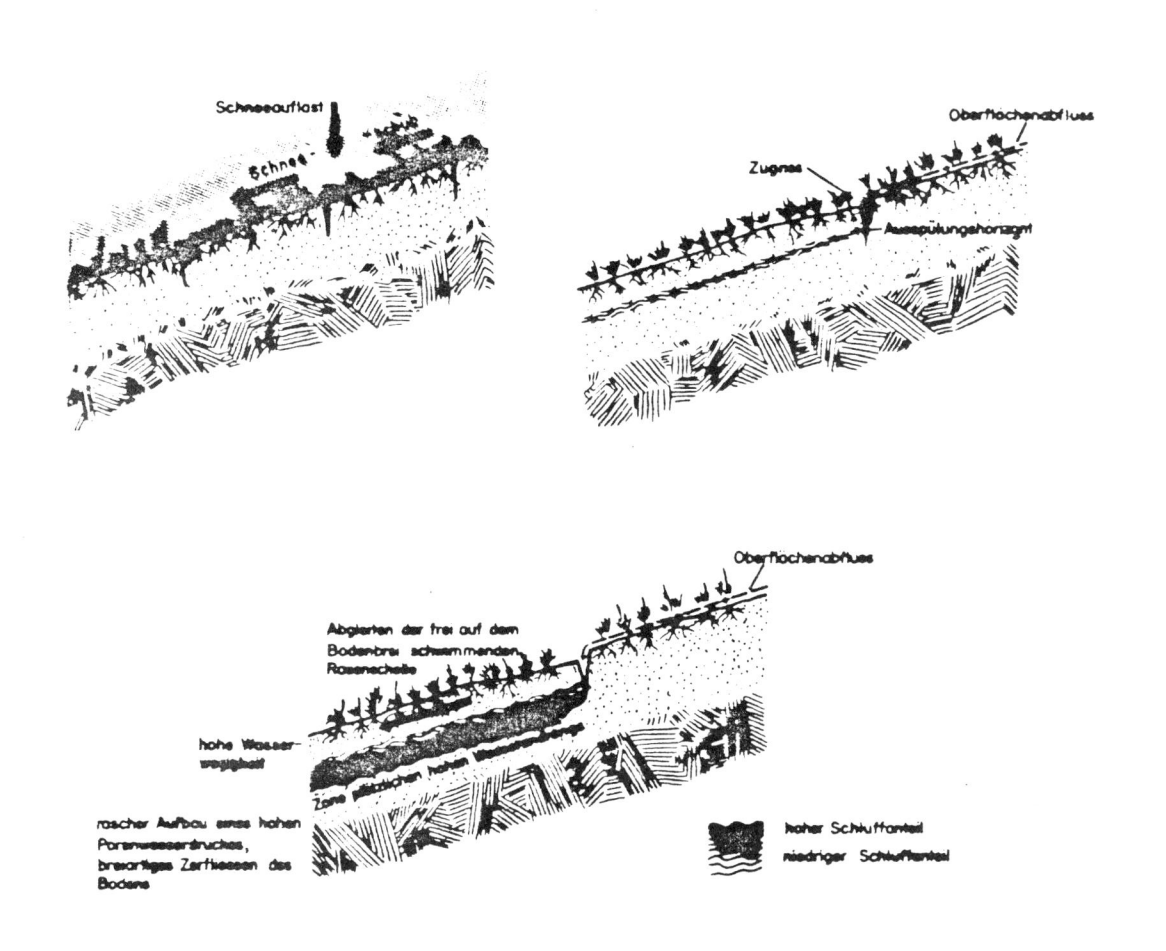

Abb. 66.   Die Bildung von Blaiken als Folge von Schneeauflast
           und Schneekriechen (nach SCHAUER 1975:17)

Diese Untersuchungen nahm SCHAUER in den Allgaeuer Alpen in
Hoehenlagen zwischen 1200 m.u.M. und 2200 m.u.M. vor. Wegen
der davon voellig unterschiedlichen Geologie und der groesseren Hoehenlage im Raum Davos koennen seine Ergebnisse nicht
ohne weiteres uebernommen werden.

Da wir unseres Erachtens ueber diesen Prozess der
Blaikenbildung noch zu wenig wissen, haben wir darauf ver-

zichtet, potentiell gefaehrdete Gebiete auszuscheiden und uns auf die moeglichst genaue Erhebung der vorhandenen Bloessen konzentriert. Diese sind direkt im Feld aufgenommen und auf den Orthofotos 1:10 000 eingetragen worden (vgl. Kap. "Das Beispiel aus dem MAB-Testgebiet Davos" auf S. 139).

Ueber die Verbreitung dieser Blaiken im Raum Davos gibt Kap. "Die Gefahrenhinweiskarte MAB-Davos" auf S. 147 Auskunft.

Diesen Fragen zum Problemkreis der Blaikenbildung muss in kuenftigen Arbeiten unbedingt noch nachgegangen werden, denn diese Probleme sind akut und zum Beispiel schon im Grossen Rat des Kantons Graubuenden diskutiert worden (NZZ, 1982:4).[7]

---

[7] Kleine Notiz in der NZZ Nr. 123. vom 1.6.1982, S.4.

III. PRAKTISCHE BEISPIELE UND ERGEBNISSE DER GEFAHRENKARTIERUNGEN

5.0 PRAKTISCHE KARTIERUNGSBEISPIELE AUS DEM BERNER OBERLAND UND DER LANDSCHAFT DAVOS

Im folgenden stellen wir die Kartierungsbeispiele aus dem Berner Oberland und dem MAB-Testgebiet Davos vor.

Dabei geht es vor allem darum, Charakteristisches hervorzuheben und auf Besonderheiten hinzuweisen, wobei die Besprechung der Gefahrenarten in der Rangfolge ihrer Bedeutung fuer den betreffenden Raum vorgenommen wird.

Die Protokolle zu den **Gefahrenhinweiskarten des Berner Oberlandes** haben wir mit den Karten zusammengestellt (in dieser Publikation ist aber nur ein Ausschnitt beigelegt). In diesen Protokollen sind besondere Faelle gutachtlicher Beurteilung erlaeutert und Quellenangaben vermerkt. Es wird aber auch auf besonders gefaehrliche Situationen aufmerksam gemacht, da wir in der Gefahrenhinweiskarte selbst keine Stufung der Gefaehrlichkeit eingetragen haben. Erst Karte und Protokoll zusammen bilden dementsprechend das Resultat der Gefahrenbeurteilung im Berner Oberland (vgl. Kap. "Vorgehen" auf S. 23). Da diese Protokolle ausfuehrlich genug sind, haben wir die Kommentare zu den Gefahrenhinweiskarten des Berner Oberlandes (Kap. "Gefahrenhinweiskarten Berner Oberland" auf S. 108) kuerzer gefasst als die Erlaeuterungen zu den Untersuchungen im Testgebiet MAB-Davos, wo solche Protokolle fehlen (vgl. unten).

Bei der **Gefahrenkartierung** fuer das Forschungsprojekt MAB-**Davos** sind die Resultate Rasterkarten im 50m x 50 m -Raster, die in einer Datenverarbeitungsanlage gespeichert werden, um mit den Ergebnissen der anderen beteiligten Wissenschaftsdisziplinen bearbeitet zu werden. Diese Rastergefahrenhinweiskarten stehen also fuer sich allein, da keine Erlaeuterungen mitgespeichert werden koennen. Deshalb geben wir in Kap. "Die Gefahrenhinweiskarte MAB-Davos" auf S. 147 einen etwas ausfuehrlicheren Kommentar.

5.1 DIE BEISPIELE AUS DEM BERNER OBERLAND

5.1.1 Der Raum des Berner Oberlandes

Abb. 67 auf S. 104 gibt uns einen Ueberblick ueber die Lage der Untersuchungsgebiete im Berner Oberland:

1. ganz im Osten das Gadmental
2. das Gebiet am rechten Brienzerseeufer
3. Schwendi bei Habkern
4. im Tal der Luetschine: Guendlischwand-Luetschental
5.   Itramen-Waergistal
6.   Lauterbrunnen-Wengen
7. das Engstligental (linke Talseite)

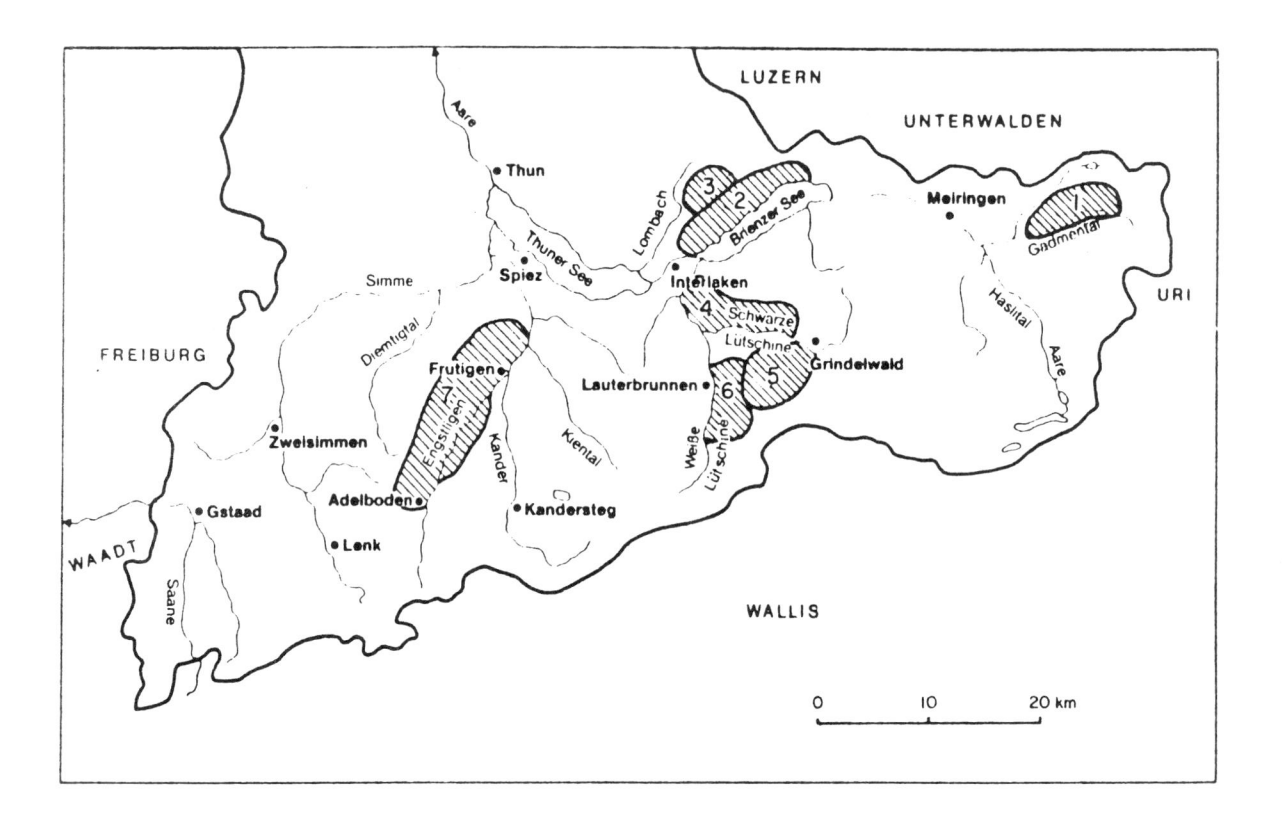

Abb. 67. Ueberblickskarte des Berner Oberlandes mit den Untersuchungsgebieten
1) Gadmen
2) Brienzergrat
3) Schwendi
4) Guendlischwand
5) Itramen
6) Lauterbrunnen
7) Engstligen

Die Wahl dieser Untersuchungsgebiete war durch die Beduerfnisse der Forstinspektion Oberland vorgegeben. Sie repraesentieren jedoch recht gut die vielfaeltigen, regionalen Unterschiede im Berner Oberland, nicht zuletzt, weil alle wichtigen geologischen Einheiten vertreten sind (vgl. Abb. 68 auf S. 105).

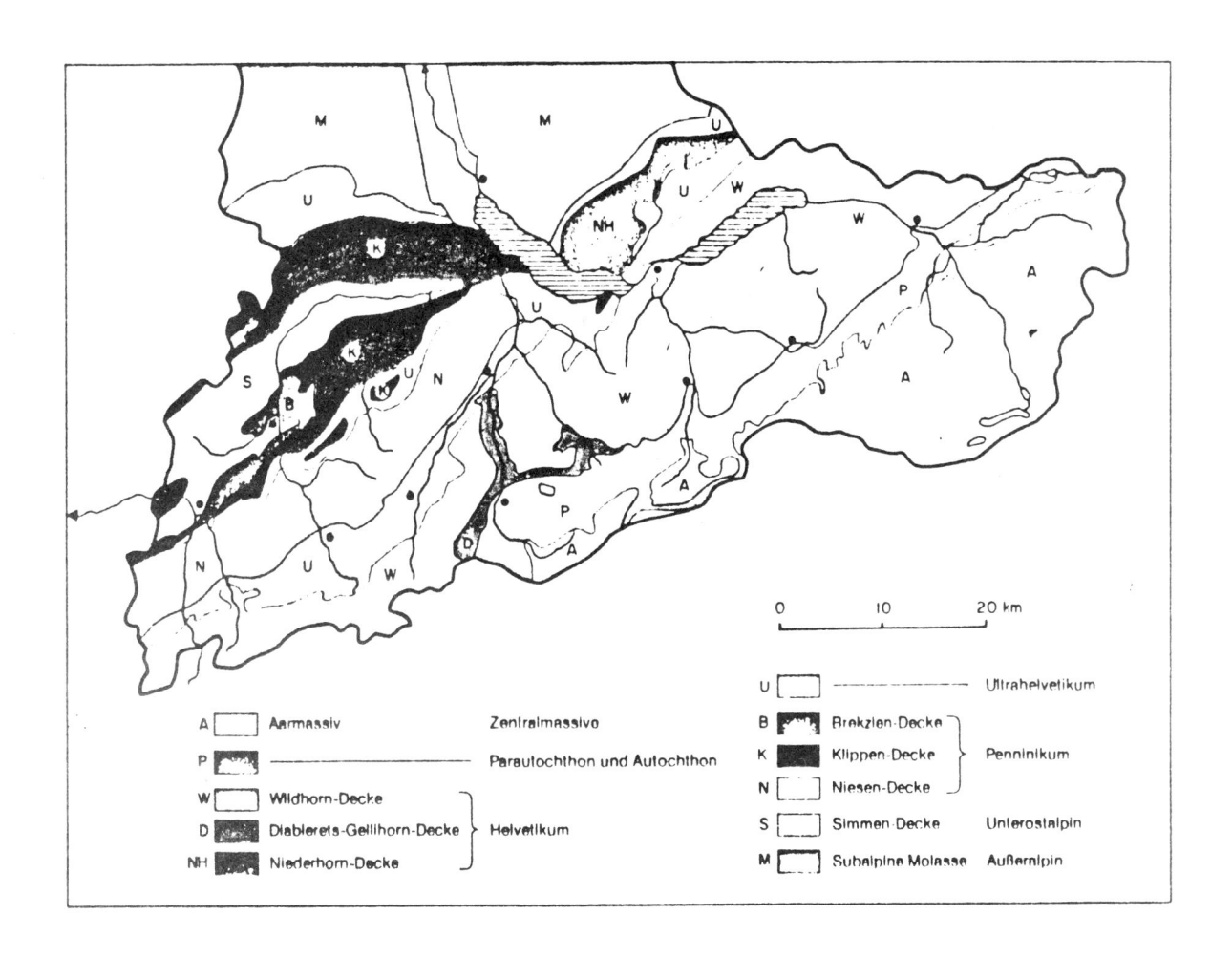

Abb. 68. Tektonische Uebersicht des Berner Oberlandes (nach ZBAEREN 1981:21)

Der Raum von Gadmen gehoert zur innersten tektonischen Einheit, zum Aarmassiv. Itramen und Wengen liegen teils noch im angrenzenden Parautochthon, zum Teil bereits in der helvetischen Wildhorndecke. Dazu gehoeren auch Guendlischwand und die Suedhaenge des Briezergrates, waehrend der Raum Schwendi-Habkern schon ins Ultrahelvetikum gestellt wird. Die Niesenkette (Gebiet Engstligen) wird von der Niesendecke aufgebaut, die dem Penninikum zugeordnet wird.

Der tiefste Punkt (570 m.u.M.) der Untersuchungsgebiete liegt an der Aare bei Interlaken - der hoechste nur 14 km suedoestlich davon mit 3790 m.u.M. auf dem Eigergipfel. Solche Hoehenunterschiede auf kurze Distanz und damit grosse Reliefenergien bewirken eine allgemein hohe Intensitaet der verschiedenen morphodynamischen und oft gefaehrlichen Prozesse.

Dabei sind von der Schnee- und Firnregion bis in den montanen Bereich saemtliche charakteristischen Hoehenstufen miteinbezogen.

Von den klimatischen Elementen sind fuer unsere Untersuchungen vor allem die Niederschalgsverhaeltnisse bestimmend. Dabei spielen die Jahressummen eine untergeordnete Rolle, entscheidender sind die Starkniederschlaege und die Schneeverhaeltnisse (vgl. Kap. "Wildbachgefahren" auf S. 71 und "Lawinengefahr" auf S. 85).

Tab. 7. Niederschlagsintensitaet verschiedener Stationen im Berner Oberland mit 100-jaehrlicher Wiederkehrperiode (Daten aus ZELLER et al. 1979)

Station	Hoehe u. Meer (m)	Niederschlags-intensitaet			Tages-summe (mm)
		30' (mm/h)	60' (mm/h)	1 Tag (mm/h)	
Gadmen	1190	90	57	6	144
Brienz	577	105	63	6	144
Interlaken	580	100	60	5,5	132
Beatenberg	1170	95	58	5,5	132
Grindelwald	1040	110	70	5,2	125
Lauterbrunnen	818	94	55	5	120
Adelboden	1355	68	42	4,8	115
Frutigen	890	52	33	4	96

Wie die Aufstellung der Niederschlagsintensitaet zeigt, liegen die Werte der nach Westen geoeffneten Stationen im Berner Oberland Ost (Gadmen, Brienz, Interlaken, Beatenberg, Grindelwald und Lauterbrunnen) deutlich ueber denjenigen im Engstligental (Adelboden, Frutigen), die gegen die Regenbringenden Winde von Westen gut geschuetzt sind.

In Lauterbrunnen kommt die Leelage gegen die Westwinde erst im 1-Tages-Niederschlag zum Ausdruck, waehrend bei der kurzen, 30-minuetigen Niederschlagsdauer (meist Gewitter) wohl die Lage am Fusse der Viertausender entscheidend ist. Das gilt erst recht fuer den nach Westen geoeffneten Kessel von Grindelwald mit dem 30-minuetigen Maximum. Zudem wird hier die Nord-Flanke des Talkessels mit First und Schwarzhorn wesentlich zur Entwicklung einer Gewitterthermik beitragen (vgl. auch FELBER 1982).

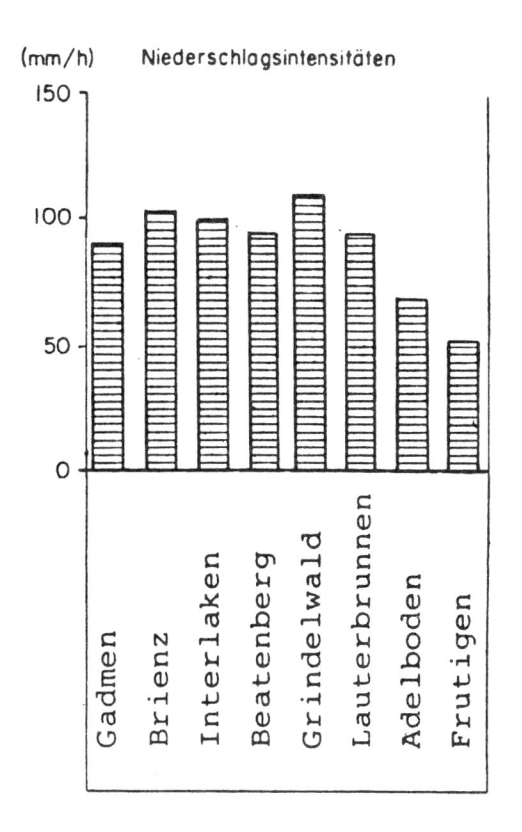

Abb. 69. Niederschalgsintensitaeten bei 30-minuetiger Dauer und 100-jaehrlicher Wiederkehrdauer im Berner Oberland (Daten aus ZELLER et al. 1979)

Dazu ist allerdings noch zu bemerken, dass die extremen Gewitter mit den ausserordentlich hohen Niederschlagsintensitaeten meist an eine Gewitterfront gebunden sind und selten rein thermischen Ursprung haben. Dies wird meines Erachtens durch die vorliegenden Niederschlagsintensitaetswerte und die topographische Lage der entsprechenden Stationen bestaetigt (Fronten wandern aus westlicher in oestlicher Richtung).

Ueber die Gewitterhaeufigkeit im Berner Oberland gibt uns die Karte Abb. 70 auf S. 108 Auskunft.

Zur Verwendung der Niederschlagsintensitaetswerte zur Bestimmung der Hoechsthochwasser vgl. Kap. "Die Indikatoren" auf S. 32.

AULITZKY (1973 b:115) weist noch darauf hin, dass 1-Tages-Niederschlaege von 100 bis 150 mm, wie sie in diesem Raum auftreten (vgl. Tab. 7 auf S. 106), in der Regel noch unterhalb dem Wasserhaltevermoegen der obersten Bodenschicht liegen, so dass selten mit voellig uebersaettigten Boeden gerechnet werden muss.

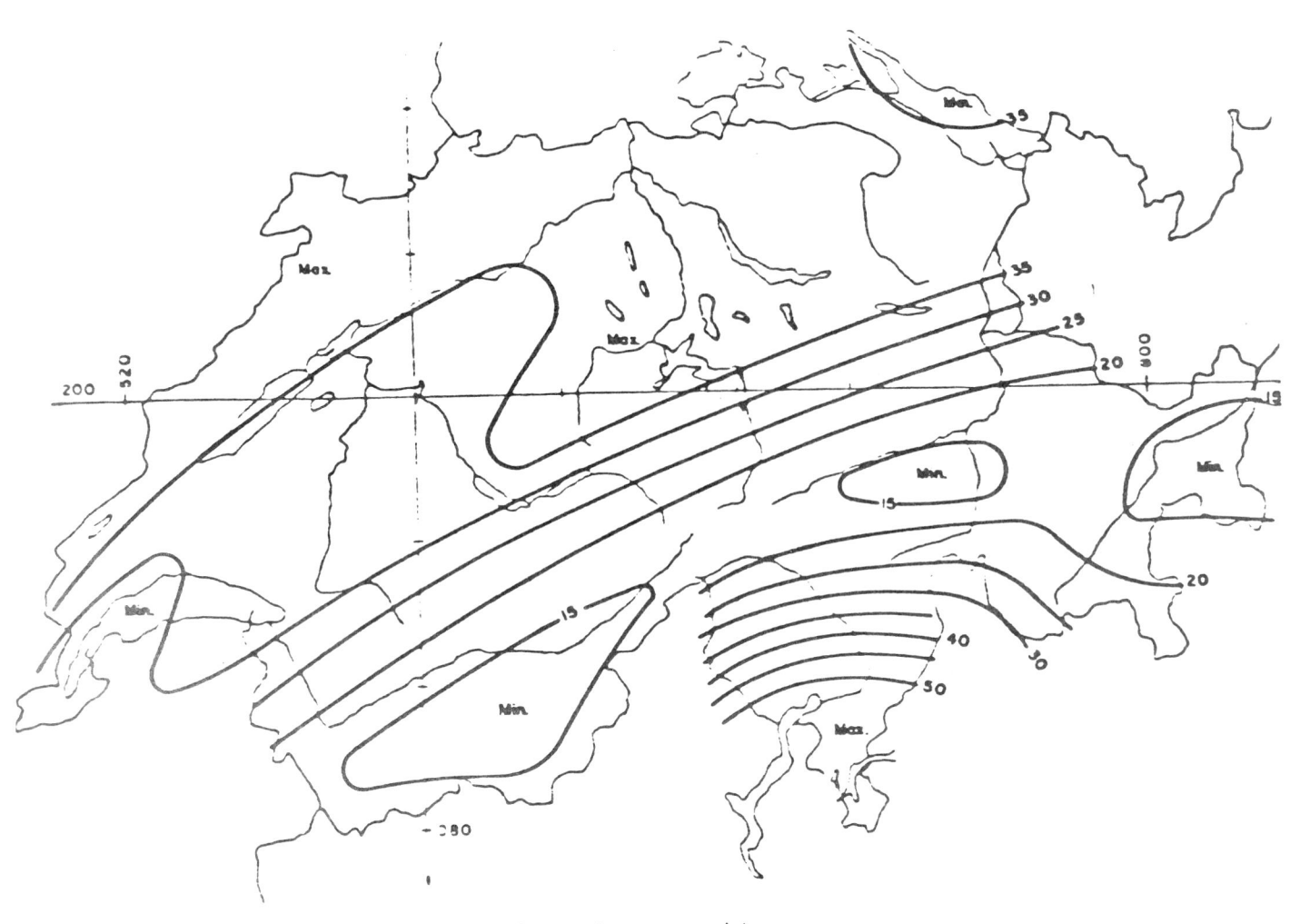

―――― 30 Anzahl der Tage mit Nah- und Ferngewittern pro Jahr,
im Mittel der Jahre 1901-1960

Gebiete mit regional höchster, resp. geringster Gewitterhäufigkeit
sind mit Maximum, resp. Minimum bezeichnet.

Abb. 70. Gewitterhaeufigkeit in der Schweiz (ATLAS DER
SCHWEIZ 1970:13)

5.1.2 Gefahrenhinweiskarten Berner Oberland

Es wuerde zu weit fuehren, jedes einzelne Gebiet im Detail
zu besprechen. Wir konzentrieren uns auf das Wesentliche und
verweisen im uebrigen auf die entsprechenden Protokolle.
Darin wird die Kartierung detailliert begruendet.

Wir gliedern den Kommentar zu den einzelnen Raeumen wie
folgt:

— Charakteristik des Raumes

— Rangierung und Besprechung der Gefahrenarten

GADMERTAL

Charakteristik

Das Sanierungsgebiet Gadmertal umfasst die steilen Nordflanken des Tales vom Treichigraben im Osten bis zur Gemeindegrenze westlich von Nesseltal im Suedwesten.

Das Tal ist eng und wird von den wuchtigen Kalkwaenden der Nord-Flanke (Malm des Parautochthons) ueberragt. Diese gipfeln in den Wendenstoecken auf 3000 m.u.M. und senken sich gegen Suedwesten auf 1500 m.u.M. (Ortflue) ab. Der untere Bereich der Talflanke und der Talboden selbst sind durch Gneise des Aarmassivs aufgebaut.

Die Talhaenge sind sehr steil (mittlere Hangneigung um 35°) und oft mit Gehaengeschutt bedeckt. Das Gebiet ist bewaldet und wird durch Bach- und Lawinenrunsen gegliedert. Auf Verflachungen oberhalb der Waldgrenze (um 1700 m.u.M.) liegen steinige Alpweiden.

Die schmale Talsohle bietet wenig Siedlungsraum und wird von der Sustenpassstrasse gepraegt.

Rangierung der Gefahrenarten

1. <u>Lawinengefahr</u>

    An die erste Stelle ist hier zweifellos die Lawinengefahr zu setzen. Die Einzugsgebiete der Lawinenzuege erstrecken sich haeufig durch die Runsen und Trichter der markanten Malmwaende bis an den Grat (Waechten!) hinauf. Der Wald im unteren Bereich der Talflanke ist von Lawinenschneisen und -runsen stark zerschnitten.

    Ein Verbau der Anrissgebiete ist praktisch unmoeglich, so dass ein Aufkommen von Jungwald oder eine Wiederaufforstung der Schneisen sehr erschwert sind.

    Betroffen von den Lawinen ist besonders die Strasse nach Gadmen, die deshalb im Winter auch von Zeit zu Zeit gesperrt werden muss. Die traditionellen Siedlungen sind an sicheren Standorten entstanden (vgl. Abb. 71 auf S. 110). Eine Ausweitung des Siedlungsraumes ist nur unter Inkaufnahme eines hoeheren Risikos moeglich oder erfordert technische Sicherungsmassnahmen.[8]

---

[8] Im Sommer 1983 wurde zum Schutze der neuen Haeuser entlang der Sustenstrasse in Gadmen ein Ablenkdamm fuer die "Horlaui"-Lawine errichtet (669 600/176 800).

Abb. 71. Luftbild Gadmen. Im Luftbild gut zu erkennen: die alte Siedlung meidet in einem Bogen den Bereich der Lawinengefahr (Aufnahme: Geogr. Institut der Universitaet Bern)

Da der Bereich des Talbodens von beiden Seiten her von Lawinen bedroht wird, ist eine wintersichere Zufahrt nach Gadmen praktisch nur mit Lawinengalerien zu gewaehrleisten.

Auch eine touristische Nutzung im Winter kann kaum ueber den jetzt praktizierten Rahmen hinaus (Langlauf, Schlittenhundesport) gesteigert werden. Ein Skilift oestlich von Obermad ist bereits im ersten Winter von einer Lawine zerstoert worden (vgl. Abb. 72 auf S. 113) (670 700/177 000). Dies dokumentiert die begrenzten Entwicklungsmoeglichkeiten in diesem engen Tal.

2. Sturzgefahr

An zweiter Stelle steht die Sturzgefahr. Die hohen und steilen Felswaende stellen eine permanente Steinschlaggefahr dar, die vor allem im Fruehjahr sehr aktiv ist. Die Strasse wird zum einen Teil von Wald geschuetzt. Zum andern sind verschiedentlich auch Fangzaeune errichtet

Sanierungsgebiet **Gadmertal** (Ausschnitt)

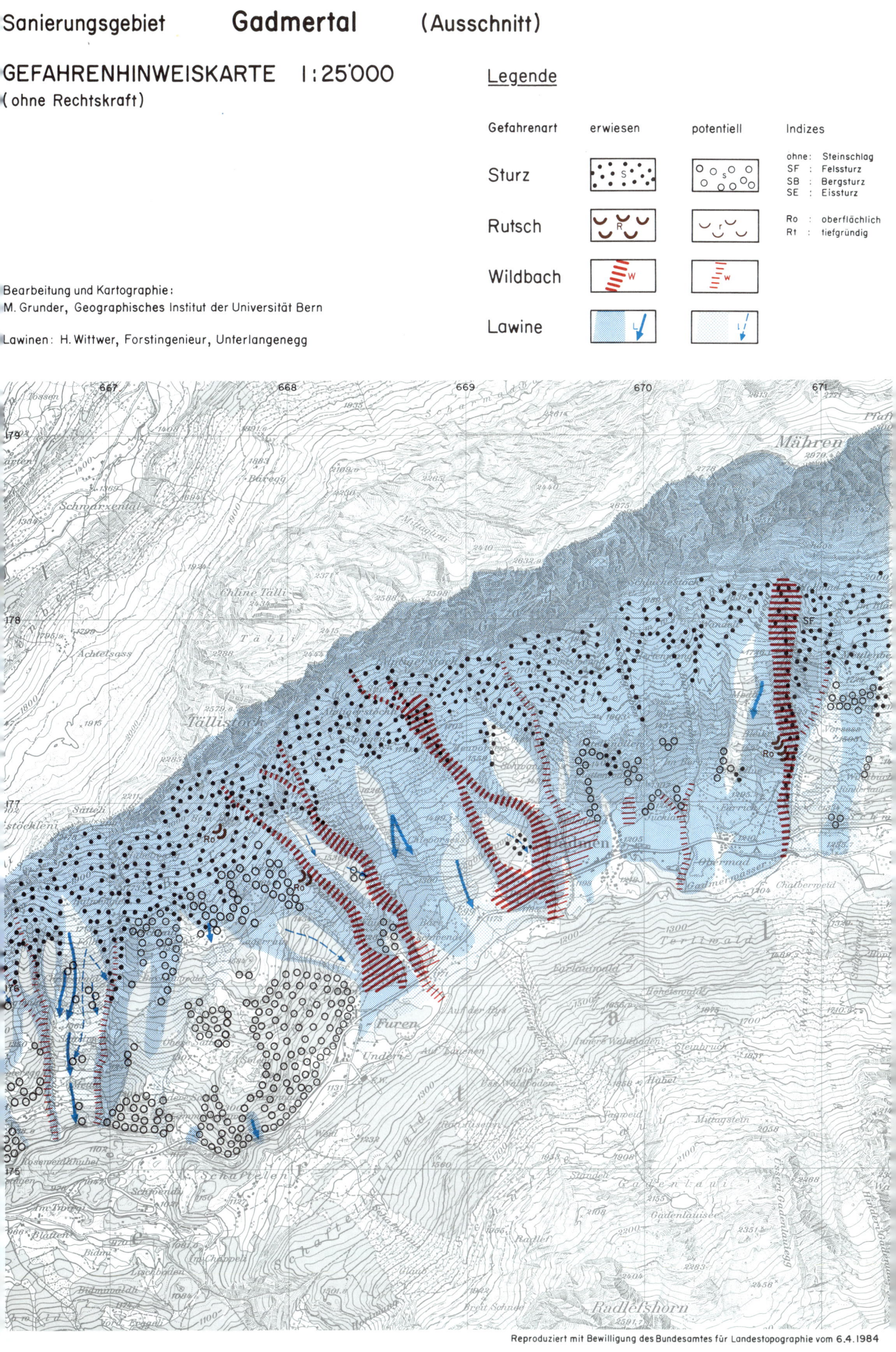

GEFAHRENHINWEISKARTE 1:25'000
(ohne Rechtskraft)

Legende

Gefahrenart	erwiesen	potentiell	Indizes
Sturz	S	o s o	ohne: Steinschlag SF : Felssturz SB : Bergsturz SE : Eissturz
Rutsch	R	r	Ro : oberflächlich Rt : tiefgründig
Wildbach	W	w	
Lawine	L	L	

Bearbeitung und Kartographie:
M. Grunder, Geographisches Institut der Universität Bern

Lawinen: H. Wittwer, Forstingenieur, Unterlangenegg

Reproduziert mit Bewilligung des Bundesamtes für Landestopographie vom 6.4.1984

Abb. 72. Der von einer Lawine zerstoerte Skilift bei Gadmen
dokumentiert die beschraenkten Entwicklungsmoeglichkeiten in diesem engen Tal

worden. Als dritte Moeglichkeit machen an verschiedenen
Stellen Signaltafeln auf die Gefahr aufmerksam.

Ganz speziell muessen wir noch auf einen drohenden
Felssturz hinweisen (vgl. Protokoll):
Ein Felskopf am Mettlenberg (670 900/177 950) aus
plattigen Kalken und Schiefern ist durch ein deutliches
Nackentaelchen und Zugrisse vom Hang abgesetzt. Eine
Bergzerreissung ist unverkennbar, ein kuenftiger
Felssturz an dieser Stelle nicht ausgeschlossen. Er
duerfte sich aber durch verstaerkten Steinschlag des
stark zerkluefteten Gesteins ankuenden. Die abstuerzenden Felsmassen (geschaetzte Kubatur ca. 5000 m^3)
wuerden dabei voraussichtlich in den Spreitgraben fallen,
dort zertruemmert und wahrscheinlich nur noch als Truem-
merstrom die Sustenstrasse erreichen. Gegen diesen moeglichen Felssturz kann man wenig unternehmen. Es bleibt
nichts anderes uebrig, als diesen Felskopf zu beobachten
und gegebenenfalls eine Sprengung oder zumindest eine
Sperrung der Strasse zu veranlassen. Bewohnte Haeuser
scheinen uns nicht gefaehrdet. Allerdings muss unseres
Erachtens damit gerechnet werden, dass die Strasse bei
einem eventuellen Absturz der gesamten Masse betroffen
wuerde.

3. Wildbachgefahr

Beruechtigte Wildbaeche dieses Tales sind die beiden
Baeche 'Innerer Flueligraben' und 'Sitegraben' (668

800/177 300). Am Inneren Flueligraben musste zum Schutze der bereits einmal verschuetteten Seilbahnstation ein Abweisdamm erstellt werden (668 750/176 100).

Erwaehnenswert ist auch der Spreitbach, wo bereits eine der neuen Beton-Sperren verkippt ist (sie koennte allerdings durch eine Fruehjahrslawine weggedrueckt worden sein). Unseres Erachtens stellt diese Sperre mit dem dahinter gestauten Geschiebe eine erhoehte Gefaehrdung dar die beseitigt werden muesste (670 800/177 100).

4. Rutschgefahr

Geologisch und morphologisch bedingt finden wir im Kartierungsgebiet Gadmen keine bedeutenden Rutschgebiete:

Die steilen Haenge weisen wenig Moraenenmaterial auf und bestehen oft aus gut durchlaessigem Gehaengeschutt ohne Feinmaterial.

Die Schichtung der autochthonen Sedimente ueber den Gneisen des Talgrundes faellt mit ca. 20° - 30° nach NNW ein, so dass eine Felsrutschgefahr infolge hangparalleler oder hangauswaertsfallender Schichtung entfaellt.

Auch morphologisch fehlen Hinweise auf fruehere Rutschereignisse. Wir koennen demnach die Rutschgefahr in diesem Raum als gering einstufen.

5. Zusammenfassung

Wie die alten Siedlungsstrukturen in diesem von beiden Seiten her von Naturgefahren bedrohten Tal zeigen, ist hier der Lebensraum stark beschraenkt.

Dabei spielen vor allem Lawinen eine bedeutende Rolle.

Bedingt durch die hohen Felswaende und das steile Relief ist die Sturzgefahr an zweiter Stelle zu nennen.

Die Einzugsgebiete der Wildbaeche sind relativ klein, so dass keine extremen Ereignisse zu erwarten sind. Trotzdem stellen einige der Wildbaeche eine gewisse Gefaehrdung dar, nicht zuletzt auch fuer die Strasse.

Geologisch guenstige Bedingungen lassen die Rutschgefahr als unbedeutend erscheinen.

BRIENZERSEE

Charakteristik

Das Sanierungsgebiet Brienzersee umfasst die Haenge zwischen dem Briezergrat (Kammlinie vom Briefenhorn (2100 m.u.M.) bis Harder (1300 m.u.M.)) und dem rechten Brienzerseeufer von Brienz bis Unterseen.

Diese ca. 15 km lange Flanke wird von ueber 40 Lawinenzuegen und z.T. tief eingeschnittenen Bachgraeben sehr stark gepraegt.

Die Hangneigung betraegt meist mehr als 30°. Die untere Hangparie ist mit Lockergesteinen bedeckt, vorwiegend Moraene, aber auch Gehaengeschutt, Bachschutt und Trockenschuttkegel.

Diese Baeche schuetteten vor allem in der Phase nach dem Gletscherrueckgang riesige Schuttfaecher auf. Derjenige von Oberried z.B. weist einen Radius von ueber 500 m auf. Diese etwas flacheren Gebiete stellen heute die landwirtschaftlichen Grundlagen dar oder sind zum Siedlungsstandort geworden. Die steileren Hangpartien sind bewaldet. Ueber dem Wald (oberhalb 1600 m.u.M.) finden sich Heumaeder und Alpweiden.

Rangierung der Gefahrenarten

1. <u>Wildbaeche</u>

    An erster Stelle sind hier die Wildbaeche zu nennen.

    Die Gewitterhaeufigkeit von durchschnittlich 30 Gewittern pro Jahr in dieser Region und die vergleichsweise hohe Niederschlagsintensitaet (105 mm/30') fuehrt zu erhoehter Disposition fuer Wildbachtaetigkeit (vgl. Kap. "Wildbachgefahren" auf S. 71).

    Dazu muss noch ergaenzt werden, dass das Auflassen von Heumaedern infolge des "Strohdacheffektes"[9] zu erhoehtem Oberflaechenabfluss fuehrt. Dazu geben die beiden Revierfoerster von Ringgenberg und Niederried Beispiele aus ihrem Arbeitsgebiet an (vgl. Protokoll).

---

[9] Das lange, ungeschnittene Gras wird bei Gewitterregen und Hagelschlag sofort umgelegt und leitet das Wasser wie ein Strohdach oberflaechig ab.

Von Ringgenberg bis Brienz haben viele dieser Wildbaeche bereits mehrmals die Staatsstrasse und oft auch die Bahnlinie ueberschuettet.

Zum Schutz der Staatsstrasse bei der Ueberquerung des Hirscherengrabens (640 700/176 800) bei Oberried wurde beispielsweise folgende Loesung getroffen: Mit einer einfachen Holzbruecke wird der Hirscherenbachgraben ueberbrueckt. Reisst nun ein Wildbach oder eine Lawine sie weg, werden automatisch entsprechende Signale an der Strasse eingeschaltet, die den Strassenverkehr stoppen. Auf diese Weise verhindert man einen Aufstau des Baches an der Bruecke und damit groesseren Schaden.

Gerade das Gegenteil ist etwas weiter oestlich beim Minachrigraben und beim Unterweidligraben der Fall, wo die zu kleinen Bachdurchlaesse an der Strasse zu Stauungen und Ueberfuehrungen der wichtigen Verkehrsverbindungen fuehren (641 250/177 450; 642 100/177 900).

Auf diese Problematik der Berechnung des Geschiebeanfalles (vgl. Kap. "Wildbachgefahren" auf S. 71) weisen die Erfahrungen der Wildbachverbauungen im Gebiet Bachtalen (643 550/178 450) hin, wo die neue Geschiebestausperre bereits in ihrem zweiten Jahr zerdrueckt worden ist (weil man offenbar die anfallende Geschiebemenge unterschaetzt hat.

Auch im Hellgraben (oestl. Teil der Bachtalen) liegen derart grosse Geschiebemengen bereit, dass selbst das neu erstellte Kies-Auffangbecken nicht zu gross dimensioniert erscheint.

Die Zunahme der Gefaehrlichkeit der Wildbaeche von Interlaken im Suedwesten bis Brienz im Nordosten laesst sich unseres Erachtens durch 3 Tatsachen begruenden:

a. durch Zunahme der Groesse der Einzugsgebiete von SW -> NE,

b. durch einen geringeren Waldanteil an der Flaeche des Einzugsgebietes von SW -> NE,

c. die Einzugsgebiete umfassen von SW -> NE vermehrt stark zerklueftete veraenderlich feste Gesteine (sandig-kalkige bis merglige Gesteine).

Eine Aufforstung dieser Einzugsgebiete ist wegen der Lawinentaetigkeit ohne entsprechende, aufwendige Verbauungen praktisch nicht moeglich.

Am Tanngrindel (643 600/180 250) ist der Aufwuchs im Schutze einer Lawinenanrissverbauung sehr erfolgreich, was sich an weiteren geschuetzten Stellen bestaetigt, die aufgelassen worden sind.

Die riesigen Flaechen, die hier am Brienzer- und Riedergrat aber verbaut werden muessten, lassen das Ganze doch eher als unrealistisch erscheinen.

2. Lawinengefahr

Die Lawinengefahr steht wiederum im nordoestlichen Teil den Wildbaechen kaum nach und bedroht ebenfalls Bahn und Strasse.

Die Einzugsgebiete der Lawinenzuege sind haeufig identisch mit denjenigen der entsprechenden Wildbaeche. Allerdings ist die Lawinengefahrenzone im Kegelbereich meist breiter als die Gefahrenzone des Wildbaches (vgl. den Hirscherenbachgraben bei Oberried).

Am Schreielberg (636 200/174 200) haben wir Lawinenspuren im Luftbild erkannt, die auf zwei nirgends verzeichnete Lawinenzuege hinweisen. Diese beiden Lawinen wurden vom Revierfoerster bestaetigt und sollten noch in den Lawinenkataster aufgenommen werden. Dieses Beispiel demonstriert eindruecklich die Tauglichkeit eines sorgfaeltigen Luftbildeinsatzes.

3. Sturzgefahr

Im Sanierungsgebiet Brienzersee ist die Sturzgefahr von geringerer Bedeutung als die Lawinen- und Wildbachgefahren.

Immerhin ist auf einige besonders gefaehrdete Stellen hinzuweisen:

Da ist als erstes die Kirchfluh bei Niederried zu nennen. Dieser Felskopf musste mit Beton abgestuetzt werden und wird seither jaehrlich eingemessen. Die Verschiebung waehrend der letzten 10 Jahre betraegt 17 mm. Die Stuetze hat eine Verlangsamung der Bewegung gebracht, kann sie aber wohl kaum ganz aufhalten.

Suedlich von Ebligen koennen zum Teil kubikmetergrosse Bloecke aus den Felskoepfen im Bolauigebiet (641 400/178 100), vor allem im Lindengraebli, bis auf die Staatsstrasse vordringen. Hier muesste unseres Erachtens noch naeher geprueft werden, ob Massnahmen (z.B. Auffangdaemme) zu ergreifen sind.

Das frueher oft von Steinschlag heimgesuchte Gebiet unterhalb des Grosswaldes (noerdlich Ebligen) ist heute durch einen ausserordeltlich dichten Jungwuchs (Buchen) geschuetzt. Hier gilt es, dem Umstand Rechnung zu tragen, dass die dadurch gegebene Schutzwirkung nur voruebergehend ist. Wir haben die Sturzsignatur deshalb in der Gefahrenhinweiskarte bewusst bis an den Waldrand gezogen.

4. Rutschgefahr

Die Rutschgefahr ist wenig bedeutend; am Tanngrindel (644 000/180 300) und auf der Rotschalp (643 000/180 300) scheinen sich langsame, tiefgruendige Rutschbewegungen abzuspielen. Die Vegetationsdecke bleibt weitgehend intakt. Diesen Gebieten muesste beim Weg- und Leitungsbau besondere Aufmerksamkeit zukommen. Besonders beim Hanganschnitt (Stuetze fehlt) ist Vorsicht geboten, aber auch wegen der Moeglichkeit, dass durch das Aufgraben vermehrt und rascher Wasser eindringen kann (vgl. Kap. "Rutschgefahr" auf S. 47).

5. Zusammenfassung

Die ausgepraegte Kammerung dieses Sanierungsgebietes Brienzersee, die steilen Haenge und die bedeutende Gewitterhaeufigkeit mit relativ hohen Niederschlagsintensitaeten fuehren zu haeufiger Wildbachtaetigkeit in diesem Raum. Davon ist vor allem die Staatsstrasse, seltener die Bahnlinie betroffen. Die Gefaehrlichkeit der Wildbaeche nimmt von Suedwesten nach Nordosten zu.

Die Lawinentaetigkeit steht den Wildbaechen kaum nach und bedroht vor allem im nordoestlichen Bereich ebenfalls Strasse und Bahn. Dabei sind die Lawinenzuege haeufig identisch mit den Wildbachgraeben.

Die Sturzgefahr ist besonders an drei Stellen akut, wobei in einem Fall auch die Staatsstrasse gefaehrdet ist. In den meisten anderen Faellen wirkt das Relief kanalisierend, so dass allfaellige Steinschlaege meist in den Bachgraeben auslaufen.

Die Rutschgefahr ist wenig bedeutend. An den wenigen kartierten Stellen sind meist langsame Rutschbewegungen im Gang, die an sich keine Schaeden verursachen. Vorsicht ist hier allerdings bei Eingriffen geboten.

Sanierungsgebiete **Schwendi (Habkern) / Brienzersee** (Ausschnitt)

GEFAHRENHINWEISKARTE 1:25'000
(ohne Rechtskraft)

Legende

Gefahrenart	erwiesen	potentiell	Indizes
Sturz	S	s	ohne: Steinschlag SF : Felssturz SB : Bergsturz SE : Eissturz
Rutsch	R	r	Ro : oberflächlich Rt : tiefgründig
Wildbach	W	w	
Lawine	↓	↓	

Bearbeitung und Kartographie:
M. Grunder, Geographisches Institut der Universität Bern

Lawinen: H. Wittwer, Forstingenieur, Unterlangenegg

Reproduziert mit Bewilligung des Bundesamtes für Landestopographie vom 6.4.1984

SCHWENDI (HABKERN)

Charakteristik

Dieses Sanierungsgebiet erstreckt sich entlang dem Lombach (1100 m.u.M.) von Schwendi bis zur Lombachalp und reicht zum Grat Rotefluh-Augstmatthorn (2100 m.u.M., Helvetikum). Jene steile Nordflanke des Grates zum Brienzersee steht im starken Kontrast zu den eher weichen Formen der Bodmisegg und Schwendi, die zur Flyschzone von Habkern gehoeren.

Mit Ausnahme der Augstmatthorn-Nordflanke sind die steileren Hangpartien bewaldet. Das uebrige Gebiet wird von mehr oder weniger coupiertem Weideland eingenommen.

Rangierung der Gefahrenarten

1. Rutschgefahr

   In grossen Teilen dieses Gebietes befinden wir uns in Flyschzonen. Oestlich des Lombaches ist es der Flysch der Augstmatthorndecke, westlich davon jener der Habkernzone. Beide weisen einen hohen Tonanteil auf, der rasch verwittert und zum Kriechen neigt. In diesen Gebieten sind ueberall langsame, talwaerts gerichtete Bewegungen (sogenannter Talzuschub) feststellbar. Namentlich die Gebiete Schwendi (633 500/175 000) - Schwendiallmi-Rotenschwand-Feldmoos (636 000/177 000) und auf der anderen Seite des Lombaches der Raum der Bodmisegg-Bodmi. Die Bewegung dieser Haenge ist an zahllosen Rutschbuckeln, an verstellten Scheunen und an der zum Teil zerrissenen Strasse zu erkennen. Der Revierfoerster bestaetigt, dass die Strasse vor allem wegen der Hangbewegung und nur zum kleinen Teil wegen der zu starken Belastung (Lastwagen) zerrissen ist.

   Teilweise treten kleinere, rascher ablaufende sekundaere Rutsche auf; dabei handelt es sich meist um Rotationsrutsche, also um Grundbrueche.

   Beurteilung: Dieser langsame, relativ tiefgruendige Talzuschub ist an sich kaum gefaehrlich; allerdings ist bei Eingriffen wie z.B. Baugruben, Wegbau, Wasserleitungsbau etc. besondere Vorsicht noetig, um das Ausbrechen groesserer Sekundaerrutsche zu vermeiden, die vor allem bei starker Durchnaessung zu erwarten sind.

2. Wildbaeche

   An zweiter Stelle muessen die zum Teil durch Rutsche bedingten Wildbaeche genannt werden. Dabei geht es weniger um die Ueberschuettungsgefahr in diesem Raum selbst, sondern vielmehr darum, dass hier Massenbewegungen in den

Lombach vorstossen (vgl. Abb. 50 auf S. 82) und damit
staendige Geschiebelieferanten darstellen, wobei auch
eine Vermurung nicht auszuschliessen ist. Zahlreiche
Uferanbrueche deuten auf die Erosionskraft des hier noch
jungen Lombaches (633 700/174 900) hin, der zu den gefuerchtetsten Wildbaechen des Berner Oberlandes zaehlt.
Die Verbauungen im Mittel- und Unterlauf bleiben jedoch
fragwuerdig, wenn das Einzugsgebiet nicht besser stabilisiert werden kann. Zudem ist das Augstmatthorn bei der
Bevoelkerung als Gewitterherd bekannt, wenn es auch nicht
moeglich ist, dies mit konkreten Messungen zu belegen.
Dazu kommt noch, dass sich ausgerechnet hier der Waldanteil mit seiner erhoehten Retention recht bescheiden
ausnimmt. All dies bedeutet eine hohe Disposition fuer
die Wildbachtaetigkeit, die allerdings in erster Linie
ausserhalb des Kartierungsgebietes wirksam wird.

3. Lawinengefahr

Die Bereiche mit Lawinengefahr beschraenken sich auf die
steilen Flanken des Schwendiwaldes und des
Augstmatthornes. Dabei wachsen die Schneisen im
Schwendiwald langsam wieder zu, dies besonders, seit
nicht mehr Ziegen in diesem Wald weiden (634 500/175
000).

4. Sturzgefahr

Die Steinschlaggefahr betrifft zur Hauptsache die
Steilhaenge der Suggiture und des Augstmatthornes und ist
durch entsprechenden Sturzschutt gekennzeichnet (636
600/177 000).

5. Zusammenfassung

Im Sanierungsgebiet Schwendi (Habkern), das ueberwiegend
aus Flysch aufgebaut ist, praegen langsame Rutschbewegungen das Relief.

In dieses destabilisierte Material frisst sich der
Lombach ein, der damit ein gewaltiges Geschiebepotential
anschneidet.

Lawinen- und Sturzgefahr sind in diesem Raum unbedeutend
und treten nur an der steilen Nordflanke des Riedergrates
(Rotflue-Augstmatthorn) auf.

GUENDLISCHWAND - LUETSCHENTAL

Charakteristik

Dieses Kartierungsgebiet umfasst die rechte Talseite der Schwarzen Luetschine von Burglauenen (900 m.u.M.) bis Gsteig bei Wilderswil (600 m.u.M.).

Die steilen, oft von Felsbaendern durchsetzten Talwaende sind weitgehend bewaldet und gehen nach einer rund 800 m hohen Steilstufe in etwas flachere Alpweiden ueber, die sich zum Teil in gestreckten Mulden bis auf ueber 2000 m.u.M. hinziehen.

Rangierung der Gefahrenarten

1. Wildbach

    Fast alle diese Bachgraeben sind murstossfaehig. Einige von ihnen haben bekanntlich schon die Bahngeleise ueberschuettet.

    Besonders hervorzuheben sind die beiden Baeche am engen Talausgang, naemlich der Rufigraben (633 700/166 300) und der Riedgraben (634 800/165 800). Beide entspringen im Gebiet der Schynigen Platte in veraenderlich festen Gesteinen des Dogger, welche stark zerklueftet sind (Quarzite, Sandsteine, sandige Kalke). In beiden Graeben finden sich in ihrem Oberlauf sehr alte, voellig hinterfuellte Trockenmauern, die zum Teil einen bedenklichen Zustand aufweisen; eine davon ist (vermutlich vom Schnee) bereits zerdrueckt. Dieses Geschiebepotential stellt eine erhebliche Gefaehrdung dar.

    Topographisch befinden wir uns am Eingang zum Talkessel von Grindelwald; die Niederschlagsintensitaet duerfte hier etwa gleich hoch sein wie in Grindelwald selbst (vgl. Tab. 7 auf S. 106) - das heisst, die Disposition fuer ein Katastrophenereignis dieser beiden Wildbaeche ist als hoch einzustufen. Dabei wuerde wohl auch die Bahnlinie in Mitleidenschaft gezogen.

    Die Strasse nach Grindelwald wird erst weiter taleinwaerts bedroht, naemlich vom Wengligraben (nach Guendlischwand), der als der gefaehrlichste der Gemeinde gilt (636 600/165 200).

    Am Loucherhorn faellt auf der Gefahrenhinweiskarte eine kurze, aber breite Bahn der Wildbachsignatur auf (637 600/167 800): Dabei handelt es sich um einen Sturzschuttkegel (eine sogenannte 'Risete'), der die Spuren von verschiedenen Murgaengen aufweist und deshalb, gemaess unseren Kriterien (vgl. Tab. 4 auf S. 79), auch

aufgenommen wird. Dies, obwohl hier eigentlich kaum ein
Schaden entsteht, da ja das Verlustpotential fehlt (vgl.
Kap. "Forschungsgegenstand und Begriffe" auf S. 1 und
"Allgemeine Anforderungen" auf S. 9). In Kap. "Zur
Risikobeurteilung" auf S. 193 kommen wir auf diese Problematik noch einmal zurueck.

2. Sturzgefahr

Bedingt durch die starke Klueftung und Verwitterungsanfaelligkeit der Gesteine in diesem Raum (Dogger: Quarzite, Sandsteine, sandige Kalke; Malm: vorwiegend Kalke) bilden sich am Fusse dieser Felswaende ausgedehnte Geroell- und Blockschutthalden. Hier duerfte im allgemeinen mehr oder weniger **staendig Steinschlag und Blocksturz** auftreten. Diese Aussage wird durch verschiedene Ereignisse unterstuetzt, die im Protokoll festgehalten sind.

Besondere Verhaeltnisse herrschen am Felskopf des Graetlitunnels (635 250/167 100), der sich seit den zwanziger Jahren um 4,5 m talwaerts verschoben hat. Die Bewegung wird staendig kontrolliert. Am Eisenbahntunnel waren aber bereits technische Massnahmen zur Wahrung der Betriebssicherheit erforderlich. Der Fussweg unterhalb des Felskopfes wird durch vermehrten Steinschlag gefaehrdet.

Ein allfaelliger Felssturz wuerde durch den Rufigraben (635 000/166 900) hinabstuerzen. Die Kubatur der potentiellen Sturzmasse ist schwer abzuschaetzen, weil die Gleitschicht noch nicht gefunden werden konnte. Somit faellt es schwer zu beurteilen, ob die Bahnlinie Interlaken-Zweiluetschinen von einem derartigen Absturz betroffen wuerde oder nicht. Haeuser sind bei dieser Sturzbahn jedenfalls keine gefaehrdet. Hingegen wuerde die Bahnlinie der Schynigen Platte zerstoert.

Wie weit die letztjaehrigen, umfassenden Sanierungsmassnahmen am Graetlitunnel die Bewegung des Felskopfes verlangsamen koennen, wird erst die Zukunft zeigen.

3. Lawinengefahr

Talauswaerts ist die Lawinengefahr ziemlich gering und beschraenkt sich in diesem gut bewaldeten Gebiet auf einige wenige Lawinenzuege. Dagegen ist der Raum Luetschental und Burglauenen von groesseren Lawinenzuegen betroffen. Allerdings sieht auch hier die alle Moeglichkeiten umfassende Kartierung wohl schlimmer aus, als die Wirklichkeit ist, da bei dieser Sued- und Suedost-Exposition sich wohl kaum alle Lawinenanrissgebiete gleichzeitig entladen werden (vgl. Kap. "Lawinengefahr" auf S. 85).

4. Rutschgefahr

Die verschiedenen kleinen Rutschgebiete weisen mehr oder weniger deutliche Rutschformen auf, wobei es sich durchwegs um offenbar langsame Bewegungen handelt.

Zwei Gebiete muessen hervorgehoben werden:

a. Aus den alten Sackungsmassen im Senggliwald (640 000/165 800) bei Luetschental ist ein Sekundaerrutsch ausgebrochen, der sich spaeter bei einem Gewitter zu einem Murgang entwickelt und die Staatsstrasse verschuettet hat. Dieses Gebiet wird jetzt verbaut. Wir moechten mit diesem Beispiel darauf hinweisen, dass es durchaus berechtigt ist, alte Rutsch- und Sackungsmassen in einer ersten Stufe der Beurteilung als potentiell rutschgefaehrdet zu qualifizieren.

b. Das zweite Gebiet liegt ganz am Ostrand unserer Kartierung (643 100/165 000). Es handelt sich dabei um ein offenbar altes ueberwachsenes Rutschgebiet, das aber noch stark durchnaesst erscheint. Es empfiehlt sich also eine Entwaesserung, um zu verhindern, dass eine erneute Rutschung den Schwendibach stauen koennte. Eine Vermurung des Schwendibaches wuerde die Strasse und die Eisenbahnlinie nach Grindelwald gefaehrden.

5. Zusammenfassung

Im Sanierungsgebiet Guendlischwand-Luetschental sind die meisten Baeche murstossfaehig; einige von ihnen haben in frueheren Ereignissen die Bahngeleise oder die Staatsstrasse verschuettet. Die schlimmsten Wildbaeche sind seit langem verbaut. Die alten Trockenmauern sind voellig hinterfuellt und oft in einem schlechten Zustand, was eine erhebliche Gefaehrdung bedeutet.

Die zahlreichen Felsbaender sind stark zerkluftet, so dass in diesen Gebieten mehr oder weniger staendig mit Steinschlag oder Blocksturz gerechnet werden muss.

Ein spezielles Problem stellen die Bewegungen des Felskopfes beim Graetlitunnel dar, wo langsame, aber anhaltende talwaertige Verschiebungen eine betraechtliche Felssturzgefahr verursachen.

Die Bedeutung der Lawinengefahr ist in diesem Raum sehr unterschiedlich. So ist sie beispielsweise von Guendlischwand aus talwaerts praktisch unbedeutend, in Burglauenen und Luetschental hingegen eine durchaus ernstzunehmende Bedrohung.

Die Rutschgefahr ist in diesem Gebiet unbedeutend und nur an zwei Stellen erwaehnenswert: in beiden Faellen handelt es sich um potentielle Sekundaerrutsche in alten Rutsch- bzw. Sackungsmassen. Ein solcher Sekundaerrutsch verschuettete schon die Strasse nach Grindelwald.

ITRAMEN - WAERGISTAL

Charakteristik

Dieses Kartierungsgebiet umfasst im wesentlichen den Ostabhang von Maennlichen (2300 m.u.M.) - Kleine Scheidegg (2000 m.u.M.) bis Grindelwald-Grund (900 m.u.M.).

Der Raum gliedert sich deutlich in zwei Teile: Die steile Fusszone des Eigers im suedlichen Abschnitt und noerdlich des Waergistalbaches die in weichen Formen zu Tal fuehrenden Ostabhaenge des Maennlichen, das Alp-, Wald- und Siedlungsgebiet Itramen. Das Gebiet wird vorwiegend von sogenannten Alénien-Schiefern aufgebaut. Dabei handelt es sich um tonige, schiefrige, aeusserst verwitterungsanfaellige Sedimente. Ein weiterer unguenstiger Faktor ist die schlechte Entwaesserbarkeit. Es sind deshalb in dem stark bewegten Relief auch ausserordentlich viele Vernaessungen feststellbar.

Das forstliche Sanierungsgebiet Itramen-Waergistal liegt auf dem Gebiet der Gemeinde Grindelwald und ist damit Bestandteil der 'kombinierten geomorphologischen Gefahrenkarte Grindelwald 1:10 000' von KIENHOLZ (1977). Diese Kart ist detaillierter und weist eine andere Gliederung auf als meine Gefahrenkarte. Es empfiehlt sich deshalb, auch die KIENHOLZ-Karte zu beachten. Um eine unité de doctrine mit den uebrigen Sanierungsgebieten des Berner Oberlandes zu erreichen, und gleichzeitig meine Kartierungsmethode zu testen, entschlossen wir uns, auch hier wie ueblich vorzugehen. Im allgemeinen ergab sich eine gute Uebereinstimmung der beiden Karten, aber bei der Beurteilung der Rutschgefahr entstanden doch deutliche Unterschiede: bei KIENHOLZ sind wesentlich groessere Areale unter Rutschgefahr ausgeschieden als bei mir. Das beruht zweifellos auf der Tatsache, dass ich vorwiegend mit dem Luftbild arbeitete, waehrend bei KIENHOLZ die Feldarbeit im Vordergrund stand.

Rangierung der Gefahrenarten

1. <u>Wildbaeche</u>

    Zu den geologisch unguenstigen Voraussetzungen kommen noch die recht hohen Niederschlagsintensitaeten (vgl. Kap. "Die Beispiele aus dem Berner Oberland" auf S. 104), so dass wir hier eine starke Wildbach-Disposition postulieren muessen.

    Zwei Wildbaeche aus diesem Gebiet gehoeren zu den schlimmsten von Grindelwald: der Waergistalbach (643 200/162 200) und der Mehlbaumbach (642 500/162 800). Sie sind tief in das tonige, wenig stabile Material eingefressen und durchfliessen damit ein grosses Geschiebepotential (vgl. Rutschgefahr).

2. Rutschgefahr

Nicht zuletzt auch wegen der zahllosen langsamen Rutsch- und Kriechbewegungen, die sie durchfliessen, sind die obgenannten Wildbaeche als gefaehrlich einzustufen.

Wir haben bereits bei der Gebietscharakterisierung auf die geologischen Verhaeltnisse hingewiesen.

Wo die Schichtung hangparallel verlaeuft, besteht zusaetzlich eine tiefgrundige Felsrutschgefahr. Wegen dieser unguenstigen Voraussetzung ist speziell das Gebiet des Mehlbaumgrabens als besonders instabil zu taxieren (642 500/162 800).

Bei den zahlreichen Rutschgebieten, die wir hier kartiert haben, handelt es sich zumeist um langsame Bewegungen, so dass die Vegetationsdecke im allgemeinen nicht zerstoert wird. Es sind aber praktisch ueberall rasch ablaufende Sekundaerrutsche moeglich. Insbesondere sind bei baulichen Eingriffen (Wegbau, Leitungsbau etc.) entsprechende Vorkehrungen erforderlich.

3. Lawinengefahr

Von Lawinen ist besonders der Fuss der Eigerwand betroffen, wobei fuer die Bahn Lawinengalerien erstellt worden sind.

Die Lawinengebiete am Tschuggen, welche die Skigebiete betreffen, werden vom Pistendienst ueberwacht und, wenn noetig, gesperrt oder die Lawinen kuenstlich ausgeloest (640 400/161 400).

4. Sturzgefahr

Hier ist der Wandfuss der Eigernordwand bis zum Hoernli (646 000/161 500) an der oestlichen Gebietsgrenze stark von Steinschlag betroffen. Dabei koennen in den Graeben einzelne Bloecke bis ueber die Bahnlinie hinaus vordringen.

5. Zusammenfassung

Das Sanierungsgebiet Itramen - Waergistal muessen wir zur Beurteilung zweiteilen: im suedlichen Teil die steile Fusszone des Eigers einerseits und andererseits die in weichen Formen abfallenden Osthaenge des Maennlichen noerdlich des Waergistalbaches.

In der Fusszone des Eigers dominiert zweifellos die Lawinen- und Steinschlaggefahr, was die zahlreichen Schutzbauten der Bahn bestaetigen.

Im noerdlich anschliessenden Gebiet stellen die Wildbaeche die groesste Bedrohung dar, denn die ausgedehnten Rutschmassen, die die Baeche durchfliessen, bilden ein gefaehrliches Geschiebepotential.

Die Rutsche selbst sind meist tiefgruendig und langsam, so dass die Vegetationsdecke nur selten durch die Bewegung aufgerissen wird. Es ist jedoch praktisch ueberall mit rasch ablaufenden Sekundaerrutschen zu rechnen.

LAUTERBRUNNEN - WENGEN

Charakteristik

Das Sanierungsgebiet Lauterbrunnen-Wengen umfasst im wesentlichen die Steilstufe zwischen den beiden Ortschaften Lauterbrunnen (800 m.u.M.) und Wengen (1300 m.u.M.).

In der Laengsrichtung erstreckt sich das Kartierungsgebiet von der noerdlichen Gemeindegrenze von Wengen bis zum Truemmelbach im Sueden.

Als Ergaenzung wurde noch die Lawinensituation von der Lauberhorn-Maennlichen-Flanke miteinbezogen, weil davon der Ortskern von Wengen betroffen ist.

Die rund 400 m hohe, bewaldete Steilsutfe wird durch einen markanten Felsriegel aus Hochgebirgskalken (Malm) betont. Wengen selbst liegt auf der darueberliegenden Trogschulter, das Dorf Lauterbrunnen im Tal, auf einer durch postglaziale Bergstuerze aufgeschuetteten Talstufe.

Rangierung der Gefahrenarten

1. Lawinengefahr

    Hauptsaechlich wegen der Lawinen vom Maennlichen herunter, die bis nach Wengen hinein reichen (637 000/ 161 700), muessen wir hier die Lawinengefahr an erster Stelle nennen (vgl. SCHWARZ 1980).

    Im urspruenglichen Projektperimeter (vgl. oben) treten keine Lawinen auf.

2. Wildbaeche

    Die Disposition fuer Wildbachtaetigkeit ist hier sowohl von der Geologie (massige Kalke des Malm) als auch vom Niederschlagsgeschehen her (vgl. Kap. "Der Raum des Berner Oberlandes" auf S. 104) geringer als in Grindelwald.

    Beachtung sollte dem Ribibach (636 400/160 750) geschenkt werden: Er fliesst teilweise durch maechtiges Moraenenmaterial, das ein erhebliches Geschiebepotential darstellt.

3. Rutschgefahr

    Die Gebiete mit Rutschgefahr haben sehr oft eine geringe Ausdehnung, und es ist auch nur mit relativ geringem Wirkungsbereich zu rechnen. Die Bewegungen scheinen

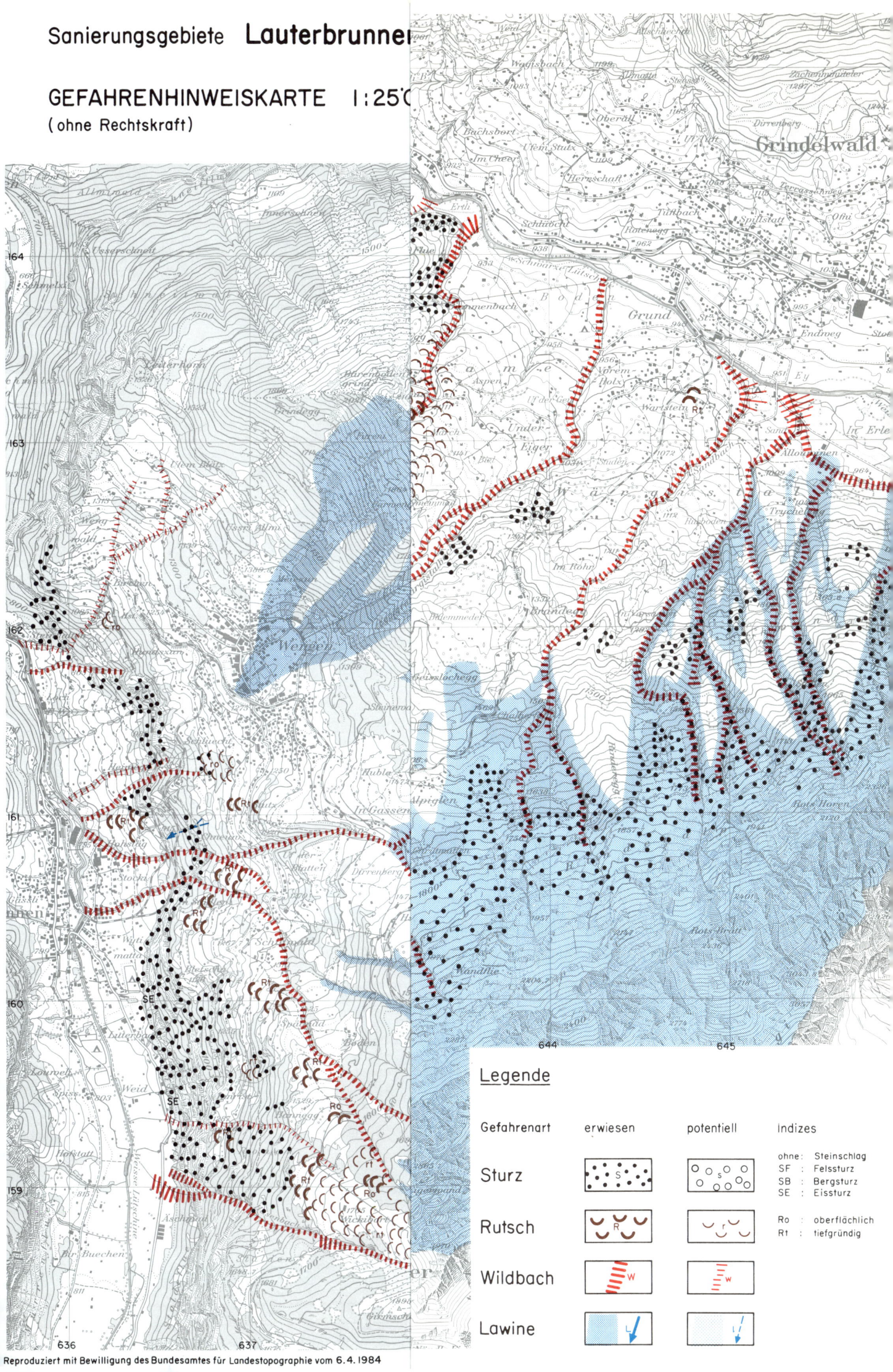

Sanierungsgebiete **Lauterbrunnen**

GEFAHRENHINWEISKARTE 1:25'000
(ohne Rechtskraft)

Legende

Gefahrenart	erwiesen	potentiell	Indizes
Sturz	S	S	ohne: Steinschlag SF: Felssturz SB: Bergsturz SE: Eissturz
Rutsch	R	r	Ro: oberflächlich Rt: tiefgründig
Wildbach	W	w	
Lawine			

Reproduziert mit Bewilligung des Bundesamtes für Landestopographie vom 6.4.1984

langsam, sind aber offenbar relativ tiefgruendig. Bei Extremereignissen ist mit rasch ablaufenden Sekundaerrutschen zu rechnen. Deshalb setzen wir die Rutschgefahr an dritter Stelle.

4. Sturzgefahr

Unterhalb von Felswaenden ist ueberall gelegentlicher Steinschlag zu befuerchten. Am Talausgang, bei Steinhalten, tritt Blocksturz auf, wobei die recht grossen Malmbloecke bisher durch den Wald und zum Teil durch einen Graben aufgehalten wurden.

5. Zusammenfassung

Im Sanierungsgebiet Lauterbrunnen-Wengen wird der Siedlungsraum von Wengen vor allem durch Lawinenzuege aus der Maennlichen-Westwand bedroht, waehrend die uebrigen Naturgefahren im Projektperimeter nur lokal begrenzt von Bedeutung sind.

ENGSTLIGENTAL

Charakteristik

Das Sanierungsgebiet Engstligental reicht auf der linken Talseite von Adelboden bis zum Niesen. Die suedliche Begrenzung folgt dem Allebach und Gilsbach, die oestliche bis zur Spittelbruegg der Engstligen; von dort weg verlaeuft die Ostgrenze auf der rechten Talseite in ungefaehr 1300 m.u.M. entlang dem Achseten-Straesschen, um talauswaerts ab Reinisch (etwas oberhalb Frutigen) wieder der Engstligen bzw. Kander zu folgen.

Der Talboden senkt sich leicht von 1400 m.u.M. im Sueden auf 700 m.u.M. im Norden ab. Ebenso neigt sich die Kammlinie von 2700 m.u.M. (Gsuer) auf 2300 m.u.M. (Niesen).

Die linke Talflanke ist ausserordentlich markant durch Kare, Rippen und Bachgraeben gekammert.

Die unterste Steilstufe der Talflanke ist bewaldet. Die Waelder ziehen meist noch in die Graeben der Seitenbaeche hinauf, waehrend die Rippen und Kare in der Regel als ausgedehnte Weideflaechen genutzt werden.

Tektonisch gehoert dieses Gebiet zur Niesendecke (Penninikum) (vgl. Kap. "Der Raum des Berner Oberlandes" auf S. 104). Lithologisch besteht die Niesendecke aus Flyschgesteinen, d.h. aus wechsellagernden Kalk-Sandsteinen und sandig bis merglig-tonigen Schiefern. Aber auch Kalke und Konglomerate kommen vor. Diese Gesteine sind stark zerklueftet und ausserordenlich verwitterungsanfaellig. Zudem werden in Flyschgebieten oft Hakenwurf und Sackungen beobachtet. Wegen ihrer tonigen Zusammensetzung sind die Verwitterungsprodukte im allgemeinen schlecht durchlaessig. Die Schichtung faellt mehr oder weniger hangeinwaerts (30° - 45° gegen WNW). Trotz dieser an sich guenstigen Schichtung muss wegen des Hakenwerfens und der haeufigen Sackungen generell von unguenstigen Voraussetzungen fuer die Stabilitaet der Haenge gesprochen werden. Die Hangstabilitaet wird noch zusaetzlich durch die Tiefenerosion der Baeche buchstaeblich 'untergraben'.

Rangierung der Gefahrenarten

1. Wildbaeche und Rutschungen

    Aus obiger Charakerisierung laesst sich leicht ablesen, dass Wildbaeche und Rutschungen hier in engem Zusammenhang stehen.

Sanierungsgebiet **Frutigen** (Ausschnitt)

GEFAHRENHINWEISKARTE 1:25'000
(ohne Rechtskraft)

Legende

Gefahrenart	erwiesen	potentiell	Indizes
Sturz	S	s	ohne: Steinschlag SF : Felssturz SB : Bergsturz SE : Eissturz
Rutsch	R	r	Ro : oberflächlich Rt : tiefgründig
Wildbach	W	w	
Lawine	L	l	

Bearbeitung und Kartographie:
M. Grunder, Geographisches Institut der Universität Bern

Lawinen: H. Wittwer, Forstingenieur, Unterlangenegg

Reproduziert mit Bewilligung des Bundesamtes für Landestopographie vom 6.4.1984

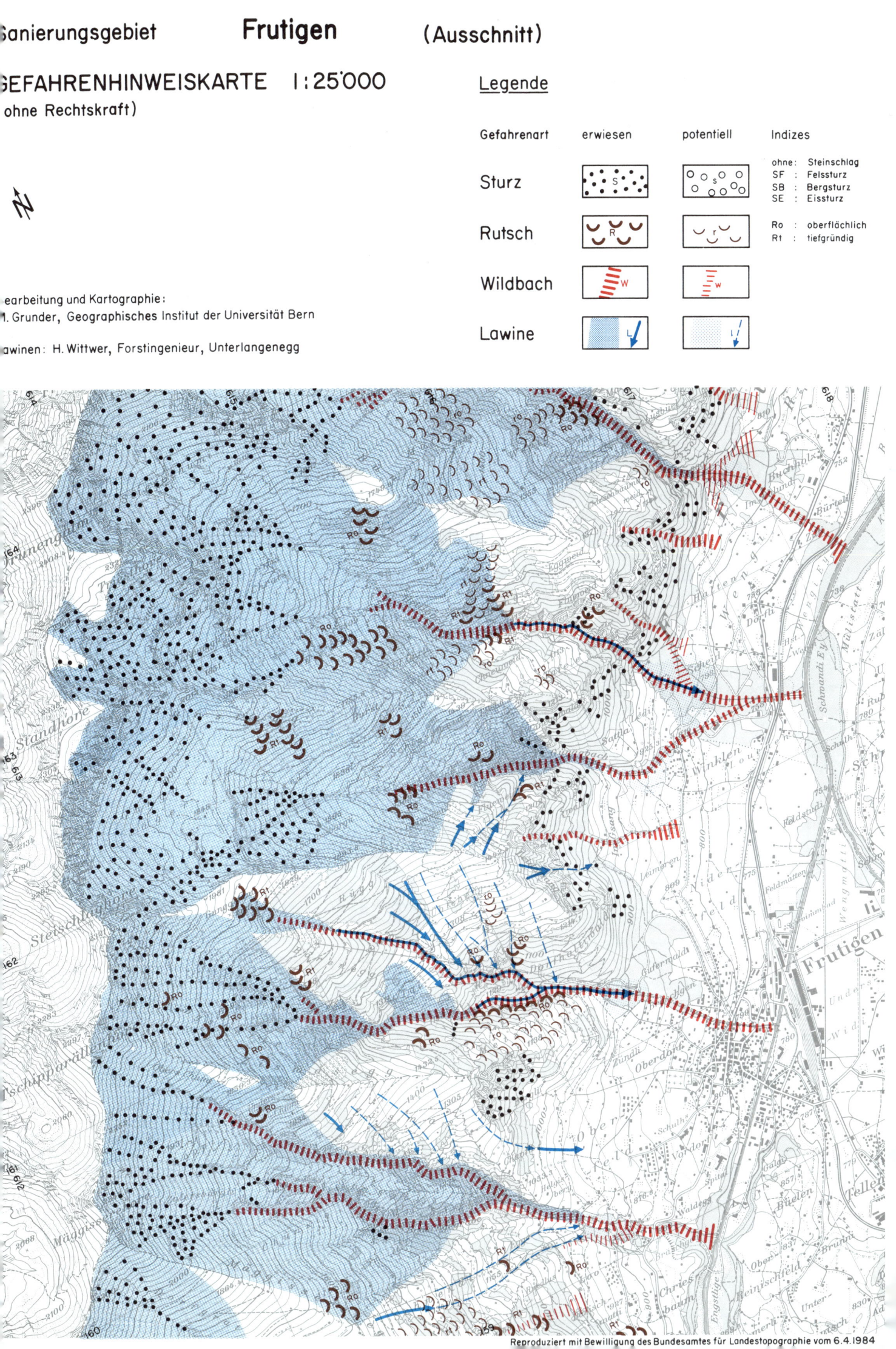

39 Bbräschgegrabe (615400/158850): schlimmer Wildbach mit viel Geschiebe, so dass die Engstligen gestaut werden kann (unbedingt beobachten, gegebenenfalls wegbaggern). Es besteht bereits ein Verbauungsprojekt für diesen Bräschgegraben (Aussagen Revierförster).

40 Chumigraben (614000/160000): im Winter 80/81 ist beidseits des Grabens bis 120-jähriges Holz weggefegt worden. Die Lawine reichte bis auf ca. 940 müM hinunter (Aussage Revierförster).

41 Bergliflue (614600/160800): Steinschlag vor allem im Frühjahr oder nach Gewittern; im obersten Drittel der Felswand liegen verschiedene Wasseraustrittstellen. Unterhalb der Felswand treten gelegentlich unbedeutende Schneerutsche auf (614670/160170) (Aussagen Revierförster).

42 Steinschlaghorn S-Flanke (Planquadrat 613/161): im Frühjahr relativ heftiger Steinschlag (Aussage Revierförster).

43 Gunggstand (613800/161700): nach Schätzung des Revierförsters sind hier ca. 100'000 m^3 in Bewegung! Risse und Spalten sowie Setzungen greifen rückwärtserodierend um sich. Das Problem wird vom Revierförster beobachtet. Diese Rutschung erfordert auch besondere Aufmerksamkeit, liegt doch da ein enormes Geschiebepotential bereit, das bei ungünstigen Verhältnissen zu einem Murstoss führen könnte!

44 Bäregg (613900/161150): diese Rutschung hat teilweise Bäume zerrissen, ist heute aber verbaut (Aussage Revierförster).

45 Bystetten (613500/161000): dieser Hang ist stark von 'Sueggischnee' (Kriechschnee) betroffen. Dadurch werden überall kleine, oberflächliche Rutsche (sog. Blaiken) verursacht, so dass die Grasnarbe sukzessive zerstört wird. Der Revierförster schlägt als Gegenmassnahme die Bestossung dieses Raumes mit Schafen vor.

46 Rüegg, Leimbach (614600/161450): ab Kote 1530 müM lösen sich hier Schneerutsche, die dann aber in einen bekannten Lawinenzug einmünden (Aussage Revierförster).

47 Ueblenberg (615050/160750): dieser Rutsch wird vom Revierförster bestätigt.

48 Metzli (615000/160450): hier wurde der Hangfuss befestigt, trotzdem erfordert diese Uferstrecke immer wieder Kontrollen, damit nicht Holz in den Bach geschoben wird.

49 Leimbach (615600/160200): seit der Leimbach verbaut wurde, scheint er gezähmt. Aber wegen der drei Rutschgebiete (vgl. No. 43, 44, 48) gebührt ihm immer noch grössere Aufmerksamkeit.

50 Burst (615000/162200): dieser Rutsch greift rückwärtserodierend um sich, seine Tiefe variiert um 2m herum (Aussage Revierförster).

(Protokollausschnitt zur Gefahrenhinweiskarte 'Frutigen')

Zu den Niederschlaegen, als ausloesender Faktor fuer beide Prozesse, ist noch zu bemerken, dass die niederen Intensitaetswerte von Adelboden und Frutigen (vgl. Tab. 7 auf S. 106) gerade fuer Gewitter wohl etwas taeuschen duerften, indem hier die rund 4 km entfernte Gipfelregion mit ihren Gelaendekammern zweifellos hoehere Niederschlagsintensitaeten aufweist als die beiden im Lee leigenden Messstationen.

Die Einzugsgebiete weisen meist eine rundliche Form auf, was zu hohen Abflussspitzen fuehrt (vgl. Kap. "Wildbachgefahren" auf S. 71). Haeufig stossen Massenbewegungen in den Bach vor (wegen der Hangunterschneidung des Baches) und bilden so betraechtliche Geschiebeherde, ja es besteht in vielen Faellen eine ernsthafte Vermurungsgefahr. Dies ist insbesondere im Uelisgraben (608 600/149 200) bei Adelboden der Fall, wo eine ganze Waldpartie abrutscht. Hier sind technische Massnahmen aeusserst problematisch; es muesste wohl als erstes eine Beobachtung und ein Warnsystem das Schlimmste verhueten helfen.

Ansonsten bestehen im Engstligental selbst eher guenstige Bedingungen, weil die murstossfaehigen Baeche haeufig derart tief eingeschnitten sind und ferner die Strassenbruecken hoch genug sind, um allfaelligen Muren genuegend Platz zu bieten. Eine etwas andere Frage stellt sich fuer die Engstligen selbst: vermag sie entsprechenden Murschutt schadlos abzufuehren, oder wird dieser Vorfluter gestaut und zum Murgang? Diese Frage muesste wohl von Fall zu Fall entschieden werden und es waeren dann angemessene Massnahmen zu treffen. Dabei ist speziell auf den Braeschegraben (615 400/158 850) zu achten, weil hier der Zeltplatz von Frutigen in Mitleidenschaft gezogen werden koennte.

Unterhalb von Frutigen aendert die Situation, und wir finden ausgedehnte Schwemmkegel vor, die aber heute alle verbaut sind. Die Verbauung des Leimbaches (615 600/160 200) und die Aufforstung seines Einzugsgebietes sind bisher erfolgreich. Trotzdem besteht weiterhin eine latente Murstossgefahr, und zwar wegen des grossen Rutschgebietes Gunggstand (613 800/161 700), wo rund 100'000 m^3 (!) in Bewegung sind. Das Gebiet wird von den zustaendigen Forstorganen kontrolliert und es sind erste Massnahmen ergriffen worden.

2. Sturzgefahr

Die stark zerkluefteten und leicht verwitternden Gesteine des Niesenflysch haben an praktisch allen Felswaenden und Felskoepfen Steinschlag zur Folge. Dieser ist vor allem im Fruehjahr bei Frostaufbruch sehr rege und wird dann auch haeufig auf Wegen und Strassen wahrgenommen.

An zwei Stellen in Adelboden mussten Auffangdaemme errichtet werden ('Under der Flue' (608 700/148 600) und 'Tubeschopf' (609 050/149 400).

3. Lawinengefahr

Die ausgedehnten Lawineneinzugsgebieten muenden meist in verhaeltnismaessig tief eingeschnittene Bachgraeben, wo die Lawinen mehr oder weniger schadlos auslaufen.

Die Lawinengebiete ueber Adelboden sind zum Teil verbaut und weisen im uebrigen dank ihrer Suedost-Exposition eine relativ geringe Lawinendisposition auf (vgl. Kap. "Lawinengefahr" auf S. 85).

4. Zusammenfassung

Im Sanierungsgebiet Engstligen mit seinen unguenstigen geologischen Verhaeltnissen und seinem stark gegliederten Relief muessen wir die Wildbach- und Rutschgefahr ex aequeo an die erste Stelle setzen. Dabei ist zu beachten, dass sich diese beiden Prozesse speziell in diesem Raum an vielen Stellen direkt beeinflussen (Bach unterschneidet Rutschhang / in Bach vorstossender Rutsch kann Vermurung verursachen).

Die stark zerklueftetten und verwitterungsanfaelligen Gesteine in diesem Gebiet neigen ueberall zu Steinschlag. Davon sind besonders die Strassen, aber auch Siedlungen betroffen.

Die Lawinen werden durch die tiefen Bachgraeben kanalisiert und laufen dort meist schadlos aus. Eine Ausnahme bilden die vier Lawinenzuege bei Adelboden, die bei extremen Schneeverhaeltnissen das Dorf bedrohen (die Anrissgebiete sind bzw. werden z.T. verbaut).

5.2 DAS BEISPIEL AUS DEM MAB-TESTGEBIET DAVOS

5.2.1 Der Raum Davos, ein Ueberblick

Der Perimeter des MAB-Testgebietes umfasst mit rund 100 km² einen Teil der Gemeinde Davos:

— Das Gebiet Strela bis Parsenn mit starker touristischer Nutzung und

— das weitgehend noch in traditioneller Landwirtschaft genutzte Dischmatal (vgl. Kartenbeilage).

Topographie

Das Haupttal mit dem Siedlungsraum Davos-Dorf und Davos-Platz verlaeuft von NNE nach SSW. Noerdlich des Wolfgangpasses (1631 m.u.M.) wird es vom Stuetzbach Richtung Landquart entwaessert. In suedlicher Richtung fuehrt die Landwasser, die dem Tal den Namen gibt, das Wasser Richtung Albula ab. Die westliche Talflanke wir von einer Gipfelflur um 2600 m.u.M. gekroent, mit Choerbschhorn im Sueden, Schiahorn und Weissfluhjoch im Zentrum und Casanna und Gotschnagrat als noerdlicher Abschluss.

Das Dischma zieht von Davos-Dorf in suedoestlicher Richtung praktisch gradlinig bis zum Piz Grialetsch. Dieses gut 12 km lange Tal wird von einer Gipfelflur von rund 2500 bis 3000 m.u.M. umrahmt.

Zu diesen Gipfeln gehoert auch der hoechste Punkt des Untersuchungsgebietes, das Schwarzhorn mit 3147 m.u.M.

Die tiefsten Punkte des Perimeters bilden die Landwasser an der Suedgrenze im gleichnamigen Haupttal und die Station Davos-Laret der rhaetischen Bahn am noerdlichen Rand des Gebietes. Beide liegen, durch die Wasserscheide des Wolfgang getrennt, je auf 1520 m.u.M. Die betraechtlichen Hoehendifferenzen ueber kurze Distanz haben kraeftige Reliefenergien zur Folge, die in Verbindung mit der Witterung fuer relativ starke morphodynamische Aktivitaeten in diesem Raum verantwortlich sind.

Klima

Klimatologisch kann der Raum als gemaessigt zentralalpin oder kontinental angesprochen werden: Die Region weist verhaeltnismaessig wenig Niederschlag auf; Davos Platz (1561 m.u.M.) erhielt 1951-1960 pro Jahr im Durchschnitt 1037 mm, und im Weissfluhjoch (2540 m.u.M.) wurden in derselben Periode 1224 mm gemessen (ZINGG 1961).

Das Januarmittel der Temperaturen in Davos-Platz liegt bei
-7°C, das Julimittel bei +12°C, wobei die Extremwerte etwas
mehr aussagen: das mittlere Minimum im Januar liegt bei
-21°C, das mittlere Maximum im Juli bei +24°C. Die Anzahl der
Frosttage wird im Mittel mit 192 pro Jahr angegeben, diejenige der Eistage mit 60 (1931-1960). Dabei gilt es besonders
zu erwaehnen, dass in jedem Monat Frosttage auftreten koennen. Der haeufige Frostwechsel (132 Frostwechseltage) foerdert Verwitterung und Morphodynamik (vg. Abb. 5 auf S. 16).

Die entsprechenden Werte im Weissfluhjoch lauten: Januarmittel -9°C, das hoechste Monatsmittel liegt im August bei +5°C.
Die Anzahl der Frosttage wird mit 261 pro Jahr angegeben,
diejenige der Eistage mit 181, das ergibt noch 80 Frostwechseltage. Die Schatzalp, auf 1872 m.u.M. zwischen den
beiden Stationen gelegen, weist ein Januarmittel von -5°C
auf. Die Daten wurden mir von MOSER, H.R. in verdankenswerter
Weise zur Verfuegung gestellt; sie stammen aus den Jahren
1901-40/1901-60).

Tab. 8. Minimale und maximale Monatsmittel und Frostwechsel
in Davos-Platz und Weissfluhjoch

	Davos-Platz	Weissfluh-joch
Hoehe ueber Meer (m)	1561	2540
Mittelwerte: kaeltester Monat (Jan.) (°C)	- 7	- 9
waermster Monat (Jul., Aug.) (°C)	+12	+ 5
Frosttage	192	261
Eistage	60	181
Frostwechseltage	132	80

Das gegenueber dem 200 m tiefer liegenden Davos hoehere Januarmittel auf der Schatzalp fuehren wir auf haeufige Inver-
sionslagen zurueck. Das wuerde auch den ziemlich geringen
Unterschied im Januarmittel zwischen Davos-Platz und dem immerhin 1000 m hoeher gelegenen Weissfluhjochgebiet erklaeren.

Fuer uns sind teils wegen der Lawinengefahr und teils wegen
dem Einfluss der Schneeschmelze noch die Schneehoehen von
Interesse. Wir entnehmen sie einer Tabelle von WALDER
(1983:106) (vgl. Tab. 9 auf S. 141).
Ueber das Niederschlagsgeschehen, insbesondere ueber die
Starkregen, orientieren die beiden Intensitaets-Diagramme
von Davos-Platz und Weissfluhjoch (vgl. Abb. 70 auf S. 108).

Tab. 9. Mittlere monatliche Schneehoehe in m (aus WALDER 1983:106)

Station	Periode	Monatsmittel					extreme Mittel (größtes/kleinstes)			
		Dez.	Jan.	Febr.	März	April	Jan.	Febr.	März	April
Weiß-fluh-joch	1940–1970	96	138	178	201	211	–	–	–	–
	1950–1960	91	144	180	201	206	205/106	268/130	261/151	284/153
	1959/60	89	136	152	178	171	–	–	–	–
Davos	1940–1970		67	92	89		–	–	–	–
	1950–1960		72	91	89		112/49	144/58	134/57	–
	1959/60		71	74	75		–	–	–	–

Wie wir den beiden Diagrammen entnehmen koennen, sind die Niederschlags-Intensitaeten fuer 30' Dauer und hundertjaehriger Wiederkehrperiode mit 52 mm/h bzw. 48 mm/h fuer beide Stationen praktisch gleich. Es bestaetigt sich damit auch hier, dass fuer Starkregen (Gewitter) die in der Regel selten laenger als 30' dauern, kein Hoehengradient wirksam wird (vgl. Abb. 42 auf S. 69). Hingegen entsprechen die Stunden-Werte der allgemeinen Vorstellung des zunehmenden Niederschlags mit zunehmender Hoehe ueber Meer (Davos-Platz 24 mm/h, Weissfluhjoch 33 mm/h).

Wie wir in Tab. 7 auf S. 106 bereits gesehen haben, sind die entsprechenden Niederschalgswerte im Berner Oberland, mit Ausnahme von Adelboden und Frutigen, durchwegs bedeutend hoeher als hier im zentralalpinen Raum von Davos.

Die Karte der Gewitterhaeufigkeit (Abb. 70 auf S. 108) zeigt, dass wir im Raum Davos fuer schweizerische Verhaeltnisse mit 15 Gewittertagen pro Jahr eine minimale Gewitterhaeufigkeit vorfinden (vgl. 30 Gewittertage im Raum Engstligen, Berner Oberland).

Geologie Die Geologie in diesem Raum ist ausserordentlich vielseitig, treffen wir doch vom Dolomit bis zu ultrabasischem Serpentin die verschiedensten Gesteine an. Ebenso ist die Tektonik recht kompliziert, wobei hier die klassischen Einteilungen durch neuere Arbeiten z.T. in Frage gestellt werden (vgl. GIGER 1984, GRUNER 1979, PETERS 1963, STREIFF 1962 und TRUEMPY 1960 sowie die neuen Kartenaufnahmen von STRECKEISEN).

Die geologisch-tektonische Skizze von STRECKEISEN (1966) und die Profilskizze von GIGER (1984) geben einen guten Einblick in die geologischen Verhaeltnisse in unserem Raum (vgl. Abb. 75 auf S. 145 und Abb. 74 auf S. 143).

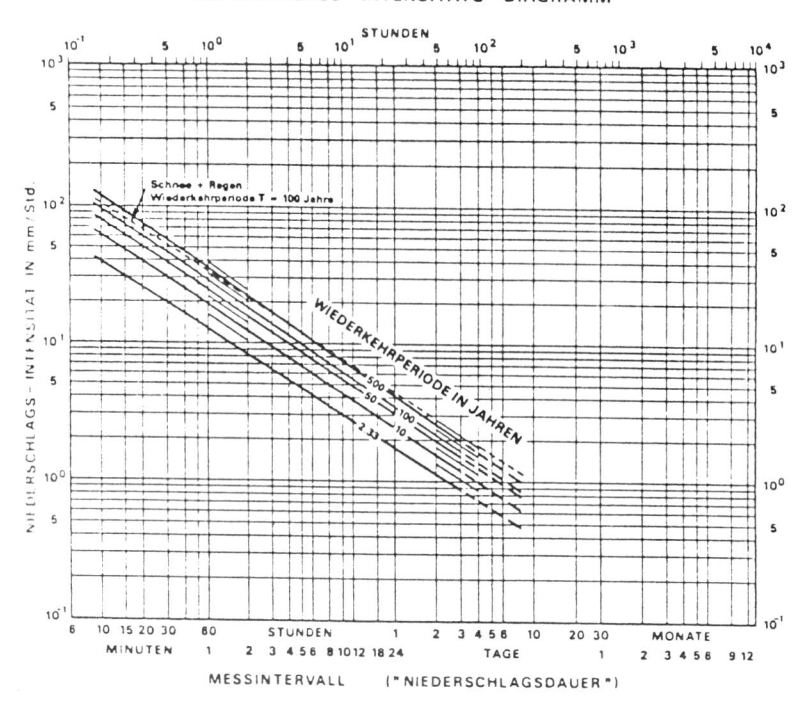

Davos-Platz (1561 m.u.M.)

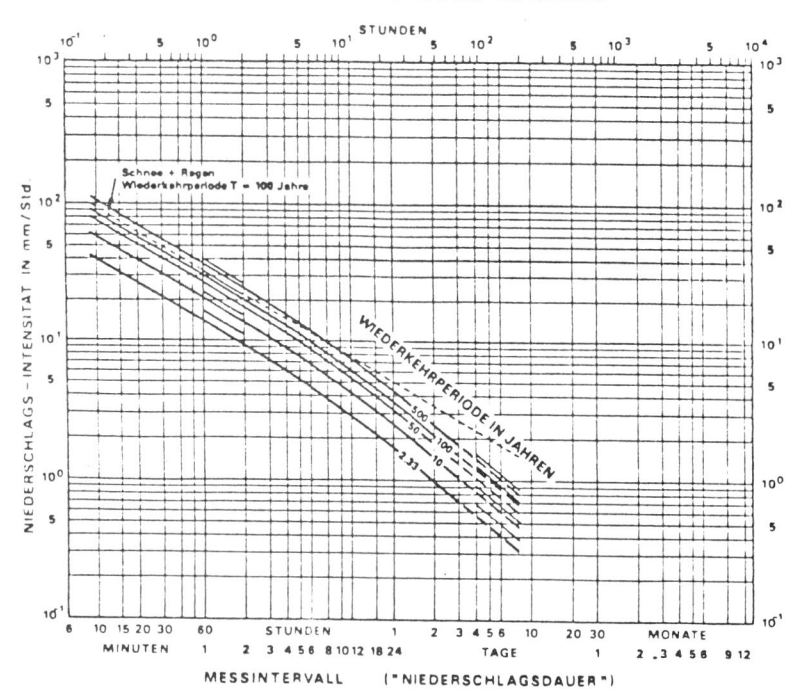

Weissfluhjoch (2540 m.u.M.)

Abb. 73. Niederschlags-Intensitaets-Diagramm fuer Davos-Platz und Weissfluhjoch (aus ZELLER, 1976)

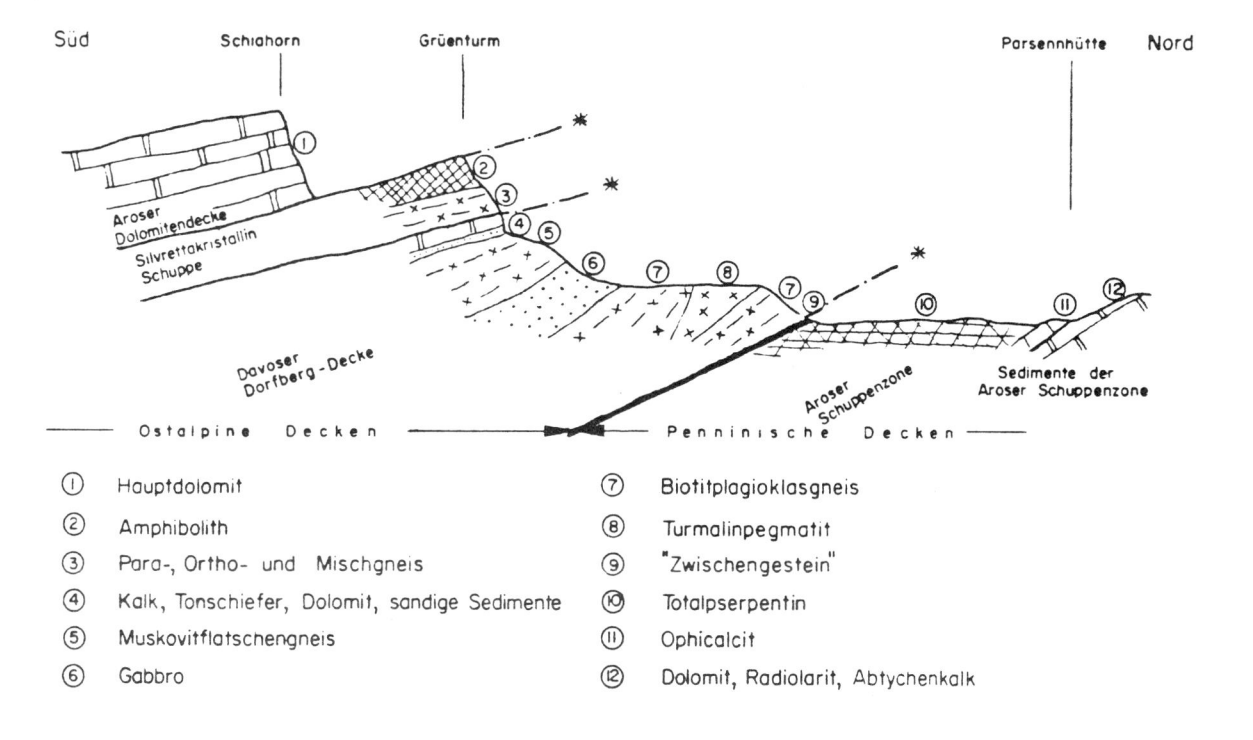

Abb. 74. Geologisches Profil Schiahorn-Parsenn (nach GIGER 1984)

① Hauptdolomit
② Amphibolith
③ Para-, Ortho- und Mischgneis
④ Kalk, Tonschiefer, Dolomit, sandige Sedimente
⑤ Muskovitflatschengneis
⑥ Gabbro
⑦ Biotitplagioklasgneis
⑧ Turmalinpegmatit
⑨ "Zwischengestein"
⑩ Totalpserpentin
⑪ Ophicalcit
⑫ Dolomit, Radiolarit, Abtychenkalk

Tektonik

Das Silvretta-Kristallin (alter, herzynischer Grundgebirgsblock) liegt von Sueden her steil aufgerichtet (Dischma, Choerbsch Horn - Kuepfenfluh) auf tektonisch tieferen Einheiten: der Decke der Aroser Dolomiten (Strela, Schiahorn), der Silvretta-Kristallin-Schuppe des Gruenturms, der Davoser Dorfbergdecke (Schaflaeger, Mittelgrat, Salezerhorn, Davoser Dorfberg) und der Aroser Schuppenzone (Weissfluhjoch, Totalphorn, Schwarzhorn, Parsenn, Casanna, Gotschna).

Zur heutigen tektonischen Aktivitaet ist zu sagen, dass die Erdbebengefahr im Raum Davos geringer ist, als dass man aufgrund der Nachbarschaft zum Engadin erwarten wuerde. So betraegt z.B. die Eintretenswahrscheinlichkeit fuer ein Ereignis mit der Intensitaet VIII (MSK-Skala) nur 3-4 Ereignisse pro 10'000 Jahre (SAEGESSER, MAYER-ROSA 1978: Karte 3) (zum Vergleich im Engadin 6 und in Brig 40!).

Petrographie

Das Silvretta-Kristallin besteht zu ungefaehr gleichen Teilen aus Orthogneisen von granitischer, seltener granodioritischer Zusammensetzung einerseits und Paragneisen und Amphiboliten andererseits.

Im Dischma ziehen die Paragneise und Amphibolite vom Scaletta und Grialetsch bis zum Duerrboden, auf der noerdlichen Talflanke bis zum Schoentaelli. Sie werden von Orthogneisen abgeloest, die auf der Suedflanke bis zum Jakobshorn reichen, waehrend sie auf der Nordflanke bereits am Braunhorn wieder in Paragneise mit einigen Amphibolitzuegen uebergehen. Diese Paragneise ziehen talauswaerts und ueberqueren bei Davos-Platz das Landwassertal, um auf der Gegenseite abwechselnd mit Amphiboliten und Orthogneisen unsere westliche Gebietsgrenze Wannengrat und Kuepferfluh aufzubauen.

Die erwaehnten Paragneise sind haeufig stark zerkluftet und weisen einen hohen Auflockerungsgrad auf, so dass wir z.B. im Gebiet des Bildji- und Guggersbach sogar von 'veraenderlich festem Gestein' sprechen muessen.

Die Aroser Dolomitendecke, die Strela und Schiahorn aufbaut, besteht wie der Name hergibt aus Dolomiten. Diese hellen Kalke verwittern einerseits chemisch (Karrenbildung), andererseits zerbroeckeln sie durch Frostwirkung zu schotterartigem Gehaengeschutt, der kahle, grosse Sturzhalden bildet (z.B. Schiahorn Nordflanke).

Die Silvretta-Kristallin-Schuppe des Gruenturms ist durch Amphibolit und Mischgneise charakterisiert.

Diese Gesteine formen hier steile Waende und ergeben einen groben Blockschutt.

Die Davoser Dorfbergdecke ist gekennzeichnet durch die Abfolge von Sedimenten des Schaflaegerzuges (Kalke, Tonschiefer, Dolomite und Verrucano), von verschiedenen Gneisen, Gabbro und markanten Turmalinpegmatiten (S -> N).

Die Kalke und der Dolomit bilden grobe Baenke, waehrend die uebrigen Sedimente leicht zurueckwittern, was die darueberliegenden Gesteinsformationen destabilisiert. Die Gneise der Dorfbergdecke sind sehr glimmerreich und ergeben tonreiche Verwitterungsprodukte.

Die Aroser Schuppenzone im Raum Totalp - Parsenn - Gotschna schliesslich weist eine mannigfaltige Petrographie auf: der Totalpserpentin wird im Raum Parsenn mit zunehmendem Kalkanteil zum Ophicalcit. Die Casanna besteht aus Dolomit der Aroser Schuppenzone (wie uebrigens auch die Weissfluh), waehrend im Raum Gotschna eine Radiolarien-Kappe auf dem Kristallin (Gneise der Aroser Schuppen) aufliegt.

AF	Amselfluh
AH	Älplihorn
BF	Bergüner Furka
BÜ	Bühlenberg
CA	Casanna
CH	Casnardhorn
CL	Clavadel
CO	Cotschna
DD	Davoser Dorfberg
DP	Ducanpass
DR	Drusatscha
DÜ	Dürrboden
FK	Frauenkirch
FP	Flüelapass
FS	Flüela Schwarzhorn
FW	Flüela Weisshorn
GA	Gatschiefer
GD	Gletscher Ducan
GH	Gorihorn
GL	Glaris
GP	Grialetschpass
GR	Grialetsch
GS	Gatschieferspitz
HD	Hochducan
HÖ	Hörnli
JF	Jöriflesspass
JH	Jakobshorn
IK	Inner Kinn
KL	Klosters
KO	Körbshorn
KU	Kupfenfluh
LA	Laret
LB	Leidbachhorn
LH	Lauenzughorn
LI	Litzirüti
LW	Langwies
MÄ	Mädrigen
MB	Monbiel
MO	Monstein
MÖ	Mönchalp
NO	Novai
PA	Parsenn
PG	Piz Grialetsch
PH	Pischahorn
PR	Piz Radönt
PV	Piz Vadret
RA	Radönt
RI	Rhinersherh
SA	Salezerhorn
SCHI	Schiahorn
SCP	Scalettapass
SD	Sertig Dörfli
SE	Sentishorn
SEP	Sertigpass
SF	Selfranga
SH	Sechorn
SL	Schafläger
STR	Strelapass
TI	Tijen
TO	Totalp
TS	Tschuggen
VE	Vereina
WF	Weissfluh
WJ	Weissfluhjoch

SILVRETTA-DECKE

- Sedimente (Perm — Rhät)
- Orthogneise (inkl. Mönchalpgranit)
- Großflaserige Augengneise (Typ Flüela)
- Aplit.-pegmatit. Gneise (Typ Frauenkirch)
- Glimmerreiche Augengneise (Typ Radönt)
- Mönchalpgranit und granitgneise
- Paragneise und Mischgneise (z. T.)
- Amphibolite
- Verschupptes Silvretta-Kristallin

TIEFERE TEKTONISCHE EINHEITEN

- Decke der Aroserdolomiten
- Schaflägerzug
- Davoser Dorfberg-Decke
- Gabbro
- Ophiolithe (Serpentine etc.) } Aroser Schuppenzone
- Sedimente
- Sulzfluh-Decke
- Falknis-Decke
- Prättigau-Flysch (Oberkreide — Alttertiär)
- Cotschna-Bergsturz
- Totalp-Bergsturz
- MAB - Perimeter

Geologisch-tektonische Skizze der Umgebung von Davos
1 : 100 000

Nach den Arbeiten von
P. Bearth, J. Cadisch, H. Eugster,
E. Gees, W. Leopold, F. Spaenhauer,
A. Streckeisen, E. Wenk

Zusammengestellt von
A. STRECKEISEN, 1966

Abb. 75. Geologische Karte

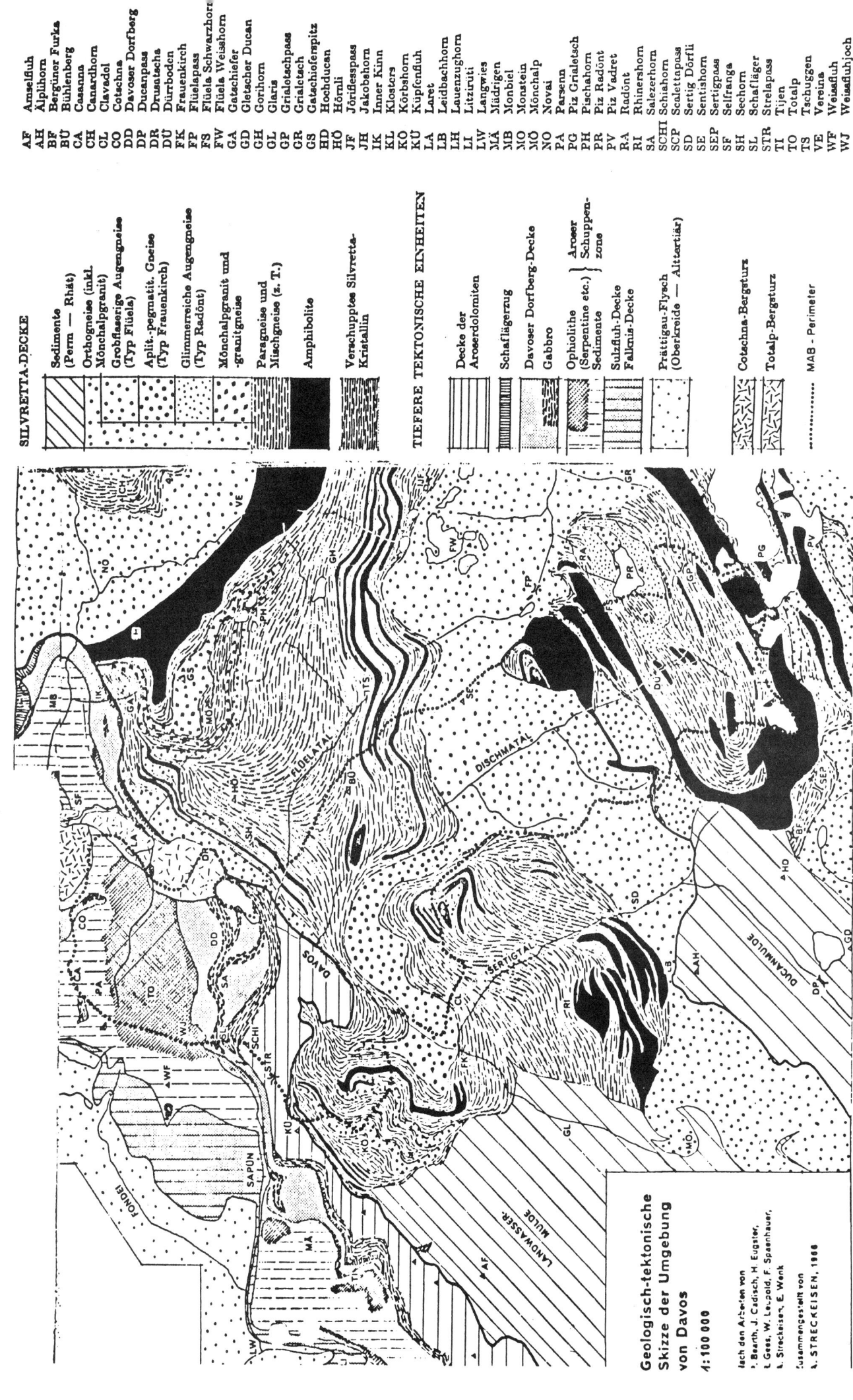

— 145 —

Die Gebiete des Totalpserpentins sind weitgehend von einer blockigen Verwitterungs-Schuttdecke mit sehr wenig Feinmaterial bedeckt, waehrend die Ophicalcite und Radiolarite zersplittern und bodenbildende Verwitterungsprodukte ergeben.

5.2.2 Die Gefahrenhinweiskarte MAB-Davos

Zusammenfassung

1. Lawinengefahr[10]

    Heutzutage stellt die wesentlichste Bedrohung in diesem Raum die Lawinengefahr dar, die vor allem den Siedlungsraum einschraenkt, und abseits kontrollierter Skipisten haeufig Variantenfahrer trifft. Dabei hat nicht die Lawinentaetigkeit zugenommen, sondern der Mensch ist immer staerker in Lawinengebiete eingedrungen (Siedlung, Verkehr, Skitourismus).

2. Wildbachgefahr

    Frueher, noch Ende des letzten Jahrhunderts, waren auch die Davoser Wildbaeche sehr gefuerchtet. Hier haben aber die konsequente Schutzwaldpolitik und entsprechende Verbauungen und Aufforstungen gute Resultate gebracht. Allerdings muss wegen des vielen in den Bachgraeben liegenden Holzes auf eine zunehmende Vermurungsgefahr aufmerksam gemacht werden.

3. Sturzgefahr

    Die Beurteilung der Sturzgefahr zeigt vielerorts Gebiete mit gelegentlichem Steinschlag; nur an drei Stellen wurden Bergzerreissungen mit erhoehter Felssturzgefahr gefunden. In diesen drei Faellen wuerde sich ein Absturz unseres Erachtens aber durch zunehmenden Steinschlag ankuenden und wohl kaum urploetzlich losbrechen (Ausnahme: bei Erdbeben).

4. Rutschgefahr

    Rutschgefaehrdete Gebiete treten relativ wenige auf, was sich aus der Geologie und dem steilen Relief (wenig Lockermaterial) erklaert. Eine Ausnahme bildet der Grueniwald, der als sehr gefaehrdet einzustufen ist. Dies muesste besonders beim Bau einer Alp- und Walderschliessungsstrasse unbedingt beruecksichtigt werden.

---

[10] Reihenfolge = Rangfolge ihrer Bedeutung

5. Blaiken

Blaiken treten vor allem ab rund 2300 m.u.M. in kristallinem Gebiet im Bereich des Haupttales (Strela - Gotschna) und am Jakobshorn auf. Im Dischma sind sie etwas seltener. Ob daraus der Schluss gezogen werden kann, dass diese Translationsbodenrutschungen somit in einem Zusammenhang mit der Nutzung (Tourismus-Gebiet) stuenden, laesst sich noch nicht beurteilen (vgl. dazu Kap. "Zum Problemkreis Wildbach, Lawinen und Blaikenbildung" auf S. 181).

Kommentar zu den Gefahrenhinweiskarten[11]

1. Lawinengefahr:

— Im Westen des Untersuchungsgebietes liegt ein besonders seit 1951 beruechtigtes Lawinengebiet: das Gruenihorn (779 500/184 900) mit Bildjitobel und Gruenibaechli als Sturzbahn von Schadenlawinen, die 1968 sogar Todesopfer in Haeusern forderten! Das Anrissgebiet am Gruenihorn ist seither mit Stuetzverbauungen gesichert worden, so dass vor allem der Gefahrenbereich des Lawinenzuges Gruenibaechli zurueckgestuft werden kann. Beim Gefahrenbereich des Bildjitobels ist noch Vorsicht am Platz, da der Verbau sich auf die Gipfelregion des Anrissgebietes konzentriert und unseres Erachtens bei Extremlagen aus dem uebrigen Einzugsgebiet immer noch Schadenlawinen abbrechen und bis ins Tal hinunter fahren koennten.

— Im Auslaufbereich der Albertitobellawine (781 200/185 200) entstanden 1968 betraechtliche Gebaeudeschaeden an den Wohnhaeusern des 'Turbanparks'. Im ausgedehnten Anriss- und Einzugsgebiet (ca. 3 km²) der Albertilawine hat sich seither wenig veraendert. Hingegen sind im betroffenen Quartier neue Haeuser entstanden.

— Die Guggersbachlawine (781 100/186 100), die laut Lawinenchronik (HARTMANN 1929:8) bereits um 1500 ein Haus zerstoerte, ist im beruechtigten Lawinenwinter 1968 nicht ueber den Raum Schatzalp hinaus gefahren. Es bleibt die Frage offen, wie weit dies eine Folge der Aufforstungen und der Laengenprofilaenderung durch den Wildbachverbau ist. In Anlehnung an den bestehenden Gefahrenzonenplan (KREISFORSTAMT DAVOS, 1968) reicht der Gefahrenbereich der Guggersbachlawine auch nur noch bis zur Schatzalp.

---

[11] Alle historischen Angaben ohne speziellen Quellenhinweis entstammen dem 'Bericht zur Ausscheidung von Wald- und Gefahrengebieten von Davos' gemaess dem Bundesbeschluss ueber dringliche Massnahmen auf dem Gebiete der Raumplanung (BMR) vom 17.3.1972.

- In der 'Lawinenchronik der Landschaft Davos' (LAELY 1952) werden Lawinenschaeden im Raum Davos erstmals aus der ersten Haelfte des 15. Jahrhunderts verzeichnet.

  Seither wurden immer wieder Lawinenkatastrophen registriert, die sich im Schiatobel ungefaehr alle 80 Jahre wiederholten. Die bereits in den 20er Jahren dieses Jahrhunderts begonnenen Verbauungen im Anrissgebiet am Schiahorn konnten 1968 eine erneute Gefaehrdung der Wohngebiete 'Horlauben' (782 500/186 300) nicht verhindern. Weitere Anrissverbauungen waren notwendig, und trotzdem muessen die Wohngebiete immer noch als gefaehrdet betrachtet werden, weil noch ein genuegend grosses Einzugsgebiet uebrig bleibt. Ferner musste der Schutzwald oberhalb 'Horlauben' in diesem Jahrhundert bereits viermal wieder aufgeforstet werden und kann seiner Schutzfunktion noch in keiner Weise gerecht werden.

- Schiahorn E-Flanke: Palueda- und Dorfbachlawine: Nach der Lawinenkatastrophe vom 26. Januar 1968 wurden ein Auffangdamm (781 600/187 700) und Bremshoecker gebaut. Entsprechend einem Gutachten des EISFL (1971) sind damit die Gefahrenzonen dieser Lawine verringert worden, was in unserer Kartierung entsprechend beruecksichtigt ist.

- Seewer Berg - Salezer Tobel: Diese Lawinen haben schon in historischer Zeit immer wieder den Weg und die Strasse nach Davos verschuettet (LAELY 1952) (783 700/187 900). Die wichtige Verbindungsstrasse wird heute durch eine Lawinengalerie geschuetzt, um eine sichere Zu- und Wegfahrt waehrend der touristisch bedeutenden Wintersaison zu gewaehrleisten.

- Totalp - Wolfgang: Hier fielen 1968 leider 4 Menschen in neu erstellten Ferienhaeuschen (784 100/190 000) unterhalb eines 200jaehrigen Bergfoehrenbestandes einer gewaltigen Schadenlawine zum Opfer. Ebenso wurden die Strasse und die Bahn verschuettet, obwohl der Auslaufbereich der Lawine hier nur noch eine Neigung von $6°$ aufweist.

  Gerade dieses Beispiel zeigt, dass auch Wald nicht einen absoluten Schutz bietet. Da im Anrissgebiet dieser Lawinen keine wesentlichen Veraenderungen eingetreten sind und auch die Fahrbahn einer moeglichen Lawine jetzt durch eine ueber 100 m breite markante Schneise mit jungem Bestand gekennzeichnet ist, muss hier unseres Erachtens sogar mit einer erhoehten Lawinengefahr gerechnet werden, weil jetzt auch kleinere Lawinen durch diese Schneise weiter vordringen.

- Die Lawinengebiete im Bereiche des Parsenn-Skigebietes kontrolliert der Parsenndienst waehrend der ganzen Wintersaison: er sperrt sie bei gefaehrlichen Schneefaellen und entlaedt die Anrisszonen durch Sprengung. Die

Skipisten werden praepariert und viel befahren, was zu einer Festigung der Schneedecke fuehrt. 'Dieses Skigebiet kann nicht mehr als Gefahrenzone i.w.S. angesprochen werden.' Mit diesen Worten schliesst der 'Bericht zur Ausscheidung von Wald- und Gefahrengebieten' der Gemeinde Davos (GEMEINDE DAVOS 1972). Wir haben aber in userer Kartierung die entsprechenden Gefahrenbereiche trotzdem noch ausgeschieden. Es sind dies namentlich der Bereich Schwarzhorn S-Flanke (782 500/192 400) und Gotschnagrat SE-Falnke (784 500/192 050).

— Die Kontrolle der Lawinensituation gilt selbstverstaendlich auch fuer die Skigebiete Jakobshorn, die genauso wie das Parenngebiet ueberwacht werden. Hier haben wir denn auch keine Lawinengebiete zu verzeichnen, ausser einem potentiellen Anrissgebiet oberhalb der Ischalp (783 200/184 350) (Carjoelertobel - Geisslochbach), wo sowohl die Hangneigung (> 30°) als auch die Exposition (W-NW) Lawinenanrisse beguenstigt. Dazu kommt eine rauhe Oberflaeche mit Alpenrosen und Heidelbeeren- und Kraehenbeerenheide. Eine solche Oberflaechenbeschaffenheit foerdert die Bildung von Schwimmschneeschichten (durch Lufteinschluss und spaetere Luftabgabe bilden sich Becherkristalle, vgl. Kap. "Lawinengefahr" auf S. 85). Es waren diese Gruende, die uns bewogen haben, das Gebiet als potentielles Lawinengebiet einzustufen. Dem steht die Praeparierung der Pisten mit ihrer die Schneedecke verdichtenden Wirkung entgenen. Wir hoffen, dass diese Sicherung genuegt, und unsere pessimistische Einstufung der Gefahrensituation sich als zu vorsichtig erweist.

Ein ganz anderes Problem bilden die zahllosen Variantenfahrer, welche die Osthaenge des Jakobshorns (784 100/182 950), des Braemabuels und des Jatzhornes (784 900/182 250) fuer eine Pulverschneeabfahrt ins Dischma befahren. Sie haben schon verschiedentlich Schadenlawinen ausgeloest, und einige dieser Skifahrer starben den Lawinentod.

— Das Dischma: Wie die Gefahrenhinweiskarte zeigt, ist praktisch das ganze Dischma von Lawinen bedroht; dabei ist der Talboden haeufig von beiden Seiten her gefaehrdet, so dass bei verschiedenster Witterung eine Bedrohung der Strasse und der Siedlung auftreten kann. Der hintere Teil des Tales (ab Teufi) ist daher auch nicht ganzjaehrig bewohnt. Im Talboden erschliesst eine Langlaufloipe entlang der alten Strasse auf der linken Talseite das Tal dem Skitouristen.

Wie bereits erwaehnt (Kap. "Der Raum Davos, ein Ueberblick" auf S. 139), sind die Talflanken recht steil, besitzt doch gut die Haelfte der Flaeche des Dischmas eine Neigung zwischen 30° - 50°. Sehr oft sind diese steilen Haenge dann noch mit Zwergstrauchgesellschaften auf Blockschutt bewachsen. Diese Oberflaechenbeschaffenheit foerdert den Aufbau von Schwimmschneeschichten, die zu Lawinenanbruechen fuehren koennen (vgl. Kap. "Lawinengefahr" auf S. 85). Das und die hoehenbedingten tieferen Temperaturen moegen einige der Gruende sein, weshalb auch die Sonnseite des Tales von zahlreichen Lawinen heimgesucht wird.

Durch die relativ schwache Gliederung der Talflanken sind bei stark aufgeloestem oder fehlendem Wald sehr breite, undifferenzierte Lawinengefahrenbereiche zu verzeichnen. Dazu traegt auch die lueckenhafte Beobachtung durch die fehlende Dauerbesiedlung bei. So sind wir beispielsweise nicht in der Lage, genauere Aussagen ueber die Lawinentaetigkeit in den beiden kleinen Seitentaelchen, Ruedisch- und Rinertaelli, zu machen, als diese sehr generellen Lawinengebietsabgrenzungen. Andererseits laesst sich natuerlich feststellen, dass diese Situation niemanden in diesen menschenleeren Taelern stoert.

Es wurde den Rahmen dieser Arbeit sprengen, wenn wir hier nun zu jedem moeglichen Lawinenzug Stellung naehmen. Wir konzentrieren uns daher nur auf zwei Problemstellen am Eingang des Dischmatales:

1. Der Taleingang wird von der Braemabuehl NE-Flanke (784 100/183 800) dominiert. Hier brachen schon verschiedentlich grosse Schadenlawinen ab, welche die Strasse und 1968 auch die Schreinerei verschuetteten (Winterbericht-EISLF 1968).

    Von solchen extremen Lawinenniedergaengen ist auch die Zufahrtsstrasse in die neue Ferienhaussiedlung 'in den Buelen' am Gegenhang betroffen - eine Gefahrensituation, die bislang vielleicht zu wenig beruecksichtigt worden ist.

    Zum Schutze der Saegerei und der Taleinfahrt ist nun allerdings ein spezieller Beobachtungsdienst von der Saegerei und dem Pistendienst der BBJB organisiert worden. Das Anrissgebiet wird staendig kontrolliert und, wenn noetig, kuenstlich entladen. Ein Stuetzverbau dieser ueber 100 ha grossen Anrissflaeche scheint deshalb unter den heutigen Umstaenden wenig sinnvoll.

2. Die andere Stelle liegt gegenueber dem Buelenberg. Hier verschuettete eine Lawine, die auf 2100 m.u.M. an einem Felsband losbrach und den Wald durchfuhr, zwei alte Wohnhaeuser und die Strasse (785 000/185 300). Leider fielen dieser heimtueckischen Lawine drei Menschen zum Opfer (EISLF 1952). Das Anrissgebiet liegt im Steinschlagbereich eines Felsbandes und sieht verwildert aus (beguenstigt die Schwimmschneebildung). Die Lawinenbahn selbst ist durch den Wald kaschiert.

Dazu ist noch zu bemerken, dass bei der Luftbildinterpretation bereits auf diese Stelle aufmerksam gemacht wurde. Im Anrissgebiet war Schneeschurf zu vermuten, und im darunter angrenzenden Wald im oberen Bereich eine moegliche Lawinenschneise zu erahnen. Auf diese Weise aufmerksam geworden, fand sich in den 'Winterberichten' die oben erwaehnte Schadenmeldung, wodurch auf eine tragische Weise erwiesen war, dass diese Lawine bis in den Talboden hinunterfahren kann. (Die entsprechende Gefahrenzone ist im Gefahrenzonenplan der Gemeinde beruecksichtigt, aber weder in der Karte noch im Bericht zum BMR vermerkt).

Wenn wir die Lawinensituation im Haupttal und im Dischma miteinander vergleichen, koennen wir folgendes feststellen: Im staerker gegliederten Haupttal liegen die Anrissgebiete der meisten Tal-Lawinen auf rund 2300 m.u.M. (Ausnahme: Albertitobel-, Schiatobel- und Dorfbachlawine); im Dischma hingegen beginnen nur relativ wenige und meist kleinere Lawinenzuege auf dieser Hoehe. Die Anrissgebiete der uebrigen Tallawinen im Dischma liegen meist zwischen 2500 bis 2700 m.u.M. Diese Hoehenzunahme kann erstens mehr Schnee und zweitens tiefere Temperaturen bedeuten. Diese vermoegen, vor allem zu Beginn des Winters bei noch geringmaechtiger Schneedecke, zum Aufbau von Becherkristallen und damit zu Schwimmschneeschichten zu fuehren. Im weiteren reichen die Anrissgebiete in erster Linie auf der Schattenseite des Tales oft bis zum Gipfelgrat, so dass noch mit starken Windeinfluessen (Verwehungen, Waechtenbildung) gerechnet werden muss.

Diese Ueberlegungen weisen darauf hin, dass das Dischma ganz offensichtlich noch lawinengefaehrdeter ist als das Haupttal, was eine sichere Erschliessung fuer den Wintertourismus praktisch verunmoeglicht.

Am Beispiel des Mattenwaldes (783 000/185 200) laesst sich die interdisziplinaere Zusammenarbeit zeigen:

Wir stellen von seiten der Gefahrenbeurteilung fest, dass hier trotz Wald mit Lawinen zu rechnen ist. Angesichts der Neubauten von Wohnhaeusern am Fuss des bis weit hinab ueber 30° geneigten Hanges und wegen der Skiabfahrt (die ebenfalls gefaehrdet ist!), muessen wir an die Schutzfunktion des Waldes bestimmte Anforderungen stellen. Der Forstdienst wird nun die noetige Detailuntersuchung vornehmen und gezielte Massnahmen zur Erhoehung dieser Schutzfunktion einleiten. Bis diese erfuellt werden, muss man die Nutzung entsprechend steuern oder gar verlagern. So gilt es im gemeinsamen Dialog die bestmoegliche Loesung zu finden.

2. Wildbachgefahr:

— Der Bildjibach (780 200/184 500) im Westen unseres Untersuchungsgebietes weist besondes im Oberlauf grosse Feilenanbrueche in versackten und bruechigen kristallinen Schiefern des Altkristallins der Silvrettadecke auf. Der Bachlauf wurde im mittleren Bereich erfolgreich verbaut. Sein Kegel ist deutlich von Murkoepfen gepraegt, diese Gefahr scheint aber noch nicht ganz gebannt, besonders wegen des moeglichen Felssturzes aus dem Grueniwald ins Bachtobel (vgl. Abschnitt "3. Sturzgefahr" auf S. 155), der zu einer Vermurung fuehren koennte. Ausserdem weist der Kegelhals potentielle Austrittsstellen auf, so dass wir hier einen entsprechenden Gefahrenbereich ausgeschieden haben.

— Das Gruenibaechli ist unserer Ansicht nach ebenfalls als gefaehrlich einzustufen, da eine Rutschmasse (780 900/185 025) in den Bach vorstoesst (vgl. Tab. 4 auf S. 79 Merkmal 16).

— Der Albertibach, vor hundert Jahren noch einer der gefuerchtetsten Wildbaeche der Schweiz, ist seither sehr erfolgreich verbaut worden. Seine gewaltigen Feilenanbrueche und die Seitentobel wurden mit Sperren und Aufforstungen stabilisiert. Durch die Verminderung des Sohlengefaelles im Albertibach selbst sind auch die Tiefenerosion und die damit verbundene Hangunterschneidung unterbunden worden, so dass sich die Bacheinhaenge und Feilenanbrueche von unten her wieder begruenen. Das darf als gutes Zeichen fuer einen erfolgreichen Verbau gewertet werden. Wegen des Unholzes und des noch betraechtlichen Geschiebepotentials haben wir einen Gefahrenbereich entlang dem kanalisierten Bachlauf bis zur Muendung hin beachtet.

— Auch der Guggersbach ist durch Sperreneinbau und Aufforstung stabilisiert worden, wobei man gleichzeitig durch einen botanischen Garten eine wahre Touristenattraktion geschaffen hat - das als Beispiel, wie ein 'zerstoerter' Raum einer neuen Nutzung zugefuehrt werden kann. Der Guggersbach tritt bei ausserordentlich heftigen Gewittern ueber die Ufer seiner Schussrinne.[12] Dazu duerfte nicht zuletzt auch der hohe Abflusskoeffizient der Strelaberg-S-Flanke mit ihrer wenig maechtigen oder gar fehlenden Bodenbedeckung beitragen (ψ = 0,8).

— Der Schiabach fuehrt relativ feinkoerniges Geschiebe mit sich - der Dolomit zerbroekelt zu schotterartigem Kies.

---

[12] freundl. muendl. Mitt. B. TEUFEN

Das Geschiebe wird unterhalb des Wasserfalles (782 600/186 525) in einem Kiessammler zurueckgehalten, der Bach selbst dann durch eine Schussrinne abgeleitet. Der Bachoberlauf ist nicht verbaut und weist doch noch einige Geschiebeherde auf. Wir haben deshalb einen schmalen Streifen entlang dem verbauten Unterlauf als auch noch gefaehrdet kartiert.

— Der Dorfbach hat vor wenigen Jahren nach einem Stau an seiner Unterfuehrung im Dorf Strassen und Keller ueberschwemmt[12], was wir in der Kartierung entsprechend beruecksichtigt haben.

— Im Totalpbach liegt, bedingt durch die starke Verwitterung des Totalpserpentins ein verhaeltnismaessig grosses Geschiebepotential bereit.

— Am Stuetzbach sind durch die Tiefenerosion besonders die Einhaenge stark gefaehrdet. So ist beispielsweise der Rand der Alperschliessungsstrasse knapp oberhalb und unterhalb der Stuetzalp (783 450/190 950) bereits angeschnitten. Am gegenueberliegenden Ufer stellen grosse Feilenanbrueche an den Haengen der Parsennmeder und der Mittelalp ein bedeutendes Geschiebepotential dar (und 'nagen' gleichzeitig am guten Kulturland). Deshalb ist eine potentielle Ausbruchstelle links am Kegelhals (783 900/190 600) beachtenswert, da dort ebenfalls gutes Kulturland ueberschottert wuerde. An dieser Stelle sei an HEIGEL (1980:7) erinnert, der zwischen irreversiblen Schaeden (Erosion) und reversiblen Schaeden (Ueberschotterung) unterscheidet und vorrechnet, dass die Entschaedigung reversibler Schaeden auf Landwirtschaftsland im allgemeinen billiger zu stehen kommt, als deren Verhinderung.

Andererseits ist darauf aufmerksam zu machen, dass der Bachlauf im Ober-Laret eine abrupte Linkskurve direkt vor der Staatsstrasse beschreibt: es handelt sich also um eine weitere potentielle Ausbruchstelle (vgl. Tab. 5 auf S. 88 Merkmal 27), wobei die Strasse in Mitleidenschaft geraten koennte.

Wir finden an diesem Bach also Stellen vor, an denen die Parsenn-Strasse bedroht ist, die Einhaenge der Parsennmeder und Mittelalp irreversibel abnehmen und andererseits Stellen, wo Ueberschuettung (reversibel) droht. Angesichts dieser Bilanz scheint es angebracht, diesen Bach naeher unter die Lupe zu nehmen und eine Kosten-Nutzen-Analyse aufzustellen um gegebenenfalls entsprechende Massnahmen zu treffen (vgl. Kap. "Zur Risikobeurteilung" auf S. 193).

— Von allen Bachgraeben an der Jakobshorn-W-Flanke sind bereits Hochwasser bekannt. Aufmerksam zu machen ist auf das Spinnelentoebeli (781 600/183 350), wo alte

Laengsverbauungen aus Holz zusammenstuerzen, sowie auf
das Carjoeler Tobel (782 400/184 000) und Gebrunstbaechli
(782 750/184 800), wo in beiden Faellen kriechende
Massenbewegungen in den Bachgraben vorstossen. (Vgl.
Tab. 4 auf S. 79 Merkmal 16).

— Der Dischmabach weist nur wenige Uferanbrueche auf und
 ueberschwemmt gelegentlich im Gebiet Chaiseren Kulturland (785 000/185 200).

Die Seitenbaeche des Dischma sind teilweise wohl als
Wildbaeche aufzufassen; da sie aber im allgemeinen nur
kleine Einzugsgebiete aufweisen und haeufig im Anstehenden fliessen, gehoeren sie nicht zu den wirklich gefuerchteten Wildbaechen, wie sie die Hauptal-Westseite
kennt.

3. Sturzgefahr

Hierbei handelt es sich in praktisch allen Faellen um Steinschlag und nicht um Felssturzgefahr. Dazu ist zu bemerken,
dass die betroffenen Flaechen nur punktuell und gelegentlich
von einem Steinschlag getroffen werden. Die optische Wirkung
der Steinschlagkartierung ist deshalb zweifellos als uebertrieben zu werten. Hier muessen entsprechende Darstellungsformen eingesetzt werden, um diese Flaechen etwas
zuruecktreten zu lassen; andererseits sind einfache Moeglichkeiten zur Voraussage der Haeufigkeit von Steinschlag in
einem bestimmten Gebiet noch zu suchen.

Ein weiteres Problem der Beurteilung von Steinschlaggefahr
stellt die Abschaetzung der Reichweite dar (vgl. dazu Kap.
"Zur Sturzgefahr: das Probelm der Reichweite" auf S. 173).
Wir haben hier vor allem nach topographischen Gegebenheiten
gutachtlich entschieden.

Der Steinschlag betrifft im Raum Davos selten Siedlungen oder
Verkehrswege:

— Im Hauptal betrifft dies nur gerade an einer einzigen
 Stelle Haeuser, naemlich die neuen Ferienhaeuser am W-
 Fuss des Hauptes (783 900/186 300). Sie stehen unterhalb
 von stark zerklueftetem Felskoepfen im Wald mit ueber 35°
 Hangneigung, so dass wir diese Haeuser potentiell
 sturzgefaehrdet (vgl. Tab. 2 auf S. 64 Merkmal 25)
 kartiert haben. — Es liegen auch Bloecke als stumme Zeugen in der Naehe.

— Am Hoehenweg ist es die Strecke ums Schiahorn (genauer
 Schia-Nordwand: 781 400/187 600), wo die Spaziergaenger
 von Steinschlag bedroht sind; darauf macht allerdings
 eine Signaltafel aufmerksam.

Im Dischma ist die Strasse durch Steinschlag aus einem Felskopf betroffen (785 400/184 750). Auch noch an einigen anderen Stellen sind Spazier- und Fusswege von Steinschlag bedroht, ohne dass aber bisher Unfaelle zu verzeichen gewesen waeren.

Im uebrigen endet der Steinschlag aus der felsigen Gipfelregion bereits in den Karmulden oder auf der Verflachung der Talschultern.

Nur an drei Stellen wurden Bergzerreissungen mit erhoehter Felssturzgefahr gefunden:

— Im Sueden des Grueniwaldes (780 450/184 600) verlaeuft ein Zugriss mit gespannten Wurzeln mitten durch ein Nackentaelchen und zeigt die Bewegung des auswaerts kippenden Felsens (Aplitgneis der Silvretta-Decke) an (vgl. Abb. 76 auf S. 157).

 Die Absturzmasse (ca. 1000 m^3) wird ins Bildjitobel rollen. Damit koennte sie einen Stau verursachen und der Bach zur Mure werden (vgl. Abschn. "2. Wildbachgefahr" auf S. 153). Moeglicherweise kann die Sturzmasse durch den Wald aufgehalten werden, da noch eine kleine Verflachung in der Sturzbahn liegt. Unseres Erachtens empfiehlt es sich trotzdem, die weitere Entwicklung dieses Felssturzes im Auge zu behalten.

— Zwei Spalten haben sich durch Absacken eines Felskopfes (Altkristallin der Silvretta-Decke) am Stillberg geoeffnet (784 750/183 400). Beim Abbruch wird dieser Felskopf durchs Laertschetobel eventuell bis in den Dischmabach absturzen und dabei die alte Dischmastrasse (heute Spazierweg) queren.

— Eine weitere Kluft von etwa 50 cm Breite (mit gespannten Wurzeln) hat sich im Buelenwald (785 600/185 600) auf 2000 m.u.M. oberhalb eines Felskopfes (Altkristallin der Silvretta-Decke) geoeffnet. Dieser Felskopf liegt rund 800 m (Schraegdistanz) ueber der Dischmastrasse. Die moegliche Sturzbahn fuehrt durch den Buelenwald und duerfte vermutlich teilweise einer alten Schneise folgen, so dass die Schutzwirkung des Waldes stark herabgesetzt ist. Deshalb ist hier mit einer Verschuettung der Strasse zu rechnen (vgl. Kap. "Sturzgefahren" auf S. 33).

In allen drei Faellen wuerde sich ein Sturz unseres Erachtens durch zunehmenden Steinschlag ankuendigen, d.h. wohl kaum urploetzlich losbrechen (Ausnahme: Erdbeben).

Rutschgefahr

In diesem Gebiet mit den relativ steilen Hangneigungen ist das Lockermaterial (vor allem die Moraenenbedeckung) meistens bereits ausgeraeumt. Damit fehlt weitgehend eine wichtige Voraussetzung fuer Rutschungen (vgl. Kap. "Rutschgefahr" auf S. 47). Auch von der stratigraphisch- petrographischen Seite

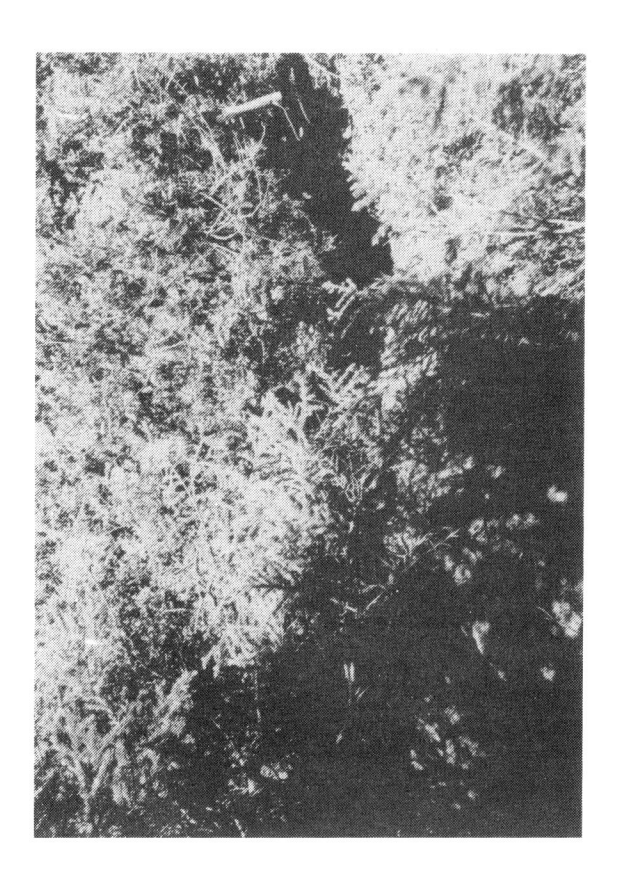

Abb. 76. Ein deutlicher Riss mit gespannten Wurzeln zeigt
die Bewegung an (Buelenwald, Davos GR)

her sind mit diesen kristallinen Gesteinen stabile Verhaltnisse gegeben.

Trotzdem gibt es einige Gebiete, in denen bereits Rutschungen stattgefunden haben oder die potentiell rutschgefaehrdet sind. Erwaehnenswert ist darunter zweifellos der besonders bedrohte Grueniwald. Ein Waldabbruch (780 700/184 600), dessen Rutschmasse die Erschliessungsstrasse Bruechenwald zu verschuetten vermochte, hat dies Anfang Mai 1982 auf eine sehr eindrueckliche Weise bestaetigt. Dieses Waldgebiet ist haeufig stark vernaesst, wobei es sich oft um feinerdereiches Grundmoraenenmaterial handelt. Die Hangneigung liegt haeufig ueber 30°. Dieser unguenstigen Disposition des Hanges ist beim Ausbau der Alp- und Walderschliessungsstrasse unbedingt Rechnung zu tragen.

Einen aehnlichen Fall kennen wir am N-Rand unseres Untersuchungsgebietes, naemlich im Duerrwald (785 100/191 700), wo oberhalb einer kriechenden Lockermaterialmasse (vgl. Tab. 2 auf S. 64, Merkmal 13, 21) mit einer Skipistenplanierung der Hang angeschnitten wurde. Das nun dort einsickernde Wasser koennte als ausloesendes Moment fuer diese Rutschung wirken (vgl. Kap. "Rutschgefahr" auf S. 47). Es ist nur noch eine Frage der Zeit, wann dies geschehen wird!

Im Dischma treten noch seltener Rutschhaenge auf. Allerdings ist das Gebiet des Buelenbergmeders erwaehnenswert (785 900/185 300). Es handelt sich hier um eine offenbar aufgelassene Alp mit starken Vernaessungen. In den unteren Bereichen dieser ehemaligen Alp ist deutlich eine Bewegung zu erkennen, wenn sie auch langsam ist (vgl. Tab. 2 auf S. 64, Merkmale 13, 21, 23). Wir fragen uns nun, wie weit eine Zunahme der Rutschgefaehrdung direkt mit dem Nutzungswandel in Zusammenhang zu setzten ist. Offensichtlich hat die Pflege dieses Gebietes stark nachgelassen; alte Wasserfassungen und Drainagen scheinen zerstoert und werden wohl kaum mehr ausgebessert – dies, obwohl einer der Stadel zu einem Ferienhaeuschen umgebaut wurde. Am guenstigsten duerfte sich noch das Aufkommen des Waldes mit seinem hohen Retentionsvermoegen und seiner hohen Verdunstung auf den Wasserhaushalt des gefaehrdeten Gebietes auswirken.

5. Blaikenbildung

Im Raum Davos draengte sich nach einer gewissen Felderfahrung die Kartierung dieses Phaenomens auf, zumal die Fragestellung des 'MAB'-Forschungsprogrammes nach den Wechselwirkungen von Nutzung und Naturhaushalt gerade auf solche Probleme abzielt (vgl. Kap. "Blaikenbildung" auf S. 99).

Aus Zeitgruenden mussten wir uns auf jene Gebiete konzentrieren, in denen Nutzungsaenderungen eingetreten sind, bzw. wo wir solche vermutet haben. Demzufolge haben wir das hintere Dischma nicht mehr detailliert auf Blaikenbildung hin untersucht (d.h. suedlich der Abszisse 180 fehlen entsprechende Aufnahmen). Im uebrigen Untersuchungsgebiet wurde bei der Kartierung dieser sog. 'Blaiken' eine sehr detaillierte Aufnahme des Ist-Zustandes vorgenommen. Ausserdem sind die wichtigsten Randbedingungen protokolliert, bzw. mit den zustaendigen Fachgruppen im MAB-Team bei den Feldaufnahmen abgesprochen worden (z.B. Pedologie, Vegetation und Nutzungsgeschichte). Leider liegen die Ergebnisse noch nicht vor, so dass es weiteren Arbeiten ueberlassen bleiben muss, diese Zusammenhaenge naeher aufzuzeigen (vgl. auch Kap. "Zum Problemkreis Wildbach, Lawinen und Blaikenbildung" auf S. 181).

Wir beschraenken uns deshalb hier auf eine Darlegung des Ist-Zustandes und auf eine erste Interpretation unserer Feldaufnahmen:

Ausserordentlich stark tritt die Blaikenbildung im Westen des Testgebietes, und zwar im Gebiet des Wannengrates - Strela in Erscheinung (778 600/185 750, 778 900/186 900). Geologisch wird dieser Bereich dem Altkristallin der Silvretta-Decke zugeordnet. Wir treffen dabei vorwiegend relativ glimmerreiche Paragneise und -schiefer an.

Im angrenzenden Dolomit, mit sehr geringer Bodenmaechtigkeit auf dieser Hoehe, sind praktisch keine Blaiken mehr zu finden. Sie haeufen sich dann erneut im Gebiet der wiederum kristallinen Dorfbergdecke im Raum Schaflaeger - Mittelgrat (780 700/188 700, 781 500/189 200).

In den Ophioliten der Aroser Schuppenzone auf der Totalp (782 000/190 600), wo wir nur Gesteins- und Rohboeden haben, fehlt die geschlossene Vegetationsdecke und damit auch die Voraussetzung zur Blaikenbildung.

Massiv treten diese Blaiken wieder im Altkristallin der Silvrettadecke im Raum des Jakobshorns (784 100/182 950) und gegenueberliegend am Gulerigen Grat (788 400/183 200) auf.

Von der Bodenart her lassen sich keine signifikanten Gesetzmaessigkeiten erkennen (vgl. KRAUSE 1984). Hier muessten Korngroessenanalysen v.a. der Gleithorizonte durchgefuehrt und verglichen werden (vgl. Kap. "Zum Problemkreis Wildbach, Lawinen und Blaikenbildung" auf S. 181).

Die bei der Blaikenbildung beobachteten Hangneigungen liegen durchwegs ueber 30°, und die Blaiken finden sich meist in einer Hoehe von 2300 m.u.M.

Deshalb ist unseres Erachtens besonders die Entwicklung der Schneedecke fuer diesen Erosionsprozess massgebend. Diese Hypothese wird durch die Beobachtung unterstuetzt, dass nach Wintern mit starker Gleitschneeaktivitaet im darauffolgenden Sommer vermehrt solche Blaiken zu verzeichnen sind.[13] SCHWARZ weist darauf hin, dass diese Bloessen nach einigen Jahren mit guenstigen Schneeverhaeltnissen wieder zuwachsen und verschwinden koennen. Das haben auch Vergleiche mit Luftbildern aus den Fuenfzigerjahren im Raum Davos bestaetigt: es konnte kein eindeutiger Trend festgestellt werden. Wohl gibt es Raeume, in denen vermehrt Blaiken zu beobachten sind, aber diesen stehen auch Gebiete mit einer Verminderung dieser Schaeden gegenueber (ohne bedeutende Nutzungsaenderung soweit dies zu beurteilen ist; vgl. Kap. "Zum Problemkreis Wildbach, Lawinen und Blaikenbildung" auf S. 181).

---

[13] freundl. muendl. Mitt. insbesondere der Herren FRUTIGER (EISLF) und SCHWARZ (FIO) sowie verschiedener Landwirte im Berner Oberland.

5.3 VERGLEICHENDE BETRACHTUNG DER GEFAHRENSITUATION IN DEN BEURTEILTEN REGIONEN

Wir wollen versuchen, im folgenden einige vergleichende Betrachtungen ueber die verschiedenen Gefahrenarten, bezogen auf alle unsere Untersuchungsregionen anzustellen.

Als bedeutenste und haeufigste Gefahrenart im schweizerischen Alpenraum gilt zweifellos die **Lawinengefahr**. Das hat sich auch in unserem Untersuchungsgebiet bestaetigt, wenn auch hinsichtlich ihrer Einstufung deutliche Unterschiede festzustellen sind. (Vgl. die Rangierung der einzelnen Gefahrenarten in den verschiedenen Gebieten Kap. "Gefahrenhinweiskarten Berner Oberland" auf S. 108 und "Die Gefahrenhinweiskarte MAB-Davos" auf S. 147).

Dabei zeigt sich, dass der Raum Davos am staerksten davon betroffen ist. Verantwortlich dafuer sind:

— die Hoehe ueber Meer (1500 m.u.M. bis 2500 m.u.M.),

— der damit verbundene Schneereichtum,

— die steilen Hangneigungen (mehr als die Haelfte der Hangflaechen weisen eine Neigung zwischen 30° und 50° auf),

— die ausgedehnten Einzugsgebiete oberhalb der Waldgrenze (ueber 2000 m.u.M.).

Als Lawinenbahnen treten in Davos sehr haeufig offene Hangflaechen in Erscheinung, waehrend im Berner Oberland meist Bachgraeben und Runsen die Lawinenbahnen kanalisieren. Die Untersuchungsgebiete im Berner Oberland weisen im Mittel eine geringe Hoehe auf (800 m.u.M. bis kanpp 2000 m.u.M.). Die Talflanken sind eher weniger steil, jedoch staerker bewaldet (Waldgrenze auf ca. 1800 m.u.M.) und auch staerker gegliedert. Dies hat kleinere Einzugsgebiete fuer Lawinen zur Folge, so dass der Gefahrenbereich der Lawinen im Berner Oberland kleiner ist als im offenen Gelaende von Davos. Wir vermuten, dass die geringere Gliederung der Hangflaechen im Davoser Raum mit den widerstandsfaehigeren kristallinen Gesteinen (vgl. Kap. "Der Raum Davos, ein Ueberblick" auf S. 139) und dem etwas spaeteren Freiwerden von Eis bei den Talflanken in dieser Hoehenlage (vgl. MAISCH 1981) in Zusammenhang steht (vgl. auch die folgenden Ausfuehrungen ueber die Wildbaeche und Abb. 5 auf S. 16).

Die Bedeutung der **Wildbaeche** ist im Berner Oberland groesser als in Davos, obwohl der Albertibach noch im letzten Jahrhundert zu den beruechtigsten Wildbaechen der Schweiz gehoert hat (vgl. Kap. "Die Gefahrenhinweiskarte MAB-Davos" auf S. 147). Im Berner Oberland treten besonders die Wildbaeche des Engstligentales und des rechten Brienzerseeufers in Erscheinung (vgl. Kap. "Gefahrenhinweiskarten Berner Oberland" auf S. 108).

Dabei ist hauptsaechlich das Geschiebepotential massgebend. Dieses wird im wesentlichen durch die geologischen Verhaeltnisse (Petrographie, Klueftung, Quartaerablagerungen) bestimmt. Die Gewitterhaeufigkeit spielt insofern eine Rolle, als dass sich zwischen seltenen Starkregen bei veraenderlich festem Gestein mehr Geschiebe aufbereitet, als wenn der Bachgraben verhaeltnismaessig oft ausgespuelt wird. Bei quartaeren Talverfuellungen aber spielt nicht die Gewitterhaeufigkeit, sondern vor allem die Niederschlagsintensitaet die entscheidende Rolle (vgl. Kap. "Wildbachgefahren" auf S. 71).

Namentlich im Flysch der Niesenkette mit seinen verwitterungsanfaelligen Gesteinen tritt diese Wildbachtaetigkeit trotz vergleichsweise geringer Niederschlagsintensitaet (vgl. Tab. 7 auf S. 106) deutlich zutage. Dasselbe gilt fuer die beiden schlimmsten Bachtobel in Davos (Alberti und Guggersbach), die beide im glaziofluvialen Lockermaterial eingetieft sind. Auch die tiefen Graeben des Stuetzbaches sind in diesem Material entstanden.

Die uebrigen Gebiete im Raum Davos, in denen wegen der Steilheit nur wenig Lockermaterial vorhanden ist, weisen nur wenig tiefe Bachgraeben in diesen widerstandsfaehigen kristallinen Gesteinen und wenig Geschiebe auf.

Bei der **Rutschgefahr** ist der enge Zusammenhang mit der Geologie noch offensichtlicher: In den kristallinen Gesteinen von Davos und Gadmen, aber auch in den tonarmen Gesteinen der Wildhorndecke (Brienzersee, Guendlischwand, Wengen) treten Rutschgebiete praktisch nur im Moraenenmaterial auf. Hingegen finden sich in den tonigen Alénienschiefern von Itramen und in den tonig-mergeligen Gesteinen des Niesenflyschs zahlreiche, zum Teil sehr tiefgruendige Rutschgebiete. An der Niesenkette laesst sich eine offenbar an eine Mergelschicht gebundene Rutschzone von Adelboden bis zum Niesen verfolgen.

Fuer eine Beurteilung der Rutschgefahren in der ersten Phase (vgl. Kap. "Ausblick" auf S. 183) sollte man sich deshalb auf solche unguenstige Gebiete konzentrieren.

Bei der **Sturzgefahr**, die zum ueberwiegenden Teil Steinschlag bedeutet, ist weniger die Gesteinsart im Abloesungsgebiet entscheidend, sondern die Klueftung und der Auflockerungsgrad der entsprechenden Wand. Dies laesst sich aber nicht aus der geologischen Karte entnehmen, sondern nur im Feld bestimmen. Allerdings sind aufgrund von Erfahrungen zum Teil Rueckschluesse moeglich, falls einschlaegige Informationen ueber Petrographie, Stratigraphie und Tektonik bereits vorhanden sind.

Fuer groessere Ereignisse wie Felsstuerze etc. lassen sich kaum allgemeine Regeln finden; hier sind allein die lokalen Gegebenheiten massgebend. Dabei duerften die Verhaeltnisse waehrend und nach der letzten Eiszeit mit ihren Belastungen und Entlastungen und den damit verbundenen Spannungsumlagerungen praegend gewesen sein (vgl. Kap. "Sturzgefahren" auf S. 33).

Fuer eine Beurteilung einer Felssturzgefahr empfiehlt es sich deshalb, in einer ersten Phase sehr eingehend das Relief zu pruefen (vgl. Kap. "Die Gefahrenhinweiskarte MAB-Davos" auf S. 147) und besonders die ehemaligen glazialen Verhaeltnisse zu beachten.

6.0 DISKUSSION DER ERGEBNISSE

6.1 KRITISCHE WUERDIGUNG

Wie weit diese Gefahrenbeurteilungen wirklich richtig sind, wird erst die Zukunft weisen, dann naemlich, wenn wir die prognostizierten Prozesse mit dem Naturgeschehen vergleichen koennen.

Allerdings lassen sich die Ergebnisse an den Anforderungen messen, wie wir sie in Kap. "Der mittlere Massstab: Bedeutung und spezifische Anfoderungen an die Gefahrenbeurteilung" auf S. 10 gestellt haben. Diese Anforderungen lauten:

— sachliche Richtigkeit

— gute Nachvollziehbarkeit

— moeglichst geringer Aufwand

ad: sachliche Richtigkeit

> Da hier die letzte Antwort erst die Zukunft weist, suchen wir nach einer anderen Loesung der Ueberpruefung. Wir hatten unsere Beurteilung im Berner Oberland mit dem Urteil Orts- und Sachkundiger konfrontiert und auf diese Weise versucht, eine erste Bilanz zu ziehen: Dabei waehlten wir als Basis (=100%) die endgueltigen Gefahrenhinweiskarten, die nach der Befragung Orts- und Sachkundiger bereinigt worden sind. Dann stellten wir unsere Beurteilung aus Luftbild und Feldbegehung gemaess den Arbeitsschritten 1 - 3 (vgl. Abb. 17 auf S. 46) dem Ergebnis der Befragung Orts und Sachkundiger gegenueber.

> Das heisst, wir setzten die Summe aller in den Gefahrenhinweiskarten des Berner Oberlandes eingezeichneten Gefahrenstellen als 100 % (z.B. 206 eingetragene Wildbaeche = 100 %). Diese Gesamtzahl wird mit der entsprechenden Anzahl aus unserer Luftbild- und Feldbeurteilung verglichen, der Unterschied als prozentuale Fehlerquote betrachtet. Dabei ist es moeglich zwischen einer 'positiven' und einer 'negativen' Fehlerquote zu unterscheiden, je nachdem, ob von uns Gefahrenstellen zuviel (+) oder zuwenig (-) bestimmt wurden. Diese 'Fehler' waren ja anlaesslich der Befragung Orts- und Sachkundiger entdeckt und anschliessend in der Karte behoben worden (vgl. Arbeitsschritt 3 bzw. 4 in Abb. 6 auf S. 23).

> **Kommentar zur Trefferbilanz (Tab. 10 auf S. 164).**

> Zu <u>Sturzgefahr</u>: Bei der Sturzgefahr liegt das Problem weniger im Erkennen der Sturzgefahr an sich als vielmehr im Abschaetzen der Reichweite des gestuerzten Materials

Tab. 10. Trefferbilanz unserer Gefahrenbeurteilung im Berner Oberland (kartierte Flaeche: 200 km²)

Gefahrenart		Sturz	Rutsch	Wildbach	Lawine
in definitiver Karte	absolut	693	209	206	268
	%	100	100	100	100
Fehler total davon:	absolut	8	18	12	12
	%	1,15	8,61	5,83	4,84
Fehler +	absolut	5	6	6	2
	%	0,72	2,87	2,91	0,75
Fehler −	absolut	3	12	6	10
	%	0,43	5,74	2,91	3,73

+ = zuviel eingetragen, − = zuwenig eingetragen

im Auslaufbereich. Dazu muessen in Zukunft noch weitere Untersuchungen angestellt werden (vgl. Kap. "Zur Sturzgefahr: das Probelm der Reichweite" auf S. 173).

Zu Rutschgefahr: Das Erfassen von potentiellen Rutschgebieten bereitet besondere Schwierigkeiten. Deshalb muss hier noch sehr intensiv gearbeitet werden, um bessere Kriterien zur Auffindung und Kartierung von potentiellen Rutschgebieten zu erhalten (vgl. Kap. "Zur Beurteilung der Hangstabilitaet" auf S. 178).

Zu Wildbachgefahr: Die Aussage ueber den Wirkungsbereich des Wildbaches muss noch verbessert werden. Der Wildbach als solcher kann wohl bei der Kartierung erfasst und die Gefaehrdung seiner Einhaenge abgeschaetzt werden, aber ueber den Ueberschuettungsbereich bzw. ueber die Geschiebefuehrung koennen ohne eingehende Berechnungen keine genauen Angaben gemacht werden. Eine detailliertere Untersuchung und eine quantitative Beurteilung der Wildbaeche wuerde den Rahmen einer solchen Ueberblickskartierung jedoch sprengen (vgl. Kap. "Zum Problemkreis Wildbach, Lawinen und Blaikenbildung" auf S. 181).

In einzelnen Sanierungsgebieten des Berner Oberlandes werden wichtige Wildbaeche hinsichtlich Gefaehrlichkeit und moeglicher Verbesserungsmassnahmen eingehend beurteilt. Die Wildbachbeurteilung wird durch die mit der Ausarbeitung der generellen Sanierungsprojekte beauftragten Forstingenieure durchgefuehrt, mit Beratung durch die Abteilung Wildbach- und Hangverbau der Eidgenoessischen Anstalt fuer das forstliche Versuchswesen, Birmensdorf.

Zu Lawinengefahr: Die Lawinen werden vor allem dem Lawinenkataster oder (falls vorhanden) den Lawinengefahrenzonenplaenen entnommen. Es wurden aber auch Lawinenzuege im Luftbild erkannt, die vorher nirgends verzeichnet waren, die aber jetzt rechnerisch bestaetigt werden konnten.

Wir fassen zusammen: Die Resultate einer sochen Gefahrenbeurteilung fuer regionale Beduerfnisse entsprechen durchaus den Erwartungen, und koennen als brauchbar taxiert werden.

Die Arbeiten in Davos wurden mit wesentlich hoeherem fotographischem Aufwand (Echtfarbbilder im Massstab 1:50 000 (Format 23 cm x 23 cm) und schwarzweiss-Orthofotos im Massstab 1:10 000) und auch mit intensiverer Feldarbeit betrieben (vgl. Abb. 8 auf S. 27). Wir koennen deshalb annehmen, dass diese Gefahrenkartierung realistisch ist.

Die Befragung Orts- und Sachkundiger brachte uns den auch selten die Erkenntnis neuer Gefahrenstellen, sondern es ging viel mehr darum, Abgrenzungsprobleme und das Ausmass der gefaehrlichen Prozesse bzw. der entstandenen Schaeden zu diskutieren.

Die sachliche Richtigkeit laesst sich zudem indirekt erschliessen, wenn der Entscheidungsprozess der Gefahrenbeurteilung klar erkennbar und nachvollziehbar dargelegt wird.

ad: **gute Nachvollziehbarkeit**

Gute Nachvollziehbarkeit ist aus obgenennten Gruenden ausserordentlich wichtig. Gleichzeitig bietet sie dem Bearbeiter eine Absicherung seines Gutachtens.

Dank den genau definierten Beurteilungskriterien (vgl. Tab. 1, 2, 4 und 6) und den entsprechenden Eintragungen auf dem Luftbild und im Protokollblatt ist eine gute Nachvollziehbarkeit unserer Gefahrenkartierung gewaehrleistet.

Die Indikatoren, die dem Sachbearbeiter nach unseren Tabellen bzw. nach unserem Beurteilungsflaechenprotokoll zur Verfuegung stehen, schraenken den Ermessensspielraum stark ein. So **muss** zum Beispiel ein Bach mit Uferanbruechen gemaess Tab. 4 auf S. 79 als erwiesener Wildbach kartiert werden. Mit derartigen Kriterien erreicht man eine gute Nachvollziehbarkeit. Das konnten wir auch mit Uebungen von Studenten in einem Praktikum feststellen, indem dasselbe Gebiet von verschiedenen Bearbeitern fast deckungsgleich beurteilt wurde.

Etwas anders verhaelt es sich bei der Abgrenzung des Bach-Ueberschuettungsbereiches, die in dieser ersten Beurteilungsstufe gutachtlich, je nach Relief, erfolgt. Hier spielt der Erfahrungsschatz des Bearbeiters eine grosse Rolle, so dass hier bei oben erwaehnten Uebungen denn auch betraechtliche Unterschiede auftraten. Dasselbe gilt ganz ausgepraegt fuer die Untergrenze der Steinschlaggefahr (vgl. Kap. "Zur Sturzgefahr: das Problem der Reichweite" auf S. 173).

Fuer diese Faelle muesste in Zukunft versucht werden, noch praezisere Kriterien zu finden.

Die Nachvollziehbarkeit wird zusaetzlich durch das Protokoll gewaehrleistet, wo besondere Faelle gutachtlicher Beurteilung erlaeutert werden.

ad: **moeglichst geringer Aufwand**

Bei der Forderung nach einem moeglichst geringen Aufwand steht zweifellos die Frage nach dem Zeitaufwand im Vordergrund.

Bei operationellem Einsatz unserer Methode der Gefahrenhinweiskartierung fuer die Forstinspektion Oberland sieht das wie folgt aus:

Die 7 beurteilten und kartierten Gebiete im Berner Oberland bedecken eine Flaeche von 200 km² Fuer die hier beschriebene Gefahrenkartierung wurden 100 Arbeitstage aufgewendet. Das ergibt 1/2 Tag / km². Dabei entfielen je ein Drittel der Zeit auf Feldarbeit, auf Luftbildkartierung und auf uebrige Arbeiten (Vorbereitung Geologie usw., Reinzeichnen der Karte und Redigieren des Protokolls). Darin ist der Aufwand fuer die lawinentechnischen Berechnungen durch einen spezialisierten Forstingenieur mit beruecksichtigt. Lawinenkatasterkarten waren vorhanden, Lawinenzonenplaene aber nur fuer kleine Gebiete.

Bei Davos werden, im Rahmen des Forschungsprogrammes MAB die Erhebungen aller Projekte auf 50 m-Raster-Quadrate in einer Datenbank verarbeitet und gespeichert. Das erforderte eine Gefahrenkartierung in einem groesseren Massstab (1:10 000). Wir haben deshalb hier unsere Gefahrenbeurteilungsmethode gegenueber den Arbeiten im Berner Oberland etwas veraendert und, auf Kosten der Luftbildinterpretation, der Feldarbeit mehr Gewicht beigemessen.

Die Arbeitsverteilung sieht demnach wie folgt aus: knapp die Haelfte, naemlich 41 Tage, wurden fuer Feldarbeit

aufgewendet. Ein Viertel des zeitlichen Aufwandes fiel
auf die Luftbildauswertung (25 Tage). Ein Siebtel (15
Tage) wurde fuer die Erhebung der historischen Daten und
die Befragung von Orts- und Sachkundigen aufgebraucht.
Das Erstellen der Feldreinkarte (1:10 000) und das
Redigieren des Berichtes schlugen mit 23 Tagen zu Buche.
Das ergibt ein Total von 103 Arbeitstagen fuer die rund
100 km² betragende Flaeche des Arbeitsgebietes, also 1
Tag pro km² Flaeche.

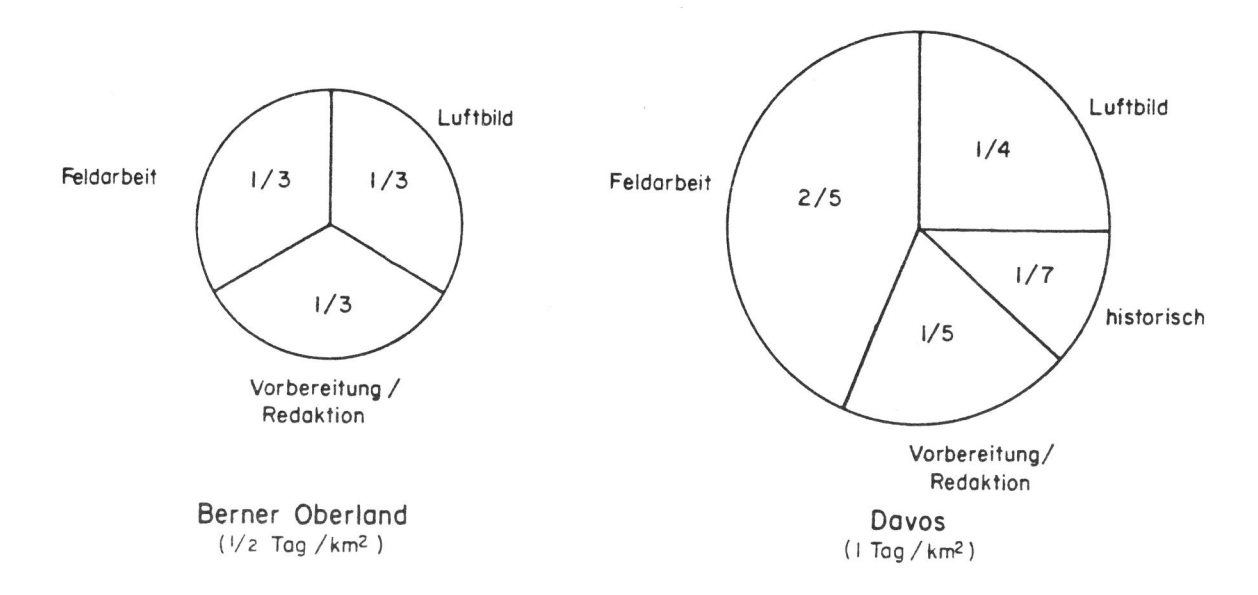

Abb. 77. Zeitlicher Aufwand und Anteile der verschiedenen
Arbeitsphasen im Berner Oberland und Davos

Mit anderen Worten: Der zeitliche Aufwand fuer die Erarbeitung von Gefahrenhinweiskarten 1:10 000 in Davos war gerade doppelt so hoch, wie derjenige fuer die Gefahrenhinweiskarte 1:25 000 im Berner Oberland.

Ein Teil dieses Mehraufwandes geht zu Lasten der vermehrten Feldarbeit, ein anderer duerfte der - wegen des groesseren Massstabes notwendigen - groesseren Sorgfalt bei der Abgrenzung der Gefahrengebiete zuzuschreiben sein. Zudem erforderte die zusaetzlich durchgefuehrte, detaillierte Aufnahme der Blaiken mehr Zeit.

Vorbehalte

Gefahrenkartierung kann in unserem dichtbesiedelten Berggebiet politisch brisant sein. Nur Spezialisten sollten sich damit befassen, und die Zusammenarbeit aller beteiligten Fachleute (Forstdienst, Lawinenfachleute, Geomorphologen etc.) ist unbedingt anzustreben.

Die Abgabe von Gefahrenkarten im Richtplanmasstab an lokale Behoerden, Bauherrschaften etc. darf nicht ohne klare Vorbe-

halte betreffend deren Genauigkeit und Rechtskraft erfolgen:
Die beschriebene Gefahrenkarte ist eine Hinweiskartierung
ohne die Rechtskraft eines Zonenplanes. Sie dient als Grundlage fuer die Regionalplanung, als Ueberblick ueber die Art
der nach menschlichem Ermessen ohne aufwendige fachtechnische
Berechnungen moeglicher Gefahren. Fuer bauliche Massnahmen
ist die lokale Gefahrensituation in jedem Fall vorher abzuklaeren. Weiss belassene Gebiete sind in der Nachbarschaft
von Gefahrengebieten nicht nachweislich gefahrenfrei.

Verwendung

Die Gefahrenhinweiskarten, bearbeitet nach dem beschriebenen
System, sind das Resultat interdisziplinaerer Zusammenarbeit
zwischen Forstdienst, Lawinenfachleuten und spezialisierten
Geographen. Sie darf als praxisnah und, bei erstaunlich geringem Aufwand, als sehr zweckmaessig fuer
Richtplanungszwecke bezeichnet werden. Massnahmen zur Verbesserung der Schutzwirkungen, wie sie im Rahmen der integralen Sanierungsprojekte in den bezeichneten grossen
Perimetern im Berner Oberland vorzusehen sind, koennen damit
von Anfang an auf die wichtigen Gefahrenherkunftsgebiete und
die gefaehrdeten Zonen und Objekte konzentriert werden. Damit
wird nicht eine maximal wuenschbare, sondern eine minimal
notwendige Sanierung angestrebt, welche in unserem dichtbesiedelten und touristisch stark frequentierten Berggebiet
eine Infrastrukturaufgabe ist.

6.2 BESONDERE PROBLEME

In diesem Kapitel sollen verschiedene Probleme diskutiert
werden, auf die wir bei unseren bisherigen
Gefahrenkartierungen gestossen sind.

6.2.1 Probleme der Luftbildinterpretation in Gebirgsraeumen

Die Luftbildinterpretation von Gebirgsbildern wird durch 3
Faktoren entschieden erschwert:

1. Die Grossen Hoehendifferenzen in Gebrigslandschaften rufen auf dem Luftbild Veraenderungen der Bildgeometrie
   hervor, und zwar

   — einen variablen **Bildmassstab** innerhalb desselben
   Bildes
   — sowie **verstaerkte Verzerrungen**.

2. Die Steilheit des Gelaendes und die wechselnde Exposition
   im coupierten Relief eines Gebirgsraumes verursachen sehr

— unterschiedliche Beleuchtungsverhaeltnisse

Welche Folgen haben nun diese Einfluesse auf die einzelnen Identifikationsmerkmale?

ad: **Der variable Bildmassstab und verstaerkte Verzerrungen**

Die durch die grossen Hoehenunterschiede bedingten variablen Bildmassstaebe sind in einer schematischen Profilskizze (Abb. 78) dargestellt.

Die Abhaengigkeit des Bildmassstabes von der Hoehe ueber Grund wird in der Formel

$$m = \frac{HuG}{f} \qquad \begin{array}{l} m = \text{Bildmassstab} \\ HuG = \text{Hoehe ueber Grund} \\ f = \text{Brennweite des Objektivs} \end{array}$$

deutlich.

m u M	Massstab	Stereoschwelle	Aufloesung
2500	1:16 300	95 cm	32 cm
2000	1:19 600	114 cm	39 cm
1500	1:22 900	133 cm	45 cm
1000	1:26 100	156 cm	51 cm

Einheits-Vergleichsstrecke
Kamera f = 152.87 mm
Flughohe = 5000 muM

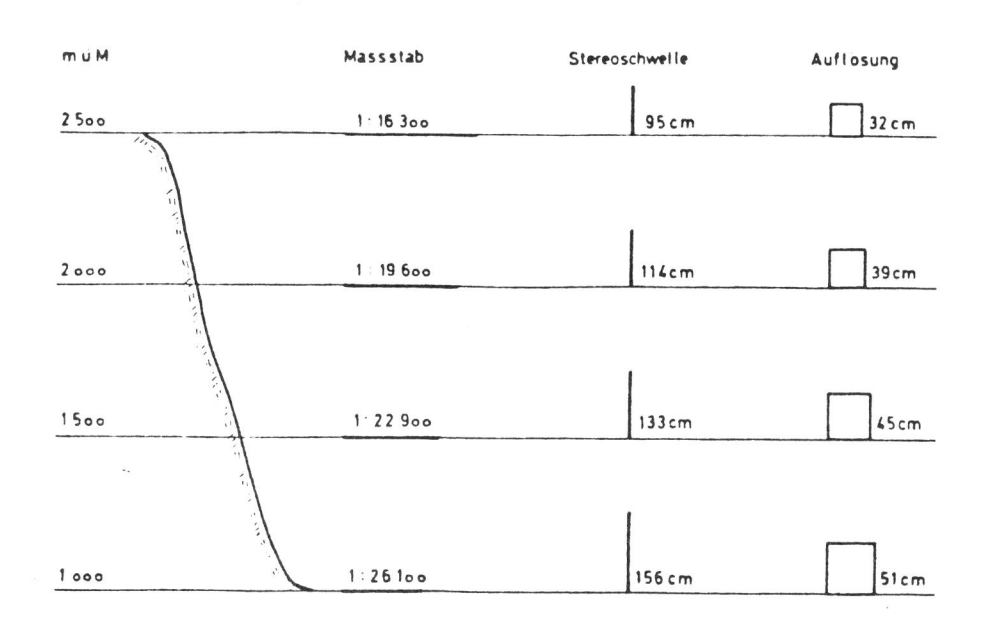

Abb. 78. Hoehenprofilskizze: mit Massstabsaenderungen, Stereoschwellen und Aufloesung bei unterschiedlicher Hoehe ueber Grund

Von diesen Massstabsaenderungen sind insbesondere die
folgenden Identifikationsmerkmale betroffen:

— die T e x t u r

Da die Textur die Detailbeziehung eines Objektes beschreibt, ist sie von der Objektgroesse und vom
Aufloesungsvermoegen des Films abhaengig. Wenn die
Dimensionen eines Bestandteils der Textur nahe der
Untergrenze der Aufloesung liegen, so sind sie, je
nach Hoehenlage des betreffenden Objektes im Gelaende, auf dem Luftbild gerade noch sichtbar oder eben
nicht mehr zu sehen.

Bei einem Aufloesungsvermoegen von 20 - 40 Linien/mm
(KONECNY 1975: 37-37) ergibt die Groesse des
kleinsten, gerade noch aufgeloesten Details bei einem
Bildmassstab der angegebenen Groessen folgende Werte
(Tab. 11):

Tab. 11. Zusammenhang zwischen Bildmassstab, Aufloesung und
Objektgroesse

Bildmassstab	20 Linien / mm	40 Linien / mm
1 : 30 000	120 cm *	60 cm *
1 : 20 000	80 cm *	40 cm *
1 : 10 000	40 cm *	20 cm *

* Objektgroesse des kleinsten, gerade noch aufgeloesten
Details

Das ergibt wegen der Bildmassstabsvariationen mit
variabler Hoehe selbst im gleichen Luftbild verschiedene Texturen fuer gleichartige Objekte (vgl.
Tab. 11).

— der S t e r e o e f f e k t

Auch die Stereoschwelle ist, wie die folgende Formel
ergibt, massstabsabhaengig:

$$h_{min} = \frac{m\ f\ V\ dp_o}{b}$$

m = Bildmassstabszahl

f = Brennweite der Auf=
nahmekammer

V = Vergroesserung des
Stereoskopes

dp_0 = kleinste wahrnehmbare
Parallaxe

b = Bildbasis

(nach GIERLOFF - EMDEN, SCHROEDER - LANZ 1970:290)

Die Objekthoehe, die gerade noch raeumlich erscheint, steigt beispielsweise auf unserem Stereogramm (Abb. 7 auf S. 24) (obere und untere Vergleichsstrecke) von 95 cm (bei einem Bildmassstab von 1:16 666 auf 1 550 m.u.M.) auf 150 cm (bei einem Bildmassstab von 1:25 000 auf 700 m.u.M.).

— Hoehenstufung der Vegetation

Durch die grossen Hoehendifferenzen taucht noch ein weiteres Problem auf, das die Interpretation unter Umstaenden erschwert: Der mit der Hoehe <u>wechselnde Vegetationszustand</u> hat Veraenderungen in der Abbildung der betreffenden Vegetation zur Folge (z.B. herbstlicher Farbwechsel der Zwergstraeucher).

ad: **Die unterschiedliche Beleuchtung**

Bereits oben erwaehnte Umstaende (starke Gliederung des Gelaendes, Steilheit der Haenge, abrupte Expositionswechsel) schaffen sehr unterschiedliche Beleuchtungsverhaeltnisse. Die Groesse dieser Differenzen laesst die folgende Abbildung erkennen:

Dabei wird die Beleuchtungsintensitaet ganz links als 1 gesetzt und die anderen als ein entsprechendes Mehrfaches davon angesehen.

Durch diese unterschiedlichen Beleuchtungen werden **Grauton** und **Farbe** veraendert: Das gleiche Objekt kann je nach Lage (Exposition, Hangneigung und Sonnenstand, Mitlicht, Seitenlicht oder Gegenlicht eine andere Toenung annehmen.

Diese nur unter groesstem Aufwand bestimmbaren Randbedingungen fuer eine methodisch korrekte densitometrische

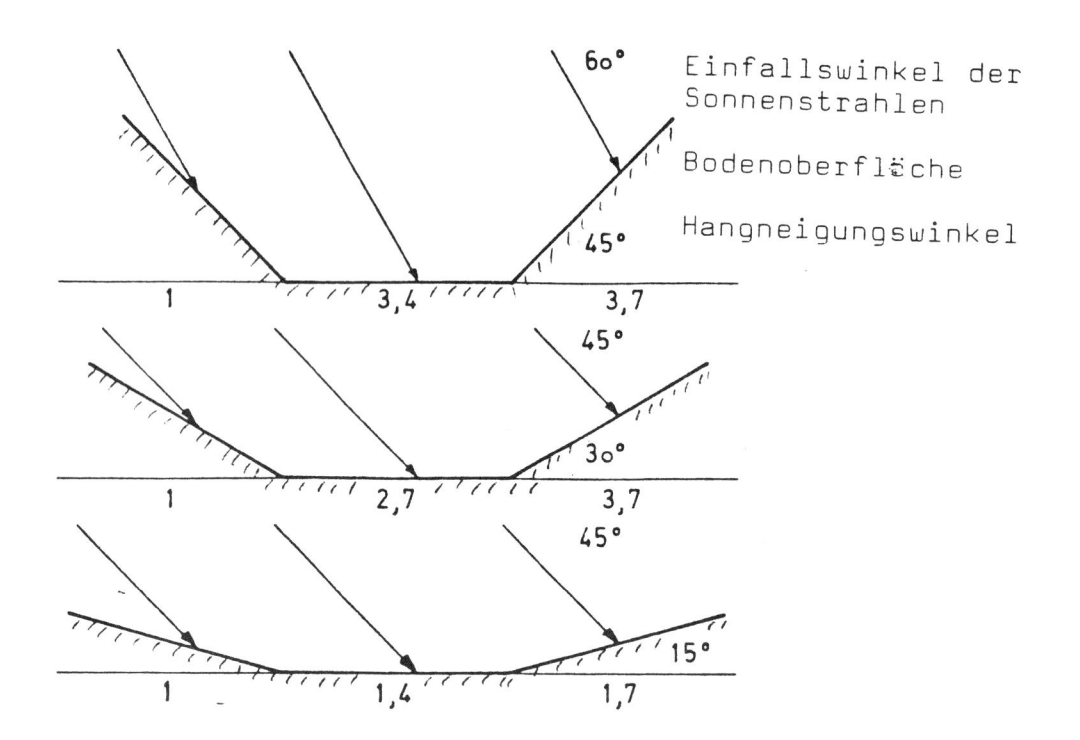

```
                    60°   Einfallswinkel der
                          Sonnenstrahlen
                          Bodenoberfläche
                    45°   Hangneigungswinkel
     1    3,4    3,7
                    45°
                    30°
     1    2,7    3,7
                    45°
                    15°
     1    1,4    1,7
```

Abb. 79. Veraenderungen der Beleuchtungsintensitaet (nach HAEFNER 1963:34)

Auswertung sind beim operationellen Einsatz, den diese Arbeit ja vorsieht, noch nicht realisierbar. Zweifellos muessten gezielte Untersuchungen in dieser Richtung weiterfuehren, doch gehoeren sie nicht zur Zielsetzung der hier vorliegenden Arbeit.

Die von mir trotzdem durchgefuehrten Dichtemessungen (vgl. Abb. 80 auf S. 173) zeigen diese unterschiedliche Toenung desselben Elementes, und auch die Ueberschneidung der Messwerte mit Werten anderer Formen wird deutlich. So sind z.B. Vernaessungen und Zwergstraeucher im Grauton kaum unterscheidbar (der Schwaerzungswert ueberschneidet sich im Bereich von 0,036 bis 0,041). Auch das Auseinanderhalten von Erosionsanbruechen im Anstehenden bzw. im Lockermaterial ist vom Grauton her problematisch (vgl. Abb. 80 auf S. 173 in beiden Faellen laesst jedoch das Echtfarbbild eine relativ deutliche Differenzierung erkennen).

Unter den dargelegten Umstaenden scheint es wenig sinnvoll, im Interpretationsschluessel eine absolute Grautonskala zu verwenden. Ich habe deshalb fuer die Grautonwerte in den Luftbildinterpretationsschluesseln eine relative Stufung gewaehlt (vgl. Grunder 1976:104-126).

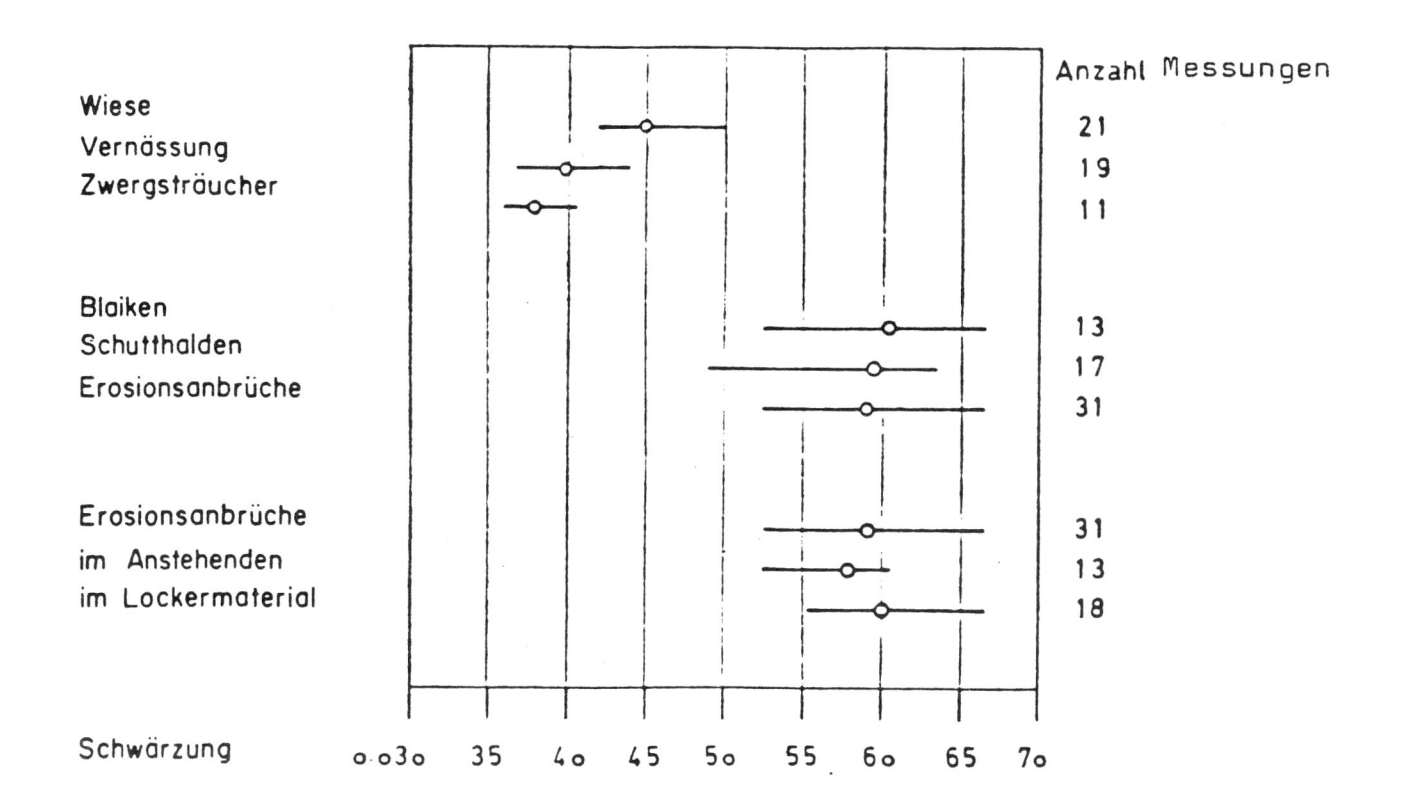

```
Wiese                                                                Anzahl Messungen
Vernässung                                                                  21
Zwergsträucher                                                              19
                                                                            11

Blaiken                                                                     13
Schutthalden                                                                17
Erosionsanbrüche                                                            31

Erosionsanbrüche                                                            31
im Anstehenden                                                              13
im Lockermaterial                                                           18

Schwärzung    0.030  35  40  45  50  55  60  65  70
```

Abb. 80. Grautonwerte-Diagramm (Schwaerzungsmessungen mit dem Densitometer 'MACBETH TD-504' auf schwarz-weiss Luftbildern)

6.2.2 Zur Sturzgefahr: das Probelm der Reichweite

Bereits im Kap. "Sturzgefahren" auf S. 33 haben wir auf die Problematik der Bestimmung der Sturzreichweite hingewiesen. In den beschriebenen Kartierungen haben wir fuer die Reichweite der wenigen moeglichen Felsstuerze jeweils die Maximalvariante bis ganz hinunter ins Bachtobel oder auf den Talboden kartiert (vgl. Kap. "Gefahrenhinweiskarten Berner Oberland" auf S. 108 'Gadmen' und "Die Gefahrenhinweiskarte MAB-Davos" auf S. 147 'Davos'). Wie wir aber gesehen haben, bedeutet in der Regel die Kartensignatur 'Sturzgefahr' nur Steinschlaggefahr. Die Reichweite des Steinschlages haben wir jeweils gemaess 'stummer Zeugen' oder entsprechend der Gelaendeanalyse gutachtlich bestimmt.

JOHN und SPANG (1979:6) schlagen vor, die Reichweite kleiner Felsstuerze und Steinschlaege gegebenenfalls durch Versuche vor Ort ohne grossen Aufwand zu bestimmen. Das mag fuer Einzelfaelle ein durchaus geeignetes Verfahren sein, kommt aber bei grossflaechigen Gefahrenbeurteilungen fuer regionale Kartierungen, wie wir sie vorsehen, nicht in Frage.

Wir glauben, dass sich fuer Gefahrenhinweiskarten ein groesserer Aufwand zur Bestimmung der Reichweite von Sturzgefahr nur dort lohnt, wo schon heute ein Verlustpotential (d.h. gefaehrdete Objekte) vorhanden ist. Fuer zukuenftige Vorhaben (Bauten etc.) muesste unterhalb eines Sturzgefahrenbereiches die Bauherrschaft selbst den Nachweis der genuegenden Sicherheit erbringen.

Wir moechten deshalb hier einige Gedanken zum Probelm der Reichweite von Steinschlaegen beitragen. Dazu muessen wir uns einige physikalische Grundlagen der Sturzbewegung vergegenwaertigen:

Die untenstehende Abbildung (Abb. 81) zeigt die verschiedenen Bewegungsarten, die bei Steinschlag und Felssturz auftreten.

springen   **rollen**   **gleiten**

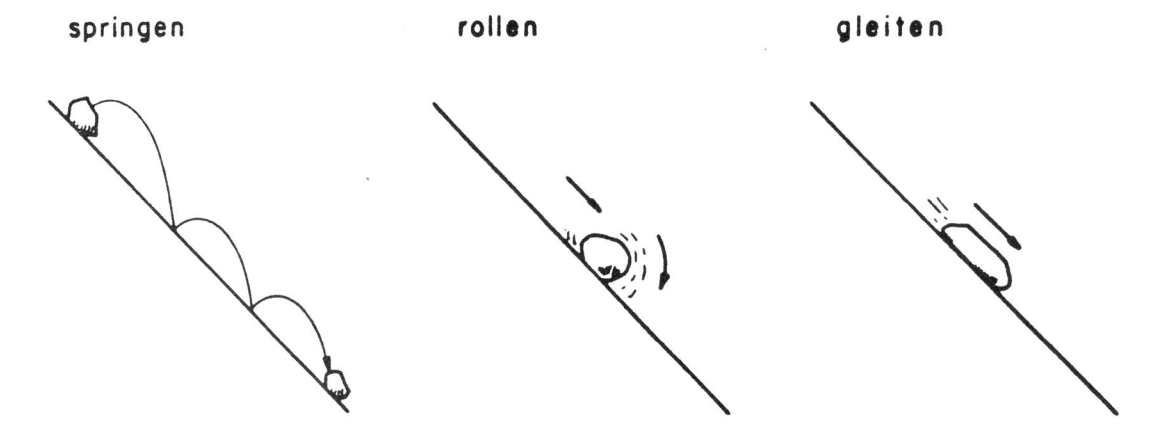

Abb. 81. Springen, Rollen, Gleiten - die 3 moeglichen Bewegungsarten bei Steinschlag und Felssturz

Dabei sind hauptsaechlich die folgenden Einflussfaktoren wirksam:

— die **Boeschungshoehe** ist fuer den Gesamtenergiebetrag massgebend,

— die **Hangneigung** bewirkt eine Beschleunigung oder eine Verzoegerung,

— die **Bodenkontakte**, bzw. die **Bodenrauhigkeit** und die **Plastizitaet** bestimmen die dabei auftretenden Energieumwandlungen;

— die **Form der Steine / Bloecke** beeinflusst ebenso im Zusammenhang mit den Bodenkontakten die dabei auftretenden Energieumwandlungen.

Bei einem Sturzereignis treten die obgenannten Bewegungsarten oft alle drei auf:

Fuer die Gefahrenhinweiskartierung benoetigen wir Angaben ueber die Ausdehnung des Gefahrenbereiches unterhalb einer potentiellen Absturzstelle (ohne Bemessung einer Gefaehr-

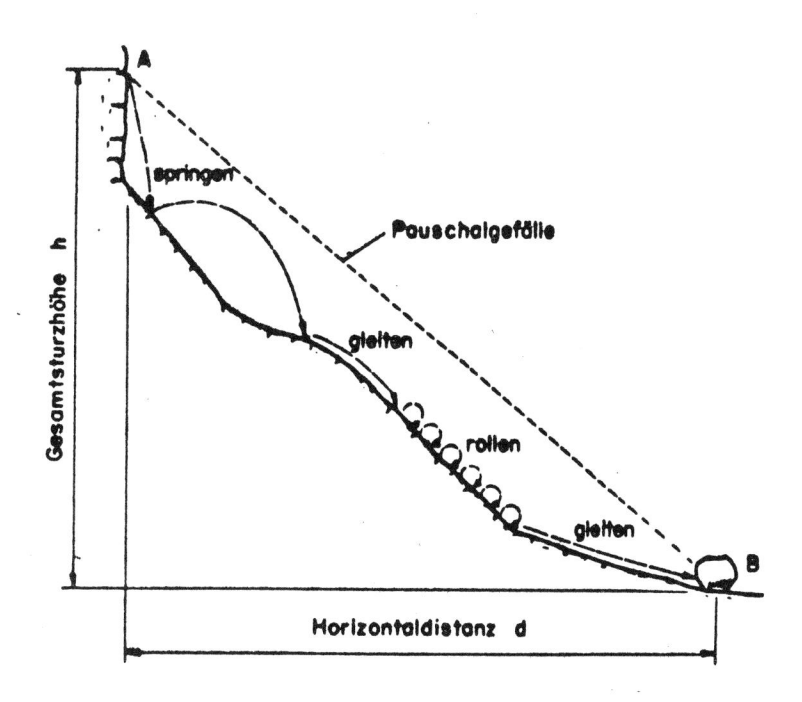

Abb. 82. Moeglicher Verlauf eines Steinschlages (schematische Darstellung)

dungsstufe). Zu diesem Zweck genuegt die Bestimmung der Horizontaldistanz d, der Reichweite des Sturzes (vgl. Abb. 82 auf S. 175).

Die physikalischen Beziehungen lassen sich schematisch wie folgt darstellen (vgl. Abb. 83 auf S. 176):

Dabei gilt (nach SCHEIDEGGER 1975:120):

$$E_a = \frac{7}{10} m v^2_a + m g h \qquad E_b = \frac{7}{10} m v^2_b + \mu m g \cos\beta\, s$$

$$\quad E_{kin} \qquad E_{pot} \qquad\qquad E_{kin} \qquad\qquad R_{reib}$$

Nach dem Energieerhaltungsgesetz gilt $E_a = E_b$.
Wir koennen demnach gleichsetzen:

$$\frac{7}{10} m v^2_a + m g h = \frac{7}{10} m v^2_b + \mu m g \cos\beta\, s$$

$$\quad 0 \qquad\qquad\qquad\qquad 0$$
(Abloesungsstelle)   (Stillstand unten)

Es bleibt $\quad m g h = \mu m g \cos\beta \, s$
bzw. $\quad h = \mu \cos\beta \, s$

nach s aufgeloest: $s = \dfrac{h}{\mu \cos\beta}$ = Distanz am Hang

nach d aufgeloest: $d = s \cos\beta = \dfrac{h \cos\beta}{\mu \cos\beta}$

also: $d = \dfrac{h}{\mu}$ = Horizontaldistanz (Distanz auf der topographischen Karte)

nach μ aufgeloest: $\mu = \dfrac{h}{\cos\beta \, s} = \dfrac{\sin\beta}{\cos\beta} = tg\beta$

das heisst, der Reibungskoeffizient μ = tg des Pauschalgefaelles β.

$$E_A = E_{kin_A} + E_{pot_B}$$

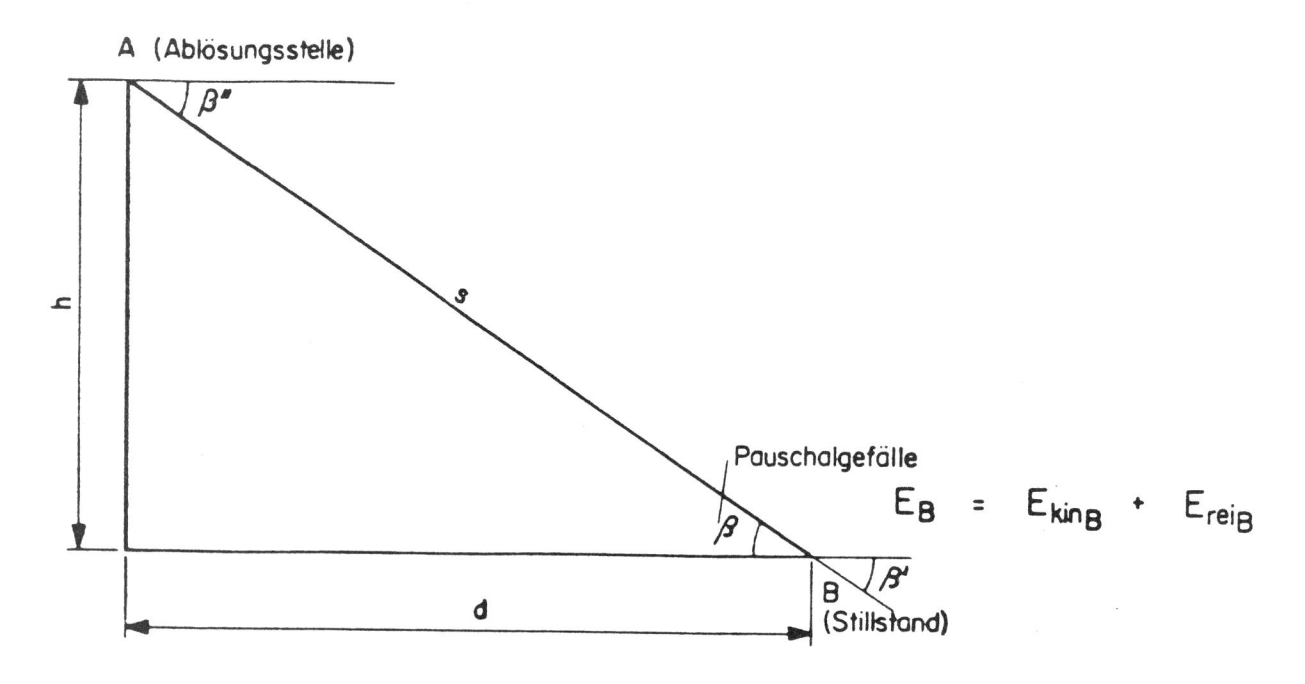

$$E_B = E_{kin_B} + E_{rei_B}$$

Abb. 83. Geometrische und physikalische Beziehungen bei Steinschlag (nach SCHEIDEGGER 1975:120, abgeaendert).

HEIM (1932), SCHELLER (1970), JOHN und SPANG (1979) sowie
LAATSCH et al. (1981) weisen diese Beziehung fuer Fels- und
Bergstuerze nach, wobei SCHELLER den Begriff **Pauschalgefaelle**
fuer die Neigung einfuehrt.

Wie man an Abb. 82 auf S. 175 und Abb. 84 ersehen kann, ist
das Pauschalgefaelle die Neigung der Verbindungslinie zwischen der Abloesestelle und dem Stillstand im Schwerpunkt
eines stuerzenden Felsbrockens.

LAATSCH et al. (1981) schlagen nun vor, diese Beziehung zur
Bestimmung der Reichweite von Fliesslawinen zu verwenden.
Fuer diesen Zweck zeigen sie eine graphische Loesungsmethode
auf, indem sie ein nach verschiedenen Gebietsparametern empirisch bestimmtes μ waehlen, damit das Pauschalgefaelle
β berechnen, dieses an der Anrissstelle in einer Lawinenprofilskizze ansetzen und beim Schnittpunkt dieser Strahlen mit
der Bodenlinie dieses Profils den Endpunkt der Lawine bestimmen (vgl. Abb. 84).

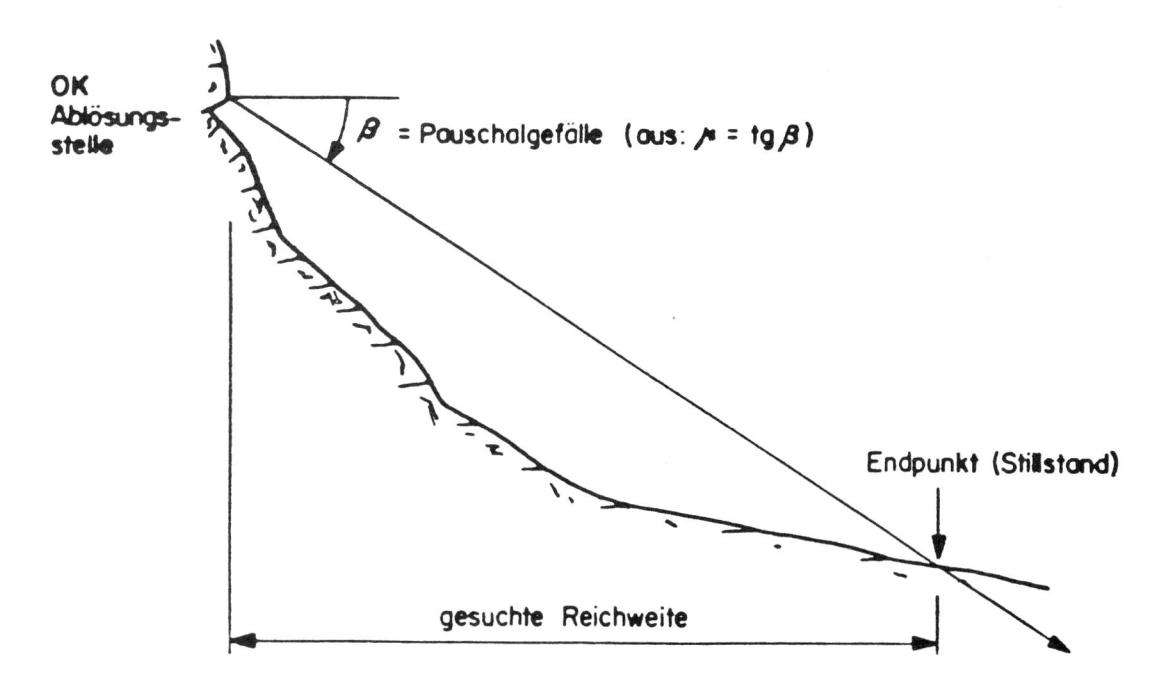

Abb. 84. Mit dem Pauschalgefaelle auf graphische Weise in
einem Profil bestimmte Sturzreichweite.

Falls sich dieses Parameter-Modell auf den Steinschlag anwenden laesst, schlagen wir folgendes Verfahren vor:

1. Man erstellt eine Profilskizze von der zu erwartenden
   Absturzstelle.

2. Man waehlt einen aus der Gelaendeanalyse bestimmten
   Reibungskoeffizienten μ und berechnet

3. daraus das Pauschalgefaelle β: $\mu = tg\,\beta$

4. In der Profilskizze setzt man im vermuteten Schwerpunkt der potentiellen Sturzmasse an der Absturzstelle einen Strahl mit der Neigung β an und bestimmt

5. den Schnittpunkt mit der Profillinie, was den Endpunkt des Sturzes und damit die gesuchte Reichweite anzeigt.

Es gilt noch, aus moeglichst vielen Steinschlaegen fuer verschiedenste Gegebenheiten der obgenannten Einflussfaktoren (Bodenrauhigkeit, Plastizitaet des Bodens, Form der Bloecke) empirische Werte fuer μ zu bestimmen. Diese konnten im Rahmen dieser Arbeit nicht mehr systematisch und statistisch verwertbar erhoben werden. Feldversuche anlaesslich eines Praktikums mit Studenten haben jedoch gezeigt, dass der aufgezeigte Weg gangbar ist. In diesen Versuchen zeichnete sich bei grasbewachsenen Sturzbahnen fuer den Reibungskoeffizienten μ eine Bandbreite von 0,64 bis 0,66 ab.

6.2.3 Zur Beurteilung der Hangstabilitaet

Es sei daran erinnert, dass wir unter 'Rutschung' in der vorliegenden Arbeit Bewegungen von Hangteilen aus <u>Lockermaterial</u> oder <u>Boden</u> verstehen und Felsrutsche unter dem Begriff 'Sturz' behandelt haben (vgl. S. 34).

Probleme beim Erkennen potentieller Rutschgebiete bei Haengen aus Grundmoraenenmaterial oder anderem bindigem Lockermaterial koennen dann entstehen, wenn morphologische Hinweise voellig fehlen.

Hier stehen zwei Moeglichkeiten offen (vgl. dazu auch Kap. "Die Rutsch-Disposition" auf S. 185):

1. Wie belegen fragliche Haenge mit einer Signatur 'potentielle Rutschgefahr - vor Eingriffen noch zu ueberpruefen'. Dabei duerfen diese speziellen Untersuchungen durchaus dem Interessierten (auch Privaten) zugemutet werden (vgl. auch KIENHOLZ 1977:179).

2. Eine einfache Moeglichkeit zur bodenmechanischen Beurteilung der Standsicherheit von hangparallel durchstroemten Boeschungen zeigt PREGL (1980) auf (Abb. 85 auf S. 179).

In diesem Diagramm werden die folgenden drei relativ einfach zu bestimmenden Parameter verwendet:

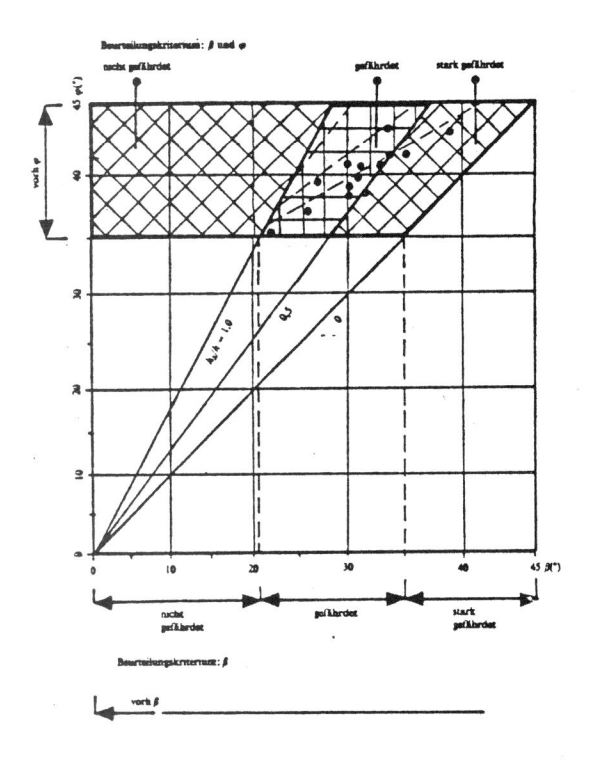

Abb. 85. Von PREGL vorgeschlagenes Beurteilungskriterium zur Bestimmung der Hangstabilitaet (aus PREGL 1980:107)

der Boeschungswinkel
der Reibungswinkel
das Verhaeltnis   h2/h   (h = Gesamtmaechtigkeit des Lockermaterials
                              h2 = Hoehe des Grundwasserspiegels)

Die Lage der Parameter h_2/h wird nach der Formel

$$\tan\varphi = \frac{\gamma_2 + \gamma_1\left(\dfrac{h}{h_2} - 1\right)}{\gamma_2 + \gamma_1\left(\dfrac{h}{h_2} - 1\right) - \gamma_w} \tan\beta \quad \text{festgelegt.}$$

γ_1 = Gewicht des Bodens oberhalb des Grundwasserspiegels
γ_2 = Gewicht des Bodens unterhalb des Grundwasserspiegels
γ_w = Gewicht des Wassers

In Abb. 85 wurde zur Bestimmung der Lage von h2/h fuer 1 = 20 kN/m³, fuer 2 = 21,5 kN/m³ (= Mittelwert fuer Verwitterungsschutt kristalliner Schiefer) eingesetzt.

Das heisst, wir koennen dieses Diagramm z.B. fuer den Raum Davos direkt uebernehmen.

Fuer andere petrographische Verhaeltnisse muesste die Strahlenschar h2/h nach obiger Formel neu festgelegt werden. Die dazu benoetigten Raumgewichte finden sich z.B. in Tabellen der USCS-Klassifikation (SNV Norm 670010).

Es stellt sich nun noch die Frage, wie die anderen Parameter des Diagrammes gewonnen werden koennen.

Fuer den Boeschungswinkel ist das sicher kein Problem, er kann der Karte entnommen oder im Gelaende gemessen werden.

Zur Bestimmung des Reibungswinkels ρ koennen Scherversuche oder bei Kenntnis der entsprechenden Korrelation Rammsondierungen durchgefuehrt werden. Beide Verfahren sind aber fuer unsere Zwecke der Gefahrenhinweiskartierung zu aufwendig. Sie kommen unseres Erachtens erst in einer detaillierteren Beurteilung zum Einsatz (vgl. Kap. "Die Dispositionsstufen" auf S. 184).

Um trotzdem dieses Diagramm fuer unsere Beurteilung einsetzen zu koennen, schlagen wir zur Bestimmung von ρ folgendes Vorgehen vor:

1. Bestimmung des betreffenden Lockermaterials nach USCS-Klassifikation, um dann

2. in der entsprechenden Tabelle den Reibungswinkel ρ herauszulesen (SNV Norm 670 010).

3. Dieser ergibt die Untergrenze des schraffierten Bereichs in Abb. 85 auf S. 179

Dieses Verfahren zur Beurteilung der Hangstabilitaet wollen wir am Beispiel des Grueniwaldes (780 700/184 700) bei Davos demonstrieren:

Wegen der unterschiedlichen Hangneigung (oberer Bereich um 25°, unterer Bereich 32° - 35°) unterteilen wir den Hang in 2 Beurteilungsflaechen. Diese beiden Flaechen werden mit dem PREGL-Diagramm (Abb. 85 auf S. 179) auf ihre Hangstabilitaet hin untersucht:
Fuer diesen Unterschied in der Gefaehrdung der beiden Flaechen ist die Hangneigung massgebend. Die beiden anderen Parameter (Materialart und Reibungswinkel) sind fuer das Moraenenmaterial in beiden Flaechen gleich.

Dem ist noch beizufuegen, dass sich im Mai 1982 im suedlichen Teil des unteren Hangbereiches (780 700/184 600) nach

Tab. 12. Bestimmung der Hangstabilitaet mit den 3 Parametern

— Hangneigung β
— Materialart
— Reibungswinkel ρ

	Flaeche 1 (oberer Hangbereich)	Flaeche 2 (unterer Hangbereich)
β	25°	32° - 35°
Materialart (USCS)	GM - GC	GM - GC
ρ	36°	36°
Gefaehrdungsstufe	gefaehrdet	stark gefaehrdet

Schneeschmelze und heftigen Niederschlaegen tatsaechlich ein Grundbruch mit einem groesseren Rotationsrutsch ereignete (vgl. Abb. 37 auf S. 65 und Kap. "Die Gefahrenhinweiskarte MAB-Davos" auf S. 147).

6.2.4 Zum Problemkreis Wildbach, Lawinen und Blaikenbildung

Wir moechten hier zusammenfassend nochmals drei Problemkreise aufgreifen, auf die wir zum Teil im Vorhergehenden bereits hingewiesen haben.

1. Zum Problemkreis 'Wildbachgefahr'

   Ein Problem, das nur in eingehender Feldarbeit geloest werden kann, stellt die Abschaetzung des Geschiebepotentials dar. Deshalb ist in einer ersten Beurteilung die Abgrenzung eines Gefahrenbereichs am Schwemmkegel ge- laendeanalytisch gutachterlich und noch nicht rechnerisch vorzunehmen.

   Man kann sich auch hier auf den Standpunkt stellen, dass die Bauherrschaft selbst den Nachweis einer genuegenden Sicherheit des gewaehlten Standortes zu erbringen hat.

   Es sei in diesem Zusammenhang noch an die **vorlaeufige Wildbach-Gefaehrlichkeits-Klassifikation fuer Schwemmkegel** von AULITZKY (1973) erinnert, die zur Bestimmung der Gefahrenstufen fuer bestimmte Standorte am Schwemmkegel sehr gute Dienste leistet.

2. <u>Zum Problemkreis 'Lawinengefahr'</u>

   Hier stellt sich die Frage, wie sollen Lawinenverbauungen beruecksichtigt werden.

   Bei Anrissverbauungen ist sicher eine 'Rueckzonung' moeglich, muss aber von Fall zu Fall entschieden werden.

   Im Falle eines Auffangbeckens und der Bremshoecker wie bei der Dorfbachlawine kann die Lawinengefahrenzone wie folgt angepasst werden: Der gesamte bisherige Gefahrenbereich bleibt in seiner Ausdehnung bestehen, wird aber auf 'blau' zurueckgestuft und mit Evakuationsplaenen belegt. Dazu ist eine Beobachtung der Lawinensituation und des Auffangbeckens notwendig, um gegebenenfalls (bei anhaltender Lawinengefahr und bereits gefuelltem Auffangbecken) eine Evakuation zu veranlassen.

   Gleitschnee stellt durch seine langsame Bewegung keine Lebensgefahr dar, kann aber durch Schuerfen und Stossen doch Schaeden am Kulturland verursachen.

3. <u>Zum Problemkreis 'Blaikenbildung'</u>

   Zum besseren Verstaendnis der Bedingungen fuer Blaikenbildung koennten gerade im Raum Davos noch weiterfuehrende Arbeiten geleistet werden.

   Meines Erachtens waere noch folgendes zu tun:

   — Bestimmung der flaechenhaften Blaikenentwicklung mit dem Autopraphen an ausgewaehlten Beispielen (z.B., Lochalp und Dorftaelli, Buelenberg und Jakobshorn NE-Kar) anhand von Luftbildern verschiedenen Alters.

   — Aufarbeiten der entsprechenden Schneedaten (aus den Winterberichten des EISLF).

   — Detaillierte Untersuchung der geotechnischen Bodeneigenschaften.

   — Beizug der Vegetationskartierung (Datensatz MAB-Davos)

   — Beizug der Nutzungsaenderungen (Datensatz MAB-Davos)

   Damit sollte es moeglich sein, die Wechselwirkungen, die zu diesem Erosionsprozess fuehren, besser zu verstehen, um gegebenenfalls entsprechende Massnahmen zur Verhinderung der Blaikenbildung einleiten zu koennen.

7.0 AUSBLICK

In vielen Gespraechen mit Praktikern hat sich immer wieder gezeigt, dass es bei der Massnahmenplanung gegen Naturgefahren in der Praxis unumgaenglich ist, Prioritaeten zu setzen. Sei es infolge der beschraenkten Mittel oder sei es durch die Abhaengigkeit von bestimmten politischen Konstellationen.

Um dieser Forderung nach Entscheidungsgrundlagen zur Festlegung von solchen Prioritaeten entsprechen zu koennen, schlagen wir folgende Verfahrensweisen vor, die in Zukunft noch weiter ausgebaut und verbessert werden sollten:

1.
   a. Es muessten Dispositionsstufen fuer die entsprechenden gefaehrlichen Prozesse eingefuehrt werden (vgl. Kap. "Die Dispositionsstufen" auf S. 184).
   b. Es muss zwischen Sommer- und Wintergefahren unterschieden werden, d.h. die Lawinen- und Gleitschneegefahr sind als sog. 'Wintergefahren' getrennt von den uebrigen zu betrachten.

2. Parallel zur Gefahrenbeurteilung muss eine erste Risikobeurteilung vorgenommen werden (vgl. Kap. "Zur Risikobeurteilung" auf S. 193).
   Auch hier werden die 'Wintergefahren' gesondert beruecksichtigt.

Mit diesen beiden Schritten lassen sich bereits erste Prioritaeten festlegen.

Es bleibt zu entscheiden, wo und inwiefern noch verfeinerte Beurteilungsverfahren eingesetzt werden sollen. Im weiteren muesste man in Zukunft wohl vermehrt mit Informationsrastern arbeiten, wobei sich fuer die Regionalplanung der ha-Raster vorzueglich eignen wuerde. Dazu koennte auch von der Datenbank des Eidg. Statistischen Amtes Gebrauch gemacht werden, die einige der verwendeten Merkmale im 'Informations-Hektar-Raster' enthaelt.

Die pro Rasterflaeche zu ermittelnden Merkmalswerte koennen auf verschiedene Arten erhoben werden: man konsultiere dazu die einschlaegige Literatur; es sei hier auf die Publikation von WILDI (1981) verwiesen, in der die Probleme der Landschaftsdatensysteme uebersichtlich und klar diskutiert werden.

Als Vorteil eines solchen Landschaftsdatensystems sind zu erwaehnen: Sich wandelnde Daten koennen jederzeit nachgefuehrt oder ergaenzt werden. Die verschiedenen Datensaetze lassen sich aber auch verknuepfen und zueinander in Beziehung setzen, so dass auf diese Weise wichtige Zusammenhaenge zu ersehen sind.

7.1 DIE DISPOSITIONSSTUFEN

Wir verstehen unter Disposition die Veranlagung oder Bereitschaft eines Untersuchungsgebietes fuer einen bestimmten gefaehrlichen Prozess (vgl. Kap. "Forschungsgegenstand und Begriffe" auf S. 1).

Bei der Gefahrenbeurteilung koennen wir verschiedene Stufen der Veranlagung eines Gebietes bezueglich eines gefaehrlichen Prozesses definieren. Wir schlagen eine 5-stufige Graduierung vor:

5 sehr hohe Disposition zur jeweiligen Gefahrenart

4 hohe Disposition zur jeweiligen Gefahrenart

3 ziemliche Disposition zur jeweiligen Gefahrenart

2 geringe Disposition zur jeweiligen Gefahrenart

1 kaum disponiert zur jeweiligen Gefahrenart

0 normalerweise keine Disposition zur jeweiligen Gefahrenart

Aus den bei unseren Kartierungen gewonnenen Erfahrungen haben wir versucht, eine Check-Liste zur Beurteilung des Dispositionsgrades fuer jede Gefahrenart zu entwickeln. Das Verfahren soll im folgenden vorgestellt werden, muesste aber in kuenftigen Arbeiten noch in der Praxis erprobt und gegebenenfalls angepasst werden.

7.1.1 Die Rutsch-Disposition

Die Frage, welche den Weg im Diagramm (Abb. 86 auf S. 186) und damit schliesslich den Grad der Disposition bestimmen, leiten sich aus den in Kap. "Rutschgefahr" auf S. 47 diskutierten Voraussetzungen fuer Rutschungen ab.

Fuer jede fragliche Hangflaeche, die in sich einheitlich sein sollte (vgl. Kap. "Die Evidenzstufen" auf S. 31), wird dieses Flussdiagramm durchlaufen. Der Endpunkt gibt die Rutsch-Dispositions-Stufe fuer diese Beurteilungsflaeche an. Der dabei zurueckgelegte Weg wird mit den Fragenummern protokolliert, damit eine gute Nachvollziehbarkeit gewaehrleistet ist.

Als Beispiel soll nochmals die Hangflaeche des Grueniwaldes bei Davos (780 700/184 700) beurteilt werden (vgl. Kap. "Zur Beurteilung der Hangstabilitaet" auf S. 178):

Wir unterscheiden wiederum den flacheren oberen Hangbereich (Hangneigung 25°) und den unteren etwas steileren Bereich (Hangneigung 32° - 35°).

Der Ablauf im Flussdiagramm sieht wie folgt aus:

Start
↓
Frage 1: 'Rutsch vorhanden?' wird verneint -> nein Ausgang -> Frage 2: 'vernaesst?' muss bejaht werden -> ja Ausgang -> Frage 26: 'Nadelwald?' wird bejaht -> ja Ausgang -> Frage 30: 'Hangneigung > 45°?' wird verneint -> nein Ausgang -> Frage 31: 'Hangneigung > 30°?' unterer Hangbereich ja -> Dispositionsstufe 5, oberer Hangbereich -> nein Ausgang -> Frage 32: 'Hangneigung > 20°?' oberer Hangbereich -> ja 4
↓
Dispositonsstufe 4 (oberer Hangbereich);
Dispositionsstufe 5 (unterer Hangbereich)

Die Hangflaeche des Grueniwaldes ist demnach stark rutschgefaehrdet; der obere Hangbereich weist eine **hohe** Disposition zu Rutschbewegungen auf, der untere Hangbereich zeigt sogar eine **sehr hohe** Neigung zu Rutschen.

Wenn wir jetzt beispielsweise unterstellen, die Vernaessung sei nicht feststellbar (z.B. nicht in LK 1:25 000 dargestellt sowie im Luftbild durch den Wald verdeckt), dann sieht der Weg im Diagramm wie folgt aus:

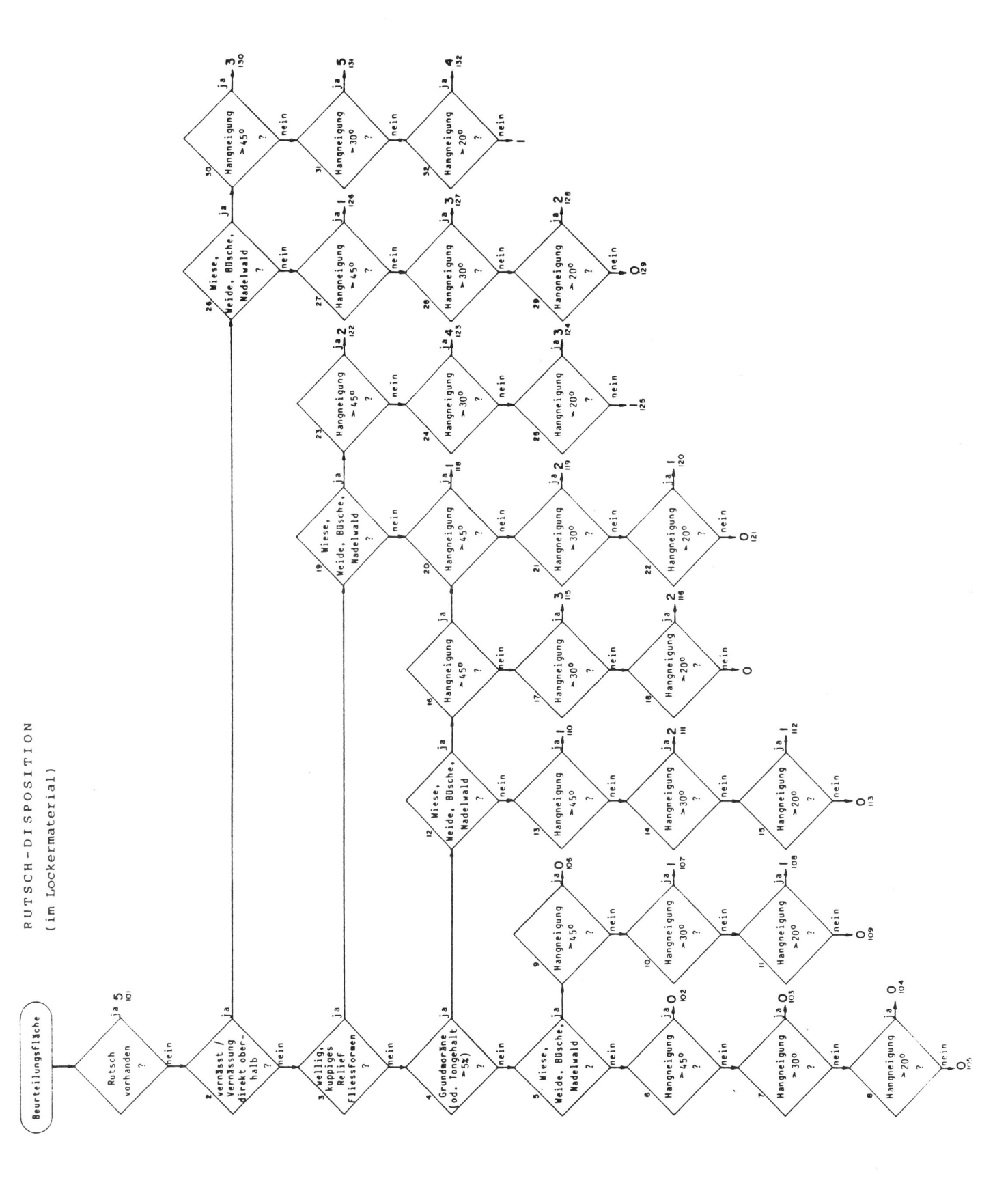

Abb. 86. Flussdiagramm zur Bestimmung des Dispositions-
grades fuer Rutsche

Start
↓
Frage 1: 'Rutsch vorhanden?' nein Ausgang-> Frage 2: 'vernaesst?' nein Ausgang -> Frage 3: 'wellig, buckeliges Relief?' ja Ausgang -> Frage 19: 'Nadelwald?' ja Ausgang -> Frage 23: 'Hangneigung > 45°?' nein Ausgang -> Frage 24: 'Hangneigung > 20°?' ja -> 3
↓
Dispositionsstufe 3

Stufe 3 ist schwaecher als 4 (mit Vernaessung), bedeutet aber immer noch 'ziemlich rutschgefaehrdet'. 4 (hohe Disposition) und 5 (sehr hohe Disposition), heisst mit anderen Worten praktisch gleich wie vorher mit Vernaessung. Wir glauben, dass solche geringe Differenzen in einer ersten Phase der Beurteilung fuer die Gefahrenhinweiskartierung durchaus tolerierbar sind. Das Verfahren zeichnet sich durch gute Nachvollziehbarkeit und zuegige Arbeitsweise in der Beurteilung aus.

Im Rahmen einer Hausarbeit an unserem Institut ist diese Check-Liste im Raum Grindelwald getestet worden. Als allererste Beurteilungsphase und im Masstab 1:25 000 versuchten wir, die Fragen nur an Hand der topographischen Karten 1:25 000 und der geologischen Karte 1:25 000 zu beantworten. Das Ergebnis wurde mit der Gefahrenkarte Grindelwald 1:10 000 von KIENHOLZ (1977) verglichen. Es zeigte sich, dass prktisch nur massstabsbedingte Differenzen zu verzeichnen waren (vgl. ZIMMERMANN 1984).

Das Verfahren muesste aber noch in anderen Gebieten erprobt werden, wobei je nach Raum moeglicherweise gewisse Modifikationen bezueglich der Gewichtung der einzelnen Fragen noetig werden.

7.1.2 Die Wildbach-Disposition

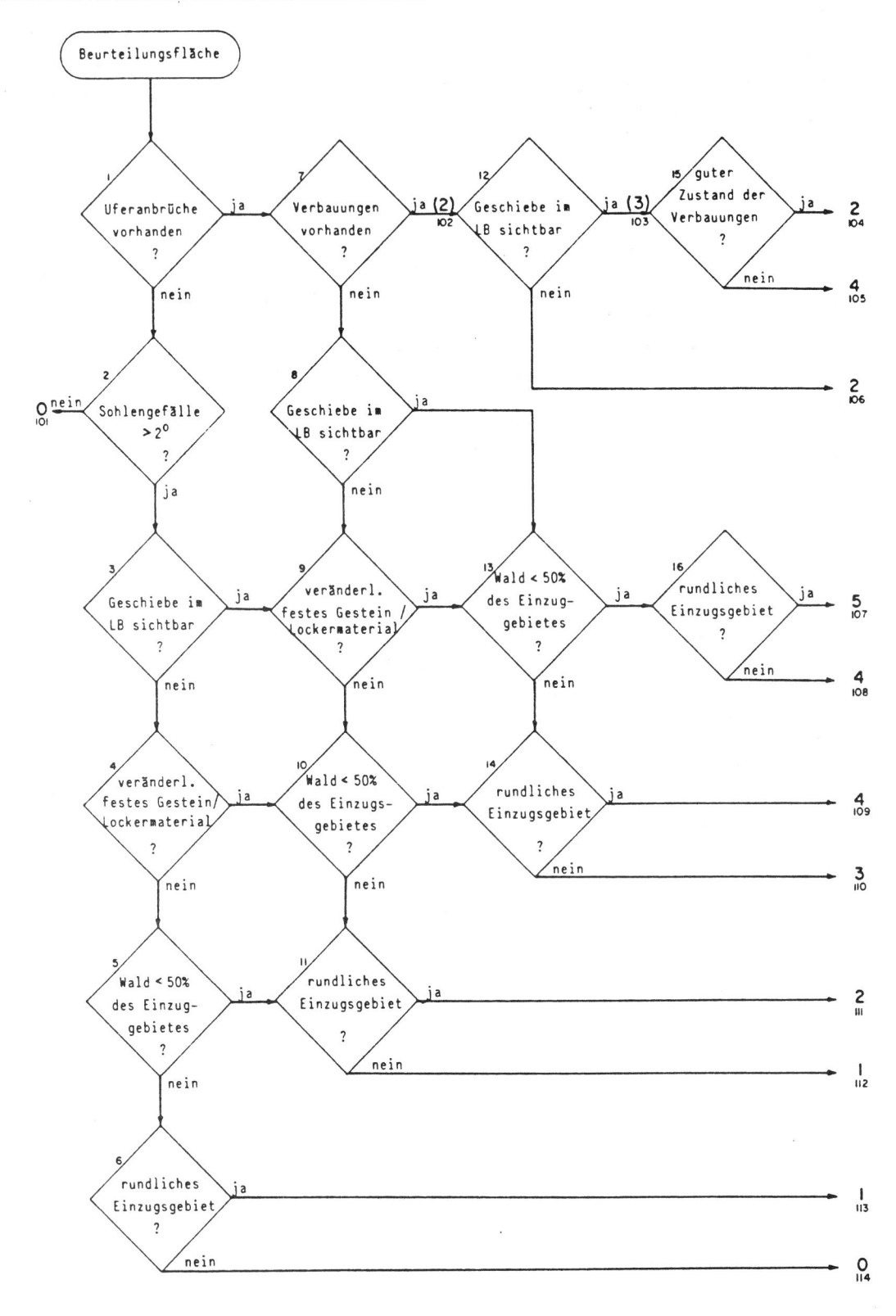

Abb. 87. Flussdiagramm zur Bestimmung des Dispositions-
grades fuer Wildbaeche

Die Wildbach-Dispositions-Beurteilung soll an einem Beispiel erlaeutert werden: Wir waehlen den Bildjibach in Davos (780 200/184 550), der unmittelbar an den Grueniwald-Hang grenzt, und welchen wir bei der Hangstabilitaets-Beurteilung (vgl. Kap. "Die Rutsch-Disposition" auf S. 185) behandelt haben.

Start
↓
Frage 1: 'Uferanbrueche vorhanden?' ja -> Frage 7: 'Verbauung vorhanden?' ja -> Frage 12: 'Geschiebe im Luftbild sichtbar?' ja -> (3) Frage 15: 'guter Zustand der Verbauungen?' im Luftbild nicht erkennbar, wir setzen deshalb die 3 vom ja Ausgang von Frage 12
↓
Dispositionsstufe 3

Diese Beurteilung des Bildjibaches mit Karten und Luftbild ergibt eine ziemliche Neigung des Bildjibaches zur Wildbachtaetigkeit.

Unter der Annahme, dass der Bildjibach noch unverbaut sei, laeuft die Beurteilung folgendermassen ab:

Start
↓
Frage 1: 'Uferanbrueche vorhanden?' in Karte -> ja Ausgang -> Frage 7: 'Verbauungen vorhanden?' nein -> nein Ausgang -> Frage 8: 'Geschiebe im Luftbild sichtbar?' ja -> ja Ausgang -> Frage 13: 'Waldanteil < 50 % der Einzugsgebiete?' ja -> ja Ausgang -> Frage 16: 'rundliches Einzugsgebiet?' nein -> 4
↓
Dispositionsstufe 4

Mit andern Worten, die Verbauungen haben eine Rueckstufung von 4 auf 3, bei gutem Zustand der Verbauungen sogar auf 2 zur Folge, was als richtig angesehen werden kann.

7.1.3 Die Lawinenanriss-Disposition

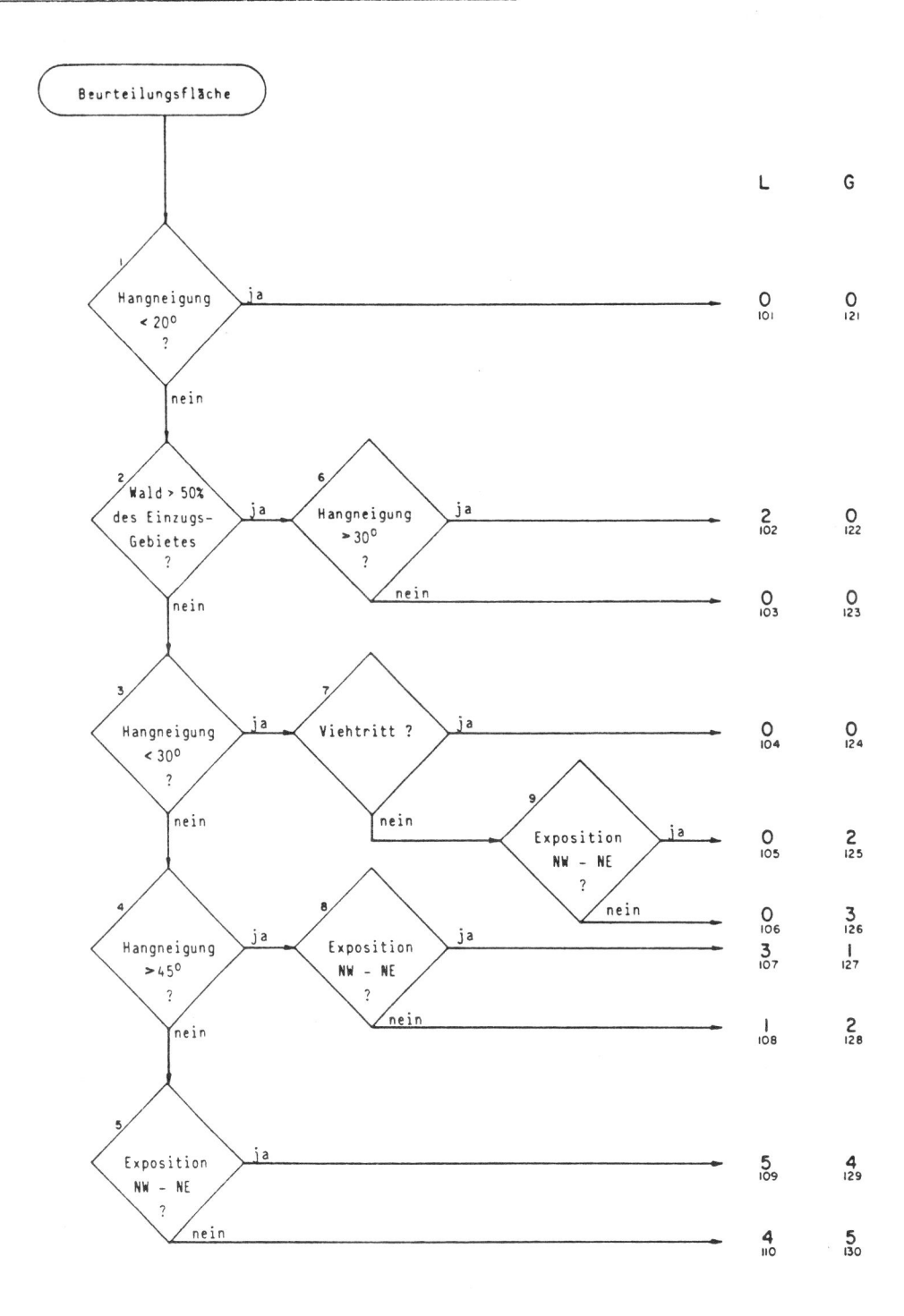

```
                    Beurteilungsfläche
                                                                    L     G

1  Hangneigung < 20° ?  ──ja──────────────────────────────────►    0     0
                                                                   101   121
   │nein

2  Wald > 50% des      ──ja──► 6  Hangneigung > 30° ? ──ja──►      2     0
   Einzugs-Gebietes ?                                              102   122
                                 │nein
                                 └──────────────────────────►      0     0
   │nein                                                           103   123

3  Hangneigung < 30° ? ──ja──► 7  Viehtritt ? ──ja──────────►      0     0
                                                                   104   124
                                 │nein
                                 └──► 9  Exposition NW - NE ? ──ja──► 0  2
                                                                      105  125
                                         │nein
                                         └──────────────────►      0     3
   │nein                                                           106   126

4  Hangneigung > 45° ? ──ja──► 8  Exposition NW - NE ? ──ja──►     3     1
                                                                   107   127
                                 │nein
                                 └──────────────────────────►      1     2
   │nein                                                           108   128

5  Exposition NW - NE ? ──ja─────────────────────────────────►     5     4
                                                                   109   129
   │nein
   └──────────────────────────────────────────────────────────►    4     5
                                                                   110   130
```

Betroffene Flächen direkt unterhalb von Lawinenanbruchsflächen sind gleich wie diese einzustufen; der weitere Verlauf der Lawine nach gutachterlicher Beurteilung.

Abb. 88. Flussdiagramm zur Bestimmung des Dispositions-grades fuer Lawinenanrisse

Wir wollen das Einzugsgebiet des Bildjibachtobels auch noch auf die Lawinenanriss-Disposition hin untersuchen:

Der oberste Bereich zum Gruenihorn hin ist bereits mit Anrissverbauungen gesichert.

Die Antworten fuer das uebrige Gebiet sehen wie folgt aus:

Start
↓
Frage 1: 'Hangneigung < 20°?' nein -> Frage 2: 'Waldanteil > 50 % des Anrissgebietes?' nein -> Frage 3: 'Hangneigung < 30°?' nein -> Frage 4: 'Hangneigung > 45°?' nein -> Frage 5: 'Expositon NW - NE?' ja -> 5
↓
Dispositionsstufe 5

Seit dem Anriss-Verbau der Gruenihorn-Ostflanke sind allerdings keine nahmhaften Schadenlawinen mehr aufgetreten. Es bleibt zu hoffen, dass damit die Lawinensituation im Bildjitobel entschaerft werden konnte.

7.1.4 Sturz-Disposition der Abloesungsstelle

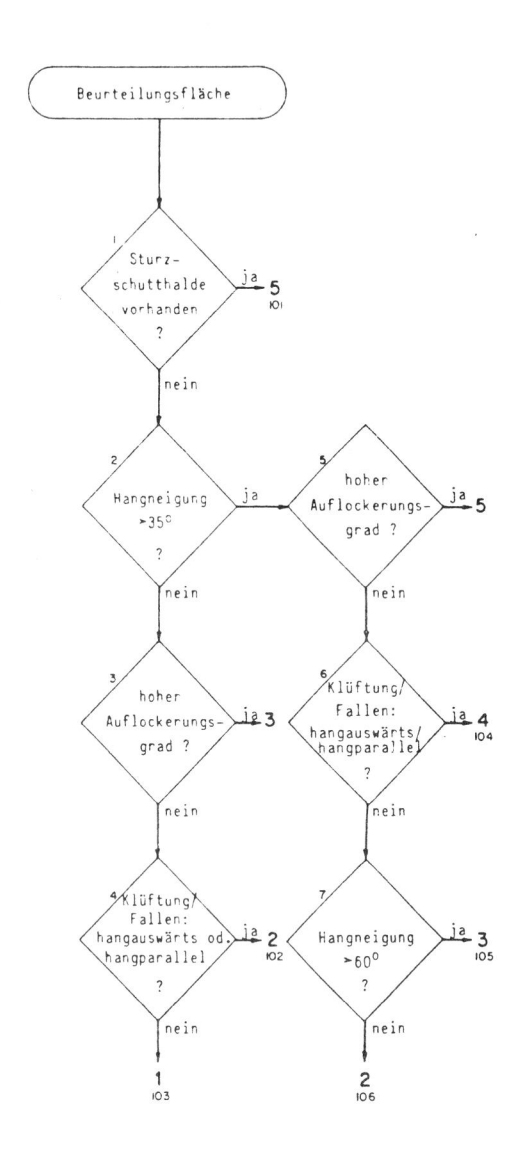

Abb. 89. Flussdiagramm zur Bestimmung der Sturzdisposition an derAbloesungsstelle

Die Sturzdisposition koennen wir am Beispiel des Hanangretji (773 700/184 750), das den westlichen Abschluss des Bildjitobels bildet aufzeigen.

Start
↓
Frage 1: 'Sturzschutthalde vorhanden?' ja -> 5
↓
Dispositonsstufe 5

Frage 1 nach einer Sturzschutthalde koennen wir bereits nach der topographischen Karte beantworten, da diese unterhalb des Felskopfes in der Karte eingezeichnet ist.

Damit ergibt sich fuer diesen Felskopf an der Abloesungsstelle die Struzdispositionsstufe 5, was wir als sehr hohe Sturz-Disposition bezeichnen muessen.

Wenn kein Sturzschutt vorhanden waere, muessten die Fragen nach den Hangneigungen (Frage 2 und 5) und die Frage nach der Klueftung, bzw. nach dem Schichtfallen beantwortet werden (Frage 3 und 4). Dazu ist ein Augenschein im Feld noetig, da die geologische Karte meist zu wenig genau Auskunft ueber die Klueftung enthaelt.
Weil diese Felderhebungen recht aufwendig sind, muesste hier fuer diese fruehe Beurteilungsphase in kuenftigen Arbeiten noch ein einfacheres Verfahren gesucht werden.

Tab. 13 auf S. 194 zeigt woher die entsprechenden Informationen zur Beantwortung der Dispositions-Checklisten-Fragen stammen koennen.
Praktisch alle Fragen lassen sich mit Hilfe einer guten topographischen und geologischen Karte und gestuetzt auf gute Luftbilder beantworten.

Die Check-Liste erlaubt unseres Erachtens als erste Phase der Gefahrenbeurteilung durchaus eine sorgfaeltige Gelaendeanalyse mit Hilfe guter topographischer Karten (Mst. 1:25 000 oder 1:10 000), einer geologischen Karte (Mst. 1:25 000) und dem Luftbild.

Damit erzielt man bereits innerhalb relativ kurzer Zeit eine erste Beurteilung der Disposition fuer Naturgefahren ueber eine groessere Region.

Sie kann aber ebensogut in der Feldarbeit eingesetzt werden, wo die Fragen natuerlich noch praezisiert bzw. mit noch groesserer Sicherheit beantwortet werden koennen.

Das folgende Kapitel zeigt eine weitere einfache Moeglichkeit fuer eine erste Beurteilung des Risikos auf.

7.2 ZUR RISIKOBEURTEILUNG

Fuer die Risikobeurteilung schlagen wir in einer ersten Phase eine einfache vierteilige Checkliste vor:

Das Risiko im Winter ist

sehr bedeutend: wenn als Verlustpotential dauernd bewohnte Siedlungen, ferner im Winter bewohnte Feri-

Tab. 13. Moegliche Herkunft der Informationen zur Beantwortung der Flussdiagramm-Fragen

Merkmale	verwendete Unterlagen					Feldbeurteilung		
	topogr. Karte	geol. Karte	Luftbild	Auskuenfte	historische Quellen	vom Gegenhang aus	direkt in der Flaeche	Labor-Methoden
Hangneigung	x							
Bodenbedeckung			x			x		
Viehtritt			x			x		
Exposition	x							
Uferanbrueche	x		x			x		
Sohlengefaelle	x							
Verbauungen	x			x	x		x	
Geschiebe			x				x	
veraenderlich festes Gestein/Lockermaterial		x					x	
rundliches Einzugsgebiet	x							
Rutschung			x	x	x	x	x	
Vernaessung			x			x	x	
welliges, kuppiges Relief			x			x	x	
Grundmoraene/Ton > 5 %		x					x	x
Sturzschutthalde	x		x			x		
Klueftung/Fallen		x					x	
mergelig-tonige Sedimente/Flysch		x					x	

                          enhaeuser und Massen-Wintersportgebiete von Lawinengefahr betroffen sind;

bedeutend: wenn als Verlustpotential die Verbindungswege zwischen den obgenannten Siedlungs- bzw. Sportgebieten von Lawinengefahr betroffen sind;

wenig bedeutend: wenn als Verlustpotential Sommersiedlungen und Staelle, uebrige Verbindungsstrassen, Wiesen- und Ackerland von Lawinengefahr betroffen sind;

unbedeutend: wenn als Verlustpotential nur Weideland, wenig begangenes Land, nur im Sommer benutzte Stichstrassen von Lawinengefahr betroffen sind.

Das Risiko im Sommer ist

sehr bedeutend: wenn als Verlustpotential dauernd bewohnte Siedlungen, Alpsiedlungen und Ferienhaeuser von Wildbach-, Rutsch- oder Sturzgefahr betroffen sind;

bedeutend: wenn als Verlustpotential die Verbindungswege von Dauersiedlungen von Wildbach-, Rutsch- oder Sturzgefahr betroffen sind;

wenig bedeutend: wenn als Verlustpotential uebrige Verkehrswege, landwirtschaftliche Gebiete, Alplaeger und Touristikgebiete von Wildbach-, Rutsch- oder Sturzgefahr betroffen sind;

unbedeutend: wenn als Verlustpotential nur Weideland und wenig begangenes Land von Wildbach-, Rutsch- oder Sturzgefahr betroffen sind.

(Dieser Katalog wurde in Anlehnung an einen aehnlichen der FORSTINSTPEKTION BERNER OBERLAND (1979) entwickelt).

Betrachten wir nun als Beispiel das bereits vorhin untersuchte Bildjibachtobel:

Bei der Frage nach dem Risiko durch Wildbachtaetigkeit stellen wir fest, dass ein bedeutendes Verlustpotential vorhanden ist, naemlich das Wohnhaus 'Bildji' einerseits und die Staatsstrasse (781 300/184 225) als wichtige Verkehrsverbindung andererseits. Damit kommt zur Wildbachdisposition 3 'ziemlich' noch die Risikobeurteilung 'bedeutend' hinzu.

Wir moechten an dieser Stelle noch darauf aufmerksam machen, dass sich am Geographischen Institut der Universitaet Bern M. HIRSCH in einer Diplomarbeit speziell dem Thema der Risikobeurteilung widmet (vgl. HIRSCH, 1984).

Das Ergebnis eines solchen ersten Beurteilungsverfahrens wie das hier vorliegende zeigt auf einfache Weise, wo in der Raumplanung Schwergewichte bezueglich Naturgefahren zu setzen sind.

Im weiteren empfiehlt es sich, in Zukunft vermehrt in verschiedenen Beurteilungsstufen schrittweise an immer detailliertere Beurteilungsverfahren heranzugehen. Diese Verfahren sollten sich ergaenzen, um auf diese Weise einem Baukasten-Prinzip entsprechend eingesetzt werden zu koennen.

ANHANG

ANHANG A. ZUR SIMULATION DER NATURGEFAHREN (MIT DEM MAB-DAVOS-DATENSATZ, HEUTIGER ZUSTAND)

von Martin Grunder, Hans Kienholz und H.R. Binz

Fuer die Modellierung der MAB-Datensaetze im Rahmen der Synthese ist es erforderlich, stark vereinfachte Regeln zur Entstehung der Gefahren zu formulieren. Die urspruenglich als Hypothese erarbeiteten Vorschlaege konnten zum Teil bereits ueberprueft und ueberarbeitet werden, wobei das Geographische Informationssystem des Instituts fuer Kommunikationstechnik der ETH Zuerich eingesetzt wurde.[14] Mit Methoden der digitalen Bildverarbeitung und geeigneten Programmen konnten die Hypothesen laufend veraendert und und kartographisch umgesetzt werden.

Die so erzeugten Karten der simulierten Gefahr wurden auf dem Bildschirm jeweils direkt mit der im Felde erhobenen Gefahrenhinweiskarte verglichen.
Die Ueberpruefung der Ansaetze erfolgte somit allein durch visuellen Vergleich.

Dieses Verfahren ist gegenueber einem statistischen Verfahren sicher subjektiv. Der visuelle Vergleich hat jedoch den grossen Vorteil, dass die Ergebnisse sinnvoll und direkt gewichtet werden koennen. So wurde beispielsweise bei der Simulation der Lawinengefahr vor allem darauf geachtet, dass der Bereich von Davos Dorf und Davos Platz moeglichst gut mit den im Feld erhobenen Daten uebereinstimmt. Dagegen wurde in Kauf genommen, dass die Uebereinstimmung im duenn besiedelten Dischmatal etwas eingeschraenkt ist.
Solche Gewichtungen, mit raeumlich definiertem Bezug waeren mit rein statistischen Methoden nur mit grossem Aufwand zu erzielen. Es ist jedoch moeglich, parallel zu der angewendeten visuellen Methode eine statistische Kontrolle zu fuehren.

Die Erstellung eines Simulationsmodelles ist auf eine gute Vergleichsbasis angewiesen. Hier muss speziell darauf hin-

---

[14] An dieser Stelle sei den Herren Dr. K. Seidel und H.R. Binz herzlich gedankt!

gewiesen werden, dass diese Vergleichsbasis (im Falle der Naturgefahren die Gefahrenhinweiskarte) nicht nur sichtbare, im Feld direkt erhebbare Fakten darstellt, sondern in grossem Ausmass ebenfalls bereits eine Interpretation (von stummen Zeugen usw.) ist. So muessen die Simulationsmodelle zwangslaeufig an einer Vergleichsbasis geeicht werden, welcher zum Teil Ermessensentscheide zugrunde liegen.

Im weiteren haengt die erreichbare Qualitaet eines Simulationsmodelles in entscheidendem Ausmass auch von den erhobenen Faktoren ab. Die Art der Faktoren, der erhobenen Merkmale, die Art der Klassifikation usw. beeinflussen das Funktionieren des Modelles. Durch die zeitlichen und finanziellen Einschraenkungen, welche den Untersuchungen im MAB-Testgebiet Davos auferlegt waren, konnten nicht alle wuenschenswerten Faktoren erhoben werden, so dass bei der Modellierung verschiedene Konzessionen gemacht werden mussten.

Im Hinblick auf die Simulation verschiedener Szenarien fuer das Untersuchungsgebiet musste bei der Modellierung und bei der Wahl der Faktoren auch darauf geachtet werden, dass bei jedem Modell mindestens eine variable Groesse (z.B. Vegetation, Landnutzung) beruecksichtigt wurde.

Die Erstellung der Simulationsmodelle ist noch nicht abgeschlossen. Waehrend die Simulation der Lawinen und der Felssturzgefahr (gemessen an der Einschaetzung der aktuellen Gefahrensituation) als zufriedenstellend beurteilt werden kann, sind bei den andern Gefahrenarten noch verschiedene Probleme zu loesen.

Die im folgenden summarisch beschriebenen Simulationsmodelle sind nach verschiedenen Prinzipien aufgebaut. Fuer die Lawineneinzugsgebiete und fuer die Wildbaeche wurde ein Punktesystem mit Summenbildung verwendet, waehrend fuer die Lawinenauslaufgebiete und die Sturzbahnen von Steinen und Bloecken einfache physikalische Modelle zur Anwendung kamen. Die Abloesungsgebiete von Felssturz- und Steinschlagmaterial werden mit Hilfe von einfachen Ja/Nein-Entscheiden bestimmt.

A.1 LAWINENGEFAHR

Ausser durch die Schneeverhaeltnisse wird die oertliche Lawinengefahr vor allem durch das Relief (Hangneigung) bestimmt. Letzteres kann ueber laengere Zeitraeume als konstant betrachtet werden. Dagegen sind in erster Linie die Vegetationsbedeckung (Waldzustand!) und indirekt die Landnutzung und -pflege (Vernaessungen) in den oberen Einzugsgebieten als kurz- und mittelfristig veraenderbare Einflussgroessen zu beruecksichtigen.

A.1.1 Anrissgebiete

1. In folgenden Faellen wird ausnahmslos <u>keine</u> Gefahr von Lawinenanrissen angenommen:

    — Fels- und Gratsteilrelief (Grate, Kaemme) mit Haupthangneigung von > 30°, gekennzeichnet durch Vollformen allgemein, Kanten, starke Gliederung und Kleinformen,

    — praeparierte Skipisten

    — Wald,

        – falls der Schlussgrad ueber 50% betraegt,

        – falls keine Bloessen vorhanden sind und

        – falls die Flaeche nicht von einem Wildbachgerinne durchschnitten wird.

2. In allen andern Faellen wird die Dispositionsstufe durch die mit Tab. 14 auf S. 200 ermittelte Punktesumme definiert.

A.1.2 Betroffene Gebiete

1. Lawinengefahr wird unterhalb von Anrissgebieten angenommen (in der Fallinie und in lateraler Ausbreitung, Prinzip des Ausbreitungsmodells s. unten):

    — bis 500 m Distanz bei Neigung < 10°, oder

    — bis 250 m Distanz bei Neigung < 5°, oder

    — bis 300 m Distanz in Wald hinein

        – falls der Schlussgrad ueber 50% betraegt,

        – falls keine Bloessen vorhanden sind und

        – falls die Flaeche nicht von einem Wildbachgerinne durchschnitten wird,

Tab. 14. Ermittlung der Disposition einer Flaeche zur Abloesung von Lawinen

Faktor	Klasse	Punkte
Hangneigung	20-30° 30-45° 45-60° >60°	2 5 3 1
Exposition	NW-N-NE	1
Vegetation	Strauch/Busch	1
Morphochor	rauhes Relief	1

Auswertung der Punktesummen:

6-8 Punkte --> grosse Lawinenanrissgefahr
3-5 Punkte -->   Lawinenanrissgefahr
0-2 Punkte --> keine Lawinenanrissgefahr

- falls der Wald nicht nur aus Jungwuchs oder Stangenholz besteht, oder

— bis 100 m Distanz in die Siedlung hinein, bei einem Grundrissflaechen-Anteil der Gebaeude von 30% pro Rasterflaecheneinheit, (bei geringerer Gebaeudedichte entsprechend groessere Distanzen)

Beruecksichtigt wird jeweils der Faktor im Maximum, d.h. die groesstmoegliche Bremswirkung bzw. die kuerzeste Auslaufdistanz fuer die einzelnen Ausbreitungsrichtungen.

Prinzip des Ausbreitungsmodells:
Eine laterale Ausbreitung innerhalb eines gegebenen Oeffnungswinkels von 90° wird als moeglich angenommen, wenn der Weg der Lawine ueber eine konvexe Gelaendeform (Grundriss entsprechend dem Verlauf der Hoehenkurven) fuehrt, welche im digitalen Gelaendemodell eine minimale Expositionsdifferenz zwischen 2 benachbarten Rasterflaechen bewirkt.

Der Schwellenwert fuer die zu beruecksichtigende Expositionsdifferenz steht in exponentieller Abhaengigkeit von der Neigung: Je flacher das Gelaende ist, desto staerker kann sich die Lawine ausbreiten.

2. Soweit sie den obengenannten Kriterien entsprechen, werden als "von Lawinen betroffen" nur diejenigen Gebiete bezeichnet, welche nicht auch Anrissgebiet in gleichem oder hoeherem Grad sind.

A.2 WILDBACHGEFAHR

Fuer die Simulation wurden die **bestehenden** bedeutenderen Gerinne und deren Einzugsgebiete beruecksichtigt. Mindestens vorlaeufig musste dagegen noch auf die Simulation von neu entstehenden Wildbaechen infolge Erosion und Rutschungen verzichtet werden.

Kurz- und mittelfristig veraenderbare Einflussgroessen sind vor allem die Vegetationsbedeckung (Waldzustand!) und indirekt die Landnutzung und -pflege (Vernaessungen) in den oberen Einzugsgebieten.

Die Gefaehrlichkeit des Wildbaches wird durch die Punktesumme (mittleres Gefaelle des Gerinnes und gemittelte Dispositionsstufe des Einzugsgebietes) bestimmt:

```
  >2 Punkte -->           Wildbachgefahr
 1-2 Punkte --> maessige  Wildbachgefahr
   0 Punkte --> keine     Wildbachgefahr
```

A.2.1 Einzugsgebiete

Die Dispositionsstufe wird durch die mit Tab. 16 auf S. 203 ermittelte Punktesumme definiert, wobei nur diejenigen Teile der Einzugsgebiete beruecksichtigt werden, welche steiler als $20°$ sind (vgl. Tab. 16 auf S. 203).

Tab. 15. Ermittlung der Disposition einer Einzugsgebietsflaeche fuer Hochwasserabfluss

Faktor	Klasse	Punkte
Hangneigung	>40°	3
	30-40°	2
	20-30°	1
Vegetation	Zwergstrauch-, Hochgrasges./ Wiesen/ Weiden/ Alpine Rasen	3
	Schutt-, Rohbodenveg.	2
	Gebuesch	1
	Wald	0
Vernaessung 1)	(aus Boden- oder Vegetationsdaten)	0-2

Auswertung der Punktesummen:

4-6 Punkte --> Dispositionsstufe 2
2-3 Punkte --> Dispositionsstufe 1
0-1 Punkte --> Dispositionsstufe 0

1) Nur zur allfaelligen Ergaenzung der durch die Vegetation bedingten Punktezahl auf 2 Punkte

A.2.2 Gerinne

Das Gerinne selbst wird im Rahmen der verfuegbaren Angaben nur durch das mittlere Gefaelle charakterisiert:

Tab. 16. Ermittlung der Disposition eines Gerinneabschnittes fuer Wildbachaktivitaet (Erosion)

Gefaelle	Punkte	Bemerkungen
>30°	2	Sohle meist felsig, ohne Geschiebe
21-30°	3	
13-20°	2	
2-12°	1	
< 2°	0	

A.3 STURZGEFAHR

Aehnlich wie bei den Lawinen lassen sich auch hier die Abloesungs- und Auslaufgebiete recht gut simulieren. Hier ist kurz- und mittelfristig die Vegetationsbedeckung (Waldzustand!) als veraenderbare Einflussgroesse zu beachten.

A.3.1 Abloesungsgebiete

Abloesungsgebiete von Sturzmaterial werden in folgendem Falle angenommen:

- Fels- und Gratsteilrelief (Grate, Kaemme) mit Haupthangneigung von >30°, gekennzeichnet durch Vollformen allgemein, Kanten, starke Gliederung und Kleinformen.

A.3.2 Betroffene Gebiete

Sturzgefahr wird unterhalb von Anrissgebieten angenommen (in der Fallinie und in lateraler Ausbreitung, Prinzip des Ausbreitungsmodells s. Kap. "Lawinengefahr" auf S. 198)

— bis 50 m Distanz

   — bei Neigung < 20°, oder

   — bei Neigung = 20° - 35°,

      • in Morphotopen mit starker Gliederung und mit Kleinformen, oder

- in Wald

    - falls der Schlussgrad ueber 50% betraegt,

    - falls keine Bloessen vorhanden sind und

    - falls die Flaeche nicht von einem Wildbachgerinne durchschnitten wird,

    - falls der Wald nicht nur aus Jungwuchs oder Stangenholz besteht, oder

— bis 100 m Distanz

    — bei Neigung = 20° - 35°, ausser in den oben genannten Faellen, oder

— bis in die Ebene, Talsohle oder den naechsten Bachgraben, oder

— bis 100 m Distanz in die Siedlung hinein, bei einem Grundrissflaechen-Anteil der Gebaeude von 30% pro Rasterflaecheneinheit, (bei geringerer Gebaeudedichte entsprechend groessere Distanzen)

Beruecksichtigt wird jeweils der Faktor im Maximum, d.h. die groesstmoegliche Bremswirkung bzw. die kuerzeste Auslaufdistanz fuer die einzelnen Ausbreitungsrichtungen.

Prinzip des Ausbreitungsmodells:
(analog zur Lawinengefahr, s. Kap. "Lawinengefahr" auf S. 198).

A.3.3 Rutschgefahr

Die Erfassung potentieller Rutschgefahr ist ein derart komplexes Problem, dass im gegebenen Rahmen eine zuverlaessige Bestimmung kaum moeglich ist. Die bisher durchgefuehrten Versuche sind effektiv auch nicht sehr ermutigend ausgefallen.

Aus diesem Grund wird empfohlen, auf die Simulation der Rutschgefahr zu verzichten und diese in den verschiedenen Szenarien vorlaeufig nicht zu beruecksichtigen.

Es ist jedoch sehr wuenschenswert, in naechster Zeit noch weitere Versuche zur Simulation der Rutschgefahr und auch der Erosionsgefahr durchzufuehren. Denn beide Prozesse koennen neue Stellen betreffen und werden sehr oft durch

Veraenderungen der Landnutzung und Vegetationsbedeckung in der Umgebung beeinflusst. Als Folge von Rutschungen und Erosionsprozessen ist auch die Entstehung von neuen Wildbaechen nicht auszuschliessen.

LITERATURVERZEICHNIS

ABELE, G., 1974: Bergstuerze in den Alpen. Wissenschaftliche Alpenvereinshefte, H. 25, Hauptausschuesse des Deutschen und des Oesterreichischen Alpenvereins, Muenchen

ANDERLE, N., 1971: Zur Frage der hydrogeologischen und bodenkundlichen Ursachen der waehrend der Hochwasserkatastrophe 1965 und 1966 in Kaernten ausgeloesten Hangrutschungen und Muren. Int. Symposium 'Interpraevent 1971', Bd. 1:11-21, Villach, Kaernten/Oestereich

ATLAS DER SCHWEIZ, 1970: Klima und Wetter II, Blatt 13. Verlag der Eidg. Landestopographie, Wabern-Bern

AULITZKY, H., 1970: Der Enterbach am 26. Juli 1969. Wildbach- und Lawinenverbau 34:31-66, Innsbruck

AULITZKY, H., 1973: Vorlaeufige Wildbach-Gefaehrlichkeits-Klassifikation fuer Schwemmkegel. 100 Jahre Hochschule f. Bodenkultur, Bd. IV, Teil 2:114-117, Ver. z. Foerd. d. forstl. Forschung in Oesterreich, Wien

AULITZKY, H., 1978: Vorlaeufige Studienblaetter zu der Vorlesung 'Grundlagen der Wildbach- und Lawinenverbauung', Inst. f. Wildbach- u. Lawinenverbauung, Univ. f. Bodenkultur, Wien

BARSCH, D., STAEBLEIN, G., 1978: EDV-gerechter Symbolschluessel fuer die geomorphologische Detailaufnahme. In: Berliner Geogr. Abh., H. 30:63-78

BAUMGARTNER, A., 1980: Gefahrenzonenplanung in Wildbach- und Lawineneinzugsgebieten. In: Hochwasserabwehr in Oberoesterreich, S. 177-182, Amt der ooe. Landesregierung, Linz

BAUGESETZ DES KANTONS BERN, 1970: Baugesetz des Kantons Bern vom 7. Juni 1970. Justiz- u. Polizeidirektion des Kantons Bern, Bern

BENDEL, L., 1939: Rutschungen. Schweiz. Techn. Zeitschrift 10:39, Zuerich

BICHSEL, M., 1983: Grundlagen fuer eine Gefahrenhinweiskarte 1:100 000. Dipl. Arbeit, Geogr. Inst. d. Uni Bern

BMR, 1972: Bundesbeschluss ueber dringliche Massnahmen auf dem Gebiet der Raumplanung vom 17.3.1972

BOLT, B.A., HORN, W.L., MACDONALD, G.A., SCOTT, R.F., 1975: Geological Hazards. Springer, Berlin/New York

BUNDESGESETZ, 1979: Bundesgesetz ueber die Raumplanung (RPG) vom 22. Juni 1979. Eidg. Justiz- u. Polizeidep., Bern

BUNZA, G., 1976: Systematik und Analyse alpiner Massenbewegungen. Schriftenreihe Bayer. Landesstelle fuer Gewaesserkunde, H. 11:1-84, Muenchen

BUSER, O., FRUTIGER, H., 1980: Ueber maximale Auslaufstrecken von Lawinen und die Bestimmung der Reibungsbeiwerte μ und ξ. Symposium Interpraevent 1980, Bad Ischl, Tagungspulikation Bd. 3:125-154. Forsch. Ges. fuer vorbeugende Hochwasserbekaempfung, Klagenfurt 1980

CLAR, E., 1963: Gefuege und Verhalten von Felskoerpern in geologischer Sicht. Felsmechanik u. Ingenieurgeologie Vol. I/1:4-15

CROZIER, M.J., 1973: Techniques for the morphometric analysis of landslips. Z. f. Geomorph., NF 17, H. 1:78-101, Borntraeger, Berlin-Stuttgart

EASF, 1974: Die groessten bis zum Jahre 1969 beobachteten Abflussmengen von Schweizerischen Gewaessern. Eidg. Druck- u. Materialzentrale, Bern

ECKEL, E.B. (Ed.), 1959: Landslides and Engineering Practice. Highway Research Board, Special Report 29:1-5, NAS-NCR Publication 544, Washington, D.C.

EISLF, versch. Jahre: Winterberichte des Eidg. Instituts fuer Schnee- und Lawinenforschung, Weissfluhjoch, Davos

ESCHENBACH, H.E. v., KLENGEL, K.J., 1975: Moeglichkeiten zur Beurteilung der Standfestigkeiten von Felsboeschungen und ihre praktische Bedeutung. Die Strasse Jg. 15, 10:420-426 und 11. 473-478, Berlin, DDR

FAIRBRIDGE, R.W. (Ed.), 1968: The Encyclopedia of Geomorphology. Halsted Press, Wiley a. Sons, USA

FELBER, H.U., 1982: Hydrologische und hydrogeographische Untersuchungen im Raum Grindelwald. Diss. Geogr. Inst. Univ. Bern

FIEBIGER, G., 1980: Die Waldlawinen Oberoesterreichs. Hochwasserabwehr, Oberoesterreichbuch, S. 183-190.

Hrsg.: Amt der ooe. Landesregierung, Linz, anlaessl. des Internat. Symp. 'Interpraevent 1980' in Bad Ischl, Linz

FISCHER, K., 1980: Das Relief als Geopotential. In: Tagungsbericht 7/80 'Geooekologie und Landschaft', Akademie f. Naturschutz u. Landschaftspflege, Laufen-Salzach, S. 14-21

FORSTINSPEKTORAT GRAUBUENDEN, 1971: Richtlinien zur Ausarbeitung von Gefahrenzonenplaenen. Chur

FORSTINSPEKTION BERNER-OBERLAND, 1979: Checkliste 'Schutzfunktionen', Checkliste 'Stabilitaetsgrad'. Broschuere, 4 S., Spiez

FRASER, C., 1966: The Avalanche Enigma. John Murray, London, 301 S.

GEMEINDE DAVOS, 1972: Bericht zur Ausscheidung von Wald- und Gefahrengebieten gem. BMR. Kreisforstamt 18 Davos

GERBER, E.K., SCHEIDEGGER, A.E., 1965: Probleme der Wandrueckwitterung, im besonderen die Ausbildung Mohrscher Bruchflaechen. Felsmech. Ing. geol., Suppl. II:80-87

GIGER, M., 1984: Geologie und Petrographie der Davoser-Dorfbergdecke. Dipl. Arb. Min. Petr. Inst. Uni Bern (in Vorb.)

GIERLOFF-EMDEN, H.G., SCHROEDER-LANZ, H., 1970: Luftbildauswertung I, II und III. B. I. Hochschultaschenbuecher, Mannheim

GRUNER, U., 1979: Die Jura-Breccien der Falknis-Decke und die palaeogeogrphischen Beziehungen zu altersaequivalenten Breccien im Buendner Querschnitt. Diss., Geolog. Inst. Uni Bern

GRUBINGER, H., 1971: Das kombinierte System der Berghangentwaesserung. Int. Symposium 'Interpraevent 1971'. Bd. 2: 225-261, Villach, Kaernten/Oesterreich

GRUNDER, M., 1976: Methodische Probleme der geomorphologischen Gefahrenkartierung mit Hilfe multispektraler Luftbilder. Dipl. Arb., Geogr. Inst. Uni Bern

GRUNDER, M., 1980: Beispiel einer anwendungsorientierten Gefahrenkartierung 1:25 000 fuer forstliche Sanierungsprojekte im Berner Oberland (Schweiz). Internat. Symp. 'Interpraevent 1980' in Bad Ischl, Bd. 4:353-360

GRUNDER, M., LANGENEGGER, H., 1983: Beispiel einer anwendungsorientierten Gefahrenkartierung 1:25 000 fuer integrale Sanierungsprojekte im Berner Oberland. Schweiz. Z. Forstwes. 134 (1983) 4:271-282, Zuerich

HAEFELI, R., 1954: Kriechprobleme im Boden, Schnee und Eis. Sonderdruck aus Wasser- u. Energiewirtschaft, Nr. 3:19, Zuerich

HAEFELI, R., DE QUERVAIN, M., 1955: Gedanken und Anregungen zur Benennung und Einteilung von Lawinen. Die Alpen, Jg. 31, 4:72-77

HAEFNER, H., 1963: Vegetation und Wirtschaft der oberen subalpinen und alpinen Stufe im Luftbild. Bundesanst. f. Landeskunde u. Raumforschung, H. 6, Bad Godesberg

HAMPEL, R., 1982: Ausmass und Bekaempfung von Wildbachkatastrophen. Wildbach- u. Lawinenverbau, Zeitschr. des Vereins der Dipl. Ing. d. Wildbach- u. Lawinenverbauung Oesterreichs, 46. Jg., H. 1:1-49, Innsbruck

HARTMANN, J., 1929: Aus leidvoller vergangener Zeit. Ein Beitrag zur Davoser Landschaftsgeschichte. In: Davoser Schreibmappe, S. 7-22, Davos

HARTMANN-BRENNER, D.C., 1973: Ein Beitrag zum Problem der Schutthaldenentwiclung an Beispielen des Schweizerischen Nationalparks und Spitzbergen. Diss. Univ. Zuerich, 134 S.

HEIGL, F., 1980: Zur Frage der oekonomischen Plausibilitaet von Praeventivmassnahmen. Interpraevent 1980, Bd. 1:3-16, Forschungsges. f. Vorbeug. Hochwasserbekaempfung, Klagenfurt

HEIM, A., 1882: Ueber Bergstuerze. Neujahrsblatt der Naturforsch. Ges. in Zuerich, 84:1-31

HEIM, A., 1932: Bergsturz und Menschenleben. Separatdruck Vierteljahreszeitschr. d. Nat. forsch. Ges. in Zuerich, Verlag Fret u. Wasmuth, Zuerich, 219 S.

HERRMANN, R., 1977: Einfuehrung in die Hydrologie. Teubner, Stuttgart

HIRSCH, M., 1984: Sicherheitsplanung bezueglich Naturgefahren im Berggebiet (Methoden und Verfahren mit einem Beispiel angewandt in der Region Saanenland-Obersimmental). Dipl. Arb., Geogr. Inst. Uni Bern (in Vorb.)

HUTCHINSON, J., 1968: In BUNZA, G., 1976: Systematik und Analyse alpiner Massenbewegungen. Schriftenreihe

Bayer. Landesstelle f. Gewaesserkunde, H. 11:15, Muenchen

IN DER GAND, H.R., 1968: Aufforstungsversuche an einem Gleitschneehang. Mitt. Schweiz. Anst. f. d. forstl. Versuchswesen, Bd. 44, 3:233-326, Beer, Zuerich

IVES, J.D., BOVIS, M.J., 1978: Natural hazard maps for land-use planning, San Juan Mountains, Colorado, USA. Arctic and Alpine Research 10(2):185-212, Boulder

JAECKLI, H., 1957: Gegenwartsgeologie des buendnerischen Rheingebietes. Beitr. z. Geol. d. Schweiz, Geotechn. Ser., Lg. 36, Kuemmerly u. Frey, Bern

JOHN, K.W., SPANG, R.M., 1979: Steinschlaege und Felsstuerze Voraussetzungen - Mechanismen- Sicherungen. Tagungspubl. UIC Unterausschuss K 7, Tagung in Kandersteg vom 10. bis 12.9.1979, 29 S.

JORDAN, R., 1978: Umfrage zur Abfassung von Untersuchungen im Zusammenhang mit Naturgefahren. Zweitarbeit Geogr. Inst. Uni Bern (unveroeffentlicht)

KARL, J., DANZ, W., 1969: Der Einfluss des Menschen auf die Erosion im Bergland. Schriftenr. Bayer. Landesst. f. Gewaesserkunde, H. 1, Muenchen

KARL, J., MANGELSDORF, J., 1976: Die Wildbachtypen der Ostalpen. Schriftenr. Bayer. Landesst. f. Gewaesserkunde, H. 11:85-102, Muenchen

KELLERMANN, D., 1980: Beziehungen zwischen den Gefahrenzonenplaenen der Wildbach- und Lawinenverbauungen und der oertlichen Raumplanung. Interpraevent 1980, Bd. 1:23-32, Forschungsges. f. vorbeug. Hochwasserbekaempfung, Klagenfurt

KIENHOLZ, H., 1977: Kombinierte geomorphologische Gefahrenkarte 1:10 000 von Grindelwald mit einem Beitrag von W. Schwarz. Geographica Bernensia, Geogr. Inst. Univ. Bern, 204 S.

KIENHOLZ, H., 1981: Zur Methodologie der Beurteilung von Naturgefahren. Geomethodica = Veroeff. 6.BGC, 6:25-56, Basel

KIENHOLZ, H., 1982: Vorlesungsbeilagen Geomorphologie. Geogr. Inst. Univ. Bern

KIESLINGER, A., 1958: Restspannung ung Entspannung im Gestein. Geol. u. Bauwesen, Jg. 24, H. 1:95-112, Wien

KLAEY, M., 1980: Die Gefahrenkarte der Schweiz 1:100 000. Interpraevent 1980, Bd. 3:147-154. Forschungsges. f. vorbeug. Hochwasserbekaempfung, Klagenfurt

KNOBLICH, K., 1967: Mechanische Gesetzmaessigkeiten beim Auftreten von Hangrutschungen. Z. f. Geomorphologie, N. F. Bd. 11:286-299

KONECNY, G., 1975: Grundlagen der Photographie in der Erderkundung. Symp. DFVLR in Koeln 1975, S. 25-46

KOERNER, H., 1964: Schnee- und Eismechanik und einige ihrer Beziehungen zur Geologie. Felsmechanik u. Ingenieurgeologie, Vol. II/1:45-67

KRAUSE, M., 1984: Bodenkartierung MAB-Testgebiet Davos. Schlusspublikation Eidg. Anst. f. forstl. Versuchswesen, Birmensdorf (in Vorb.)

KREISFORSTAMT DAVOS, 1972: Bericht zur Ausscheidung von Wald- und Gefahrengebieten gemaess BMR (provisorische Schutzgebiete). Internes Arbeitspapier, Verfasser: Kreisfoerster SCHMID

KROEGER, J., 1970: Ueber die Ursache und den Ablauf von Bergrutschen und anderen natuerlichen Bodenbewegungen im bayerisch-oesterreich. Alpenrand. Diss. TU Muenchen

LAATSCH, W., GROTTENTHALER, W., 1972: Typen der Massenverlagerung in den Alpen und ihre Klassifikaiton. Forstw. Centralblatt, Jg. 91, H. 6:309-339, Parey, Hamburg/Berlin

LAATSCH, W., GROTTENTHALER, W., 1973: Labilitaet und Sanierung der Haenge in der Alpenregion des Landkreises Miesbach. Bayerisches Staatsministerium f. Ernaehrung, Landwirtsch. u. Forsten, Muenchen, 57 S.

LAATSCH, W., ZENKE, B., DANKERL, J., 1981: Physikalische Grundlagen einer statistischen Reichweiten- und Druckberechnung von Fliesslawinen. Forschungsberichte der Bayer. Forstl. Versuchs- u. Forschungsanstalt, Muenchen

LAELY, A., 1952: Lawinenchronik der Landschaft Davos. Davoser Heimatkunde, Davos, 1-2 u. 162-185

LANG, H.J., 1981: Vorlesung 'Felsmechanik'. IGB, ETH Zuerich

LANSER, O., 1967: Felsstuerze und Hangbewegungen in der Sicht des Bauingenieurs. Felsmechanik u. Ingenieurgeologie, Vol. V.1:89-113

LEOPOLD, L.B., WOLMANN, M.G., MILLER, J.P., 1964: Fluvial Processes in Geomorphology. 338-359, San Francisco and London

LESER, H., PANZER, W., 1981: Geomorphologie. Westermann Verlag, Braunschweig, 216 S.

MAISCH, M., 1981: Glazialmorphologische und Gletschergeschichtliche Untersuchungen im Gebiet zwischen Landwasser- und Albulatal. Physische Geographie, Vol. 3, Geogr. Inst. Uni Zuerich, 215 S.

MAULL, O., 1958: Handbuch der Geomorphologie. Wien

MOSER, M., 1973: Vorschlag zu einer vorlaeufigen Hangstabilitaetsklassifikation mit Hilfe eines Gefaehrlichkeitsindex. 100 Jahre Hochschule f. Bodenkultur, Bd. IV, Teil 2:159-168, Ver. z. Foerderung d. forstl. Forschung in Oesterreich, Wien

MUELLER, L., 1963: Der Felsbau. Bd. 1, 786 S., Stuttgart

OFI, 1975: Richtlinien zur Beruecksichtigung der Lawinengefahr bei Erstellen von Bauten und bei der Verkehrs- und Siedlungsplanung. Prov. Ausg. Eidg. Oberforstinspektorat (heute: Bundesamt fuer Forstwesen), Bern

OFI, 1976: Gefahrenkarte der Schweiz 1:100 000. Eidg. Oberforstinspektorat und Delegierter fuer Raumplanung. Bundesamt fuer Forstwesen, Bern

OSTENDORFF, E., 1952: Schrumpfungen und Rutschungen in bindigen-quellbaren Boeden. Z. d. Deutschen Geol. Ges., Bd. 103:387-399, Hannover

PETERS, T., 1963: Mineralogie und Petrographie des Totalpserpentins bei Davos. Diss. Uni Bern, Sonderdruck d. Schweiz. Min. Petr. Mitt. Bd. 43, H. 2:531-685

PFISTER, F., SCHMID P., 1981: Integrale Berglandsanierung. Eidg. Anst. f. d. forstl. Versuchswesen, Bericht Nr. 230, 64 S., Birmensdorf

PIWOWAR, A., 1903: Ueber Maximalboeschungen trockener Schuttkegel und Schutthalden. Diss. Univ. Zuerich

PREGL, O., 1980: Ein Beitrag zur Beurteilung der Standsicherheit von Haengen. Interpraevent 1980, Bd. 4:103-108, Forschungsges. f. vorbeug. Hochwasserbekaempfung, Klagenfurt

DE QUERVAIN, M., 1972: Lawinenschutz in der Schweiz. Beiheft Nr. 9 zum 'Buendnerwald', Chur

DE QUERVAIN, M., 1977: Lawinendynamik als Grundlage fuer die Ausscheidung von Lawinenzonen. Schutz alpiner Lebensraeume. Internat. Symp. 'Interpraevent 1975' in Innsbruck, 2:247-267, Klagenfurt

DE QUERVAIN, M., 1980: Schneekunde - Lawinenkunde - Lawinenschutz. Einfuehrungsvorlesung ETHZ, unveroeffentl. Skript, Zuerich

ROSCHKE, G., 1971: Lineare Erosion durch beschleunigt abfliessendes Wasser. Umschau in Wissen. u. Techn., Jg. 71, H. 19:709-710

SAEGESSER, R., MAYER-ROSA, D., 1978: Erdbebengefaehrdung in der Schweiz. Schweiz. Bauzeitung, Jg. 96, H. 7, Zuerich

SALM, B., 1966: Contribution to Avalanche Dynamics. Mitt. Eidg. Inst. f. Schnee- u. Lawinenforsch. Nr. 24:72

SALM, B., 1979: Fliessuebergaenge und Auslaufstrecken von Lawinen. Interner Bericht EISLF Nr. 566

SALM, B., 1983: Schneekunde - Lawinenkunde - Lawinenschutz. Einfuehrungsvorlesung ETHZ, unveroeffentl. Skript, Zuerich

SIMMERSBACH, P., 1971: Mudspates in Alpine Countries. Diss. Univ. of London, Imperial College of Science and Technology, Dept. of Civil Engineering, London

SIMMERSBACH, P., 1976: Ueber Translationsgleitungen in alpinen Haengen. Schriftnr. Bayer. Landesst. f. Gewaesserkunde, H. 11:103-128

SKEMPTON, A.W., HUTCHINSON, J., 1969: Stability of Natural Slopes and Embankment Foundations. State of the art report. Proc. 7th Int. Conf. Soil Mech. (Mexico), State of the art Volume. In BUNZA, G., 1975: Interpraevent 1975, I:12

SNV-NORMENBLATT 670010, 1966: Bodenkennziffern. Verband Schweiz. Strassenfachmaenner (VSS), Kommission 3, Zuerich

SPOERRI, O., 1980: Vom konventionellen Gefahrenschutz zu einer auf Landschaftsrisiken ausgerichteten Landschaftspflege. Interpraevent 1980, Bd. 3:175-188, Forschungsges. f. vorbeug. Hochwasserbekaempfung, Klagenfurt

SCHAUER, T., 1975: Die Blaikenbildung in den Alpen. Schriftenr. Bayer. Landesanst. f. Wasserwirtschaft, H. 1:305, Muenchen

SCHEIDEGGER, A.E., 1975: Physical Aspects of Natural Catastrophes. Elsevier, Amsterdam/New York

SCHELLER, E., 1970: Geophysikalische Untersuchungen zum Problem des Taminser Bergsturzes. Diss. Nr. 4560, ETH Zuerich

SCHILD M., 1972: Lawinen. Lehrmittelverlag d. Kt. Zuerich

SCHNEIDER, T., 1980: Grundgedanken und Methodik moderner Sicherheitspalnung. Interpraevent 1980, Bd. 1:49-70, Forschungsges. f. vorbeug. Hochwasserbek., Klagenfurt

SCHWARZ, W., 1980: Die Ermittlung der Lawinengefahr. In: KIENHOLZ, H., 1977:117-121, Bern

STATISTIK DES SCHWEIZ. ELEMENTARSCHADEN-POOLS: Gebaeudeversicherung Bern (unveroeffentl.)

STAUBER, H., 1944: Wasserabfluss, Bodenbewegungen und Geschiebetransport in unseren Berglandschaften. Wasser u. Energiewirtschaft, Nr. 4/5:39-46, Nr. 7/8:85-90, Nr. 9:104-113, Zuerich

STINY, J., 1910: Die Muren. In: BUNZA, G., 1976:61, Innsbruck

STINY, J., 1931: Die geologischen Grundlagen der Verbauung der Geschiebeherde. Springer, Wien

STINY, J., 1941: Unsere Taeler wachsen zu. Geologie u. Bauwesen, 13. Jg., H. 3:71-79

STRAUB, E., 1980: Elementarereignisse aus der Sicht des Versicherungsmathematikers. Interpraevent 1980, Bd. 1:71-76, Forschungsges. f. vorbeug. Hochwasserbekaempfung, Klagenfurt

STRECKEISEN, A., GRAUERT, B., PETERS, T., 1966: Bericht ueber die Exkursion der Schweiz. Min. u. Petr. Ges. ins Silvretta-Kristallin und in den Totalp-Serpentin vom 26.9.1966, Schweiz. Min.-Petr. Mitt. 1966/2

STREIFF, V., 1962: Zur oestlichen Beheimatung der Klippendecken. Eclogae geol. Helv. 55.1

STRICKLER, A., 1923: Beitraege zur Frage der Geschwindigkeitsformel und der Rauhigkeitszahlen fuer Stroeme, Kanaele und geschlossene Leitungen. Mitt. d. Amtes f. Wasserwirtschaft, Nr. 16, Bern

STRITZL, J., 1980: Sicherheit im alpinen Raum. Interpraevent 1980, Bd. 1:17-22, Forschungsges. f. vorbeug. Hochwasserbekaempfung, Klagenfurt

TRAUZETTEL, GL, 1962: Die Rutschungen der Wuerttembergischen Knollenmergel. Arb. aus dem Geol. Palaeont. Inst. TH Stuttgart, N.V. 32, Stuttgart

TRUEMPY, R., 1960: Palaetectonic evolution of the central and western alps. Bull. Geol. Soc. Am. 21

UEBLAGGER, G., 1973: Beitrag zur Ausloesemechanik von Rutschungen. Wildbach- u. Lawinenverbau, Z. d. Ver. d. Dipl. Ing. d. Wildbach- u. Lawinenverbauung Oesterreichs, 37. Jg., H. 2:9-13

UNESCO, 1981: Lawinen Atlas, bebilderte internationale Lawinenklassifikation. Internat. Kommission fuer Schnee und Eis der Internat. Assoziation f. Hydrolog. Wissenschaften, UNESCO, Paris

VARNES, D.J., 1958: Landslide Types and Processes. Landslides and Engineering Practice, Higway Research Board, Special Report 29:20-47, NAS-NCR Publication 544, Washington, D.C.

VOGT, W., 1976: Der Wiesbadener Kongress. Ex Libris, Zuerich, 220 S.

VOELLMY, A., 1955: Ueber die Zerstoerungskraft von Lawinen. Schweiz. Bauzeitung 73: 159-165, 212-217, 246-249 und 280-285

WAGNER, A., 1980: Geology and Geotechnics Applied to Suspension Bridges. Swiss Association for Technical Assistance, Kathmandu

WAHRIG, G., 1978: Deutsches Woerterbuch. Bertelsmann Lexikon Verlag, Guetersloh, 4319 S.

WALDER, U., 1983: Ausaperung und Vegetationsverteilung im Dischmatal. Mitt. Eidg. Anst. f. forstl. Versuchswesen, Bd. 59, H. 2:81-212, Birmensdorf

WILDI, O., 1981: Grundzuege eines Landschaftsdatensystems. Berichte Nr. 233. Eidg. Anst. f. forstl. Versuchswesen, Hrsg. W. Bosshardt, Birmensdorf, 60 S.

WILHELM, F., 1975: Schnee- und Gletscherkunde. De Gruyter, Berlin

WINTERHALTER, R.U., SCHNEIDER, T.R., SCHIELLY, H., 1964: Terrainbewegungen. Schweiz. Ges. f. Bodenmechanik u. Fundationstechnik, Lausanne

WITTWER, H., 1979: Sanierungsgebiete Berner Oberland, Gefahrenhinweiskarten 1:25 000, Lawinengefahrengebiete. Internes Arbeitspapier, Unterlangenegg (unveroeffentl.)

WULLIMANN, R., 1979: Einfuehrung in die Bodenmechanik. Vorlesungsunterlagen IGB, ETHZ, 354 S. + Anhang

WUNDERLICH, H.G., 1966: Quellungsdruck bruechiger Bodenarten als Schadenfaktor in der Bauwirtschaft und Agens der physikalischen Verwitterung. Geol. Mitt. 6:15-28, Aachen

ZARUBA, Q., MENCL, V., 1969: Landslides an their control. Elsevier, Amsterdam, Academia Prag., 214 S.

ZBAEREN, E., 1981: Das Berner Oberland in Farben. Kosmos, Ott Verlag Thun, 64 S.

ZELLER, J., GEIGER, H., ROETHLISBERGER, G., 1976: Starkniederschlaege des schweiz. Alpen- und Alpenrandgebietes. Bd. 1. Eidg. Anst. f. forstl. Versuchswesen, Birmensdorf

ZELLER, J., GEIGER, H., ROETHLISBERGER, G., 1979: Starkniederschlaege des schweizerischen Alpen- und Alpenrandgebietes. Band 4, Eidg. Anst. f. forstl. Versuchswesen, Birmensdorf

ZELLER, J., 1980: Vorlesung fuer Wildbach- und Hangverbau. ETHZ, Abt. VI

ZELLER, J., GENSLER, G., 1980: Starkregenprofile durch die oestlichen Schweizer Alpen. Int. Symp. 'Interpraevent 1980', Bd. 1:203-214, Forsch. Ges. f. vorb. Hochwasserbekaempfung, Klagenfurt.

ZIMMERMANN, B., 1984: Testen von Checklisten zur Beurteilung von Naturgefahren. Hausarb. Geogr. Inst. Univ. Bern (unveroeffentl.)

ZINGG, T., 1961: Beitrag zum Klima von Weissfluhjoch. Winterber. d. Eidg. Inst. Schneeforsch. Lawinenforsch., Nr. 24:102-107

ZOLLINGER, F., 1976: Die Ausscheidung von Gefahrenzonen. Dok. u. Inf. z. Schweizer. Orts-, Regional- u. Landesplanung. Disp. Nr. 42:28-38, ORL ETH, Zuerich

GEOGRAPHICA BERNENSIA

Arbeitsgemeinschaft GEOGRAPHICA BERNENSIA
Hallerstrasse 12
CH-3012 Bern

GEOGRAPHISCHES INSTITUT
der Universität Bern

			sFr.
A		AFRICAN STUDIES	
A	1	Einleitungsband	in Vorbereitung
A	2	SPECK Heinrich: Soils of the Mount Kenya Area. Their Formation, Ecological and Agricultural Significance (With 2 Soil Maps). 1983 ISBN 3-906290-01-8	28.--
B		BERICHTE UEBER EXKURSIONEN, STUDIENLAGER UND SEMINARVERANSTALTUNGEN	
B	1	AMREIN Rudolf: Niederlande - Naturräumliche Gliederung, Landwirtschaft Raumplanungskonzept. Amsterdam, Neulandgewinnung, Energie. Feldstudienlager 1976. 1979	red. Preis ~~24.--~~ 5.--
B	3	Sahara. Bericht über die Sahara-Exkursion 12.10. - 4.11.1973. 1981 (2. Auflage). Redaktion: Kienholz H., Leitung: Messerli B.	35.--
B	5	Kalabrien - Randregion Europas. Bericht über das Feldstudienlager 1982. Leitung/Redaktion: Aerni K., Nägeli R., Rupp M., Turolla F.	24.--
B	6	GROSJEAN Georges (Herausgeber): Bad Ragaz 1983. Bericht über das Feldstudienlager des Geographischen Insituts der Universität Bern. 1984 ISBN 3-906290-18-2	28.--
G		GRUNDLAGENFORSCHUNG	
G	1	WINIGER Matthias: Bewölkungsuntersuchung über der Sahara mit Wettersatellitenbildern. 1975	16.--
G	3	JEANNERET François: Klima der Schweiz: Bibliographie 1921 - 1973; mit einem Ergänzungsbericht von H.W. Courvoisier. 1975	15.--
G	4	KIENHOLZ Hans: Kombinierte geomorphologische Gefahrenkarte 1 : 10'000 von Grindelwald, mit einem Beitrag von Walter Schwarz. 1977	48.--
G	6	JEANNERET F., VAUTIER Ph.: Kartierung der Klimaeignung für die Landwirtschaft in der Schweiz. 1977 Levé cartographique des aptitudes climatiques pour l'agriculture en Suisse. Textband Kartenband	20.-- 36.--
G	7	WANNER Heinz: Zur Bildung, Verteilung und Vorhersage winterlicher Nebel im Querschnitt Jura - Alpen. 1978	28.--
G	8	Simen Mountains-Ethiopia, Vol. 1: Cartography and its application for geographical and ecological Problems. Ed. by Messerli B. and Aerni K. 1978	36.--

			sFr.

G 9 MESSERLI B., BAUMGARTNER R. (Hrsg.): Kamerun. Grundlagen zu Natur und
Kulturraum. Probleme der Entwicklungszusammenarbeit. 1978   43.--

G 10 MESSERLI Paul: Beitrag zur statistischen Analyse klimatologischer
Zeitreihen. 1979   24.--

G 11 HASLER Martin: Der Einfluss des Atlasgebirges auf das Klima Nordwestafrikas. 1980
ISBN 3-260 04857 X   20.--

G 12 MATHYS H. et al.: Klima und Lufthygie im Raum Bern. 1980   20.--

G 13 HURNI H., STAEHLI P.: Hochgebirge von Semien-Aethiopien Vol. II. Klima und
Dynamik der Höhenstufung von der letzten Kaltzeit bis zur Gegenwart. 1982   36.--

G 14 KIENHOLZ Hans, IVES Jack, MESSERLI Bruno: Mountains Hazard Mapping in Nepal:
Kathmandu-Kakani Area
ISBN 3-906290-07-7   in Vorbereitung

G 15 VOLZ Richard: Das Geländeklima und seine Bedeutung für den landwirtschaftlichen Anbau. 1984
ISBN 3-906290-10-7   36.--

G 16 AERNI K., HERZIG H. (Hrsg.): Bibliographie IVS 1982
Inventar historischer Verkehrswege der Schweiz (IVS). 1983   250.--

G 16 id. Einzelne Kantone (1 Ordner + Karte)   je 15.--

G 19 KUNZ Stefan: Anwendungsorientierte Kartierung der Besonnung im regionalen
Massstab. 1983
ISBN 3-906290-03-4   16.--

G 20 FLURY Manuel: Krisen und Konflikte - Grundlagen, ein Beitrag zur entwicklungs-
politischen Diskussion. 1983
ISBN 3-906290-05-0   18.--

G 21 WITMER Urs: Eine Methode zur flächendeckenden Kartierung von Schneehöhen
unter Berücksichtigung von reliefbedingten Einflüssen. 1984
ISBN 3-906290-11-5   20.--

G 22 BAUMGARTNER Roland: Die visuelle Landschaft - Kartierung der Ressource
Landschaft in den Colorado Rocky Mountains (U.S.A.). 1984
ISBN 3-906290-20-4   28.--

G 23 GRUNDER Martin: Ein Beitrag zur Beurteilung von Naturgefahren im Hinblick auf
die Erstellung von mittelmassstäbigen Gefahrenhinweiskarten (Mit Beispielen aus
dem Berner Oberland und der Landschaft Davos). 1984
ISBN 3-906290-21-2   48.--

P   GEOGRAPHIE FUER DIE PRAXIS

P 1 GROSJEAN Georges: Raumtypisierung nach geographischen Gesichtspunkten als
Grundlage der Raumplanung auf höherer Stufe. 1982 (3. ergänzte Aufl.)   40.--

P 2 UEHLINGER Heiner: Räumliche Aspekte der Schulplanung in ländlichen Siedlungs-
gebieten. Eine kulturgeographische Untersuchung in sechs Planungsregionen
des Kantons Bern. 1975   25.--

P 3 ZAMANI ASTHIANI Farrokh: Province East Azarbayejan - IRAN, Studie zu einem
raumplanerischen Leitbild aus geographischer Sicht. Geographical Study for
an Environment Development Proposal. 1979   24.--

P 4 MAEDER Charles: Raumanalyse einer schweizerischen Grossregion. 1980   18.--